U0344522

Animal Cell Culture and
Culture Medium Preparation

动物细胞培养及培养基制备

王天云　张俊河　林 艳　等著

化学工业出版社

·北京·

内 容 简 介

《动物细胞培养及培养基制备》主要介绍了动物细胞培养的基础知识、动物细胞培养方法、经典动物细胞培养基、低血清动物细胞培养基、昆虫细胞培养基、CHO细胞培养基、HEK293细胞培养基、疫苗细胞培养基、干细胞培养基、免疫细胞培养基及动物细胞培养基标准及质量控制等内容。

本书反映了近十年来动物细胞培养基的最新进展,可作为生物制药相关专业本科生、研究生及从事生物制药的广大科研工作人员参考用书。

图书在版编目(CIP)数据

动物细胞培养及培养基制备/王天云等著. —北京:
化学工业出版社,2021.9(2023.1重印)
ISBN 978-7-122-39739-3

Ⅰ.①动… Ⅱ.①王… Ⅲ.①动物-细胞培养-高等
学校-教学参考资料 Ⅳ.①Q954.6

中国版本图书馆 CIP 数据核字(2021)第 164819 号

责任编辑:赵玉清 李建丽 　　　　　　装帧设计:王晓宇
责任校对:宋 夏

出版发行:化学工业出版社(北京市东城区青年湖南街 13 号　邮政编码 100011)
印　　装:北京建宏印刷有限公司
787mm×1092mm　1/16　印张 14　字数 293 千字　　2023 年 1 月北京第 1 版第 2 次印刷

购书咨询:010-64518888　　　　　　　　售后服务:010-64518899
网　　址:http://www.cip.com.cn
凡购买本书,如有缺损质量问题,本社销售中心负责调换。

定　　价:88.00 元

著者名单

（按姓氏笔画顺序）

王天云　　米春柳
张俊河　　林　艳
赵春澎　　郭　潇
董卫华　　樊振林

序

　　动物细胞培养是当前生物制药、疫苗研发、生物制品研发和生产等领域的重要途径。目前，越来越多生物制品的生产依赖于动物细胞培养技术，据统计，全球大约 70% 以上的重组蛋白药物生产采用哺乳动物细胞培养技术。而作为动物细胞培养过程中至关重要的一环，动物细胞培养基的优劣将直接影响细胞的培养状态，甚至影响生物制品的产量和质量。细胞培养基是在培养细胞中供给细胞营养、促使细胞增殖的基础物质，可为细胞的体外培养提供一个模拟体内生长和繁殖的营养环境。经过几十年的探索与发展，随着细胞培养技术的不断成熟和广泛应用，细胞培养技术已逐步从实验室走向工业化生产。目前，多种动物细胞规模化培养技术应运而生并获得迅猛发展，备受众多的科研机构和高新技术企业关注，具有较好的工业发展前景。因此，如何有效提升动物细胞大规模培养技术和重组蛋白药物质量，已成为我国生物制品产业化发展的迫切问题。

　　细胞培养基优化是动物细胞大规模培养的关键环节，但长期以来，国内市售细胞培养基一直被国外的生物技术公司所垄断。尽管目前国内重组蛋白药物的表达水平有了显著提高，但生产企业大多使用国外的商业化培养基，缺乏核心技术，同时也缺乏具有自主知识产权的培养基产品。此外，随着动物细胞培养种类、应用范围和生产规模的扩大，加上生产安全性能要求的提高，无血清培养基的研发已成为细胞工程的重要课题。因此，对于从事细胞培养基研发的科研人员和从业人员来说，迫切需要一本代表国际最新进展、最前沿领域发展、具有实际指导意义的参考工具书。王天云教授及其团队多年来一直从事细胞培养基的研发工作，积累了丰富的理论知识和实践经验。在繁忙的工作之余，他们投入了大量的时间和精力进行书稿的编著工作。全书紧紧围绕动物细胞培养及培养基制备的关键技术进行了系统的论述，并介绍了近年来取得的一些新进展。

　　本书内容丰富、深入全面，既有基本原理介绍、培养基配方和应用实例，又有新技术、新进展，是一本全面、实用的动物细胞培养及培养基制备技术工具书。本书不仅对从事生物技术制药研发的科技工作者和从业者具有重要的指导意义，对于生物医药其他领域的研究者也有较高的参考价值。

中国科学院院士
上海生物化学与细胞生物学研究所研究员

前言

动物细胞培养始于二十世纪初，目前已成为生物、医学领域研究中广泛应用的技术。利用动物细胞培养技术能够生产重组蛋白药物、抗体、疫苗等生物制品并可用于细胞治疗领域，已成为生命科学、医学行业的重要组成部分。

动物细胞培养技术是将离体的动物细胞在体外进行培养，由于动物细胞种类不同，对营养物质和培养环境的要求也存在差异，因此需要根据细胞的不同种类进行动物细胞培养基的优化。根据动物细胞的种类，优化培养基实现细胞培养的不同目的要求，成为动物细胞培养过程中亟待解决的核心问题。然而，目前国内80%以上的企业和科研机构仍然依赖于国外进口培养基，缺乏自主知识产权技术，一方面受制于人，增加了生产成本，另一方面还难于对细胞培养过程进行优化。因此，亟需出版一本关于动物细胞培养及培养基制备方面的著作。

鉴于以上原因，在长期的科研活动中，我们不断总结经验，交流学习，在查阅国内外大量相关文献的基础上，结合自己的实践，编著了《动物细胞培养及培养基制备》一书。全书共分十一章，主要内容包括动物细胞培养的基础知识、动物细胞培养方法、经典动物细胞培养基、低血清动物细胞培养基、昆虫细胞培养基、CHO细胞培养基、HEK293细胞培养基、疫苗细胞培养基、干细胞培养基、免疫细胞培养基、动物细胞培养基标准及质量控制等内容。

本书可作为生物医学、生物制药学等相关专业本科生、研究生以及从事生物医学等行业的广大科研工作者的参考用书。参加本书撰写的人员主要来自河南省重组药物蛋白表达系统国际联合实验室、新乡医学院的科研一线人员。他们具有多年丰富的细胞培养、细胞培养基研发经验，为本书的编写投入了大量的精力。另外，化学工业出版社在本书的编辑加工中做了大量细致的工作，在此对他们表示衷心的感谢！

因著者水平有限，加之日常繁重的科研教学活动，尽管每位著者都为本书付出了辛勤的劳动，仍难免出现疏漏和不足，敬请各位读者提出宝贵意见，以便再版时改正！

著者

2021 年 8 月于新乡医学院

目录

第一章
动物细胞培养的
基础知识

动物细胞培养是生命科学、医学、生物制药等领域的一项重要基本技术，应用十分广泛。随着信息科学、化学、材料科学及人工智能等学科的发展，动物细胞培养技术也得到了迅猛发展，各种新技术、新方法不断涌现，向着自动化、3D培养、大规模培养方式方向发展。动物细胞培养技术发展空间巨大，应用日趋广泛，但同时也面临着技术方面的诸多问题和挑战。

第一节　动物细胞培养的分类、发展史及应用

一、动物细胞培养的概念及分类

动物细胞培养（animal cell culture）是指在体外条件下模拟体内环境，为体内取出的细胞提供足够的营养，在无菌、合适温度及酸碱度的环境，使细胞生存、生长、繁殖并维持主要结构和功能的一种技术。细胞培养技术是生命科学和医学领域一项重要和常用的方法，通过细胞培养能够满足科学研究、临床治疗及生物药物生产需要。

细胞培养通过人为控制物理化学环境（pH、温度、渗透压、O_2 和 CO_2 张力），使细胞染色能够方便进行。同时，与组织样本相比，细胞系的细胞结构更为均匀。因此，实验重复性好，减少了统计方差。但细胞培养要求严格的无菌条件，容易受细菌、霉菌和酵母等污染，因此，需要严格的环境控制。

按照细胞的来源，细胞培养可以分为原代培养和传代培养。从体内取出的细胞进行的首次培养，称为原代培养。原代培养是用酶或机械方法将组织分散成单个细胞开始培养，或者通过组织块直接长出单层细胞，在首次传代前的培养可认为是原代培养。原代培养的优点在于细胞的生物性状和体内相比未发生很大变化，在一定程度上能反映体内特性和状态。原代细胞培养形成的单层细胞汇合后，需要进行分离培养，否则，细胞会因生长空间不足或由细胞密度过大引起营养枯竭，影响细胞生长，这一过程常称为传代或传代培养。原代培养在首次传代时即为细胞系。细胞"一代"培养时间仅指从细胞接种到分离再培养时这一段时间。如某一细胞系为第 100 代，即指该细胞系已传代 100 次，与细胞"增殖代数"（细胞世代或倍增）不同，在细胞一代中，细胞约能倍增 3～6 次。由此可见，细胞代数与增殖代数相关，确切的代数因细胞株和培养条件的不同而异。

根据细胞的寿命，又可以分为有限细胞系（finite cell line）和无限细胞系（infinite cell line）。有限细胞系是生长和寿命有限的细胞，经过若干传代培养后失去增殖能力，老化死亡，其特点为有限生长、接触抑制性，其寿命取决于细胞来源的物种和年龄。人源细胞系最高培养代数为 50～60 代，如 WI-38、MRC-5、2BS 等细胞系曾经广泛应用于医药生产，但寿命有限，不是理想的生产细胞系。无限细胞系是寿命和活性不受传代次数影响的细胞系，可连续培养，也称为永久细胞系或连续细胞系。其特点为永生化，无接触抑制现象，对培养条件和营养因子等要求较低，倍增时间短，非常适合于制药工业生产。如中国仓鼠卵巢细胞（Chinese hamster ovary，CHO），既可以贴壁生长，也能悬浮培养，对剪切力和渗透压有较高的耐受能力，是最为普遍和能够成熟表达糖基化蛋白质药物的细胞，目前已有多种衍生突变株。

二、动物细胞培养的发展史

迄今为止，动物细胞培养技术已超过 130 多年的历史，其发展离不开其他学科的发展，同时其技术的发展又促进了其他学科的发展。近年来，动物细胞培养技术不断革新、发展迅速、应用也日趋广泛。

动物细胞培养的历史大致可以分为六个阶段：

（一）诞生期

最早的细胞培养的记载追溯到 1885 年，Wilhelm Roux 将鸡胚髓板放置于温热盐水中维持其存活数天。1887 年，观察到侵入木髓碎片的白细胞放置到盐水中，能存活一段时间。1903 年，将蝾螈的白细胞保存在悬滴液中并维持了十个月。1906 年，Beebe 和 Ewing 进行了传染性巴肉瘤的细胞培养实验。由于当时的培养基不能满足细胞生长和繁殖的需要，离体细胞存活时间较短，实验具有偶然性，难以重复。

1907 年，Ross Harrison 分离出一段蛙胚神经管区的组织，接种到蛙的淋巴液凝块中，采用将培养物放在盖玻片上并倒置于凹玻片腔中的方法，观察到神经轴索从神经细胞伸展出来，开创了体外培养组织实验技术。在细胞培养技术创立之初，主要是建立组织培养与器官培养方法。最初将组织小块接种到凝固的血浆中，用动物的血清、淋巴液、腹水、羊水、胚胎或组织的提取液等天然营养液进行培养。Carrel首次将无菌操作技术引入动物细胞培养中，并且完善了经典的悬滴培养法（suspension culture），在无抗生素的条件下，鸡胚心脏细胞存活34年，并先后传代3400次。

Maximow对Carrel的方法进行了改良，发明了双盖片培养，使之更易于传代和减少污染。后来Carrel又设计了卡氏瓶培养法，进一步扩大了组织的生存空间。自悬滴培养问世后的30年，科学家对各种组织在体外生长的规律和细胞形态进行了深入研究，为组织培养的进一步发展奠定了坚实的基础。

（二）合成培养基及细胞系的建立

20世纪50年代后，细胞培养技术得到了迅速发展，各种新的方法不断出现，其中最重要的是细胞系的建立以及合成培养基的出现。目前已有上百种商品化的人工合成培养基，其中最简单的配方仅含13种氨基酸、8种维生素以及无机盐和葡萄糖等。合成培养基的出现，避免了天然营养液的批次间差异，而且可以分析培养基中的成分对细胞生长、代谢等状况的影响。此外，自1952年以来，已先后建立500多种动物细胞株、人正常细胞株和肿瘤细胞株。如人宫颈癌HeLa细胞、人肝癌细胞BEL-16等，均已离体培养近60～70年。

（三）细胞杂交与细胞重组技术

20世纪60年代，应用仙台病毒人工诱发同种或异种细胞之间的融合，发展了细胞杂交技术。采用鸡新城疫病毒、聚乙二醇与溶血卵磷脂等，能够实现种内、种间细胞的杂交。随后，细胞杂交进一步实现由完整细胞与完整细胞之间的融合进入到核、质之间的分离和重组。应用细胞松弛素及离心术成功地建立了制备去核细胞的技术，这种去核细胞称为胞质体。随着制备胞质体与核体的方法日臻完善，能够获得大量纯度较高的胞质体和核体。借助细胞融合技术，能够使胞质体与核体合并重新组成有生命力的完整细胞。

（四）细胞培养反应器技术

由于动物细胞非常脆弱，对剪切力比较敏感，对体外培养环境要求更为严格。传统的微生物发酵反应器显然不能适用于动物细胞的大规模培养，由此促进了新型细胞培养用生物反应器的研究和开发。

自20世纪70年代以来，细胞培养用生物反应器有了很大的发展，种类越来越多，规模越来越大。如Celltech公司建立了10000L规模的生物反应器，培养杂交瘤细胞生产单克隆抗体。Umemoto公司建立了8000L的搅拌细胞反应器，用于生产病毒疫苗、干扰素和其他生物制品。动物细胞生物反应器大规模培养技术有了很大发展，在传统生物反应器的设计上做了很多重要的改进，并且开发了多种新型的生物反应器，例如：多功能膜生物反应器、Couette-Taylor 生物反应器等。

（五）无血清细胞培养技术

由于血清中成分复杂，血清成分的不确定，以及后期蛋白质纯化困难等，无血清培养基在体外细胞培养过程中越来越受到更多临床及基础科研工作者的青睐。第一代无血清培养基，为一般意义的无血清培养基（serum-free medium，SFM），即简单的采用血清替代物的培养基，这些替代物包括胰岛素、转运蛋白和从血清中提取的去除蛋白质的混合脂类等，其特点是培养基中的蛋白质含量较高，添加物质的化学成分不明确，其中含有大量的动物来源蛋白质，属于早期开发的 SFM，但是由于培养基中不明确成分较多，在生物制品中的生产应用中逐渐被淘汰。第二代无血清培养基，即无动物来源的无血清细胞培养基（animal origin-free serum-free medium，AOF SFM），这些无血清细胞培养基不添加任何的动物来源成分，但须添加重组蛋白，或者植物水解物、酵母抽提物等蛋白质水解物。经过优化组合，形成无动物来源无血清细胞培养基，能有效促进细胞的生长增殖，也提高了生物制品的安全性，是目前生物制药行业应用较为广泛的一种。第三代无血清培养基，即无动物来源、无蛋白质无血清细胞培养基（protein-free serum-free medium，PF SFM），是一种采用不含动物来源的蛋白质成分的无血清培养基，但一般含植物或酵母蛋白的水解物。这类培养基因替代物的成分含量不同，通常具有高度的细胞特异性，而且有些替代物价格十分昂贵，且培养过程中必须添加脂类前体和类固醇激素。第四代无血清培养基，即化学成分明确的培养基（chemically defined serum-free medium，CD SFM），该类培养基通常蛋白质含量极低，一般不含化学组成不明确的成分，如混合脂类、水解蛋白质等，而且更重要的是其构成中不含任何包括人在内的动物源蛋白质或多肽，仅仅由有机化合物、氨基酸、维生素、无机盐组成。第五代无血清培养基，即化学成分明确且不含蛋白质和血清的培养基（chemically defined and protein-free serum-free medium，CD PF SFM），该类培养基不添加任何蛋白质，仅由有机化合物、氨基酸、维生素、无机盐和小分子添加物组成。此外，目前还有针对不同细胞株开发的个性化化学成分明确的培养基等。

细胞无血清培养基具有明显的细胞特异性，不同细胞需要的无血清细胞培养基存在差异。现在商业化的无血清细胞培养基包括 CHO 无血清细胞培养基、Vero 细胞无血清细胞培养基、BHK 细胞无血清细胞培养基、HEK293 细胞无血清培养基、干细胞无血清培养基、免疫细胞无血清培养基等。

由于各公司或研究单位构建的细胞系不同，而不同细胞的营养要求往往是个性化的，但大部分培养基生产企业销售的培养基一般仅适合于其研发的细胞系，很难满足不同动物细胞系在反应器中大规模、高密度生长时的营养要求。对无血清细胞培养基而言，因为不同细胞或同一细胞不同克隆的营养要求不一样，更需要研发与细胞相对应的个性化培养基。另外，不同细胞培养阶段，由于细胞代谢所需要的营养也是不同的，即同一细胞系在整个培养过程需要使用不同的培养基。因此，个性化细胞培养基的开发是动物细胞大规模培养成功的关键技术之一，即每一个细胞系及其培养过程的每个阶段均需要开发个性化、高效的培养基。

国际上，生物制药企业的细胞培养基主要是通过"合同定制"方式进行开发或生产，主要模式是"合同研发外包"和"合同制造外包"。Amgen、Genetech 等世界著名的生物制药企业和细胞培养基生产企业建立一种"协议服务"的商业关系，合作开发或者委托生产最适合企业自身细胞特点的个性化细胞培养基，培养基生产企业也为客户提供细胞培养基优化服务以及技术支持，提高客户的细胞培养效率。

（六）3D 细胞培养技术

常规的细胞培养为二维细胞培养，很难恰当地反映出细胞的体内生长环境，进而可能造成细胞结构和组织功能的缺失。因此，建立三维（three-dimensional，3D）细胞培养技术尤为重要。3D 细胞培养技术能够更好地模拟生物体内细胞存活的自然环境，其自然条件可保持细胞间相互作用和更逼真的生化和生理反应。在 3D 环境中，细胞对内源性和外源性刺激（如温度、pH、营养吸收、转运和分化等方面的改变）应答更接近于它们在体内的反应。3D 细胞培养技术目前有很多种，但总结起来可以分为三类。①3D 水凝胶：水凝胶由水、细胞外基质（extracellular matrix，ECM）蛋白质和生长因子组成，是水膨胀性的高分子网络，被设计用来模拟复杂的细胞外微环境，包括天然水凝胶、合成水凝胶。用于 3D 细胞培养的第一代水凝胶是从小鼠肉瘤细胞基底膜提取的 ECM 聚合物。新一代的合成、混合或基于多肽的材料则可以制备满足特定需求的培养环境，为每个细胞和应用需求提供最合适的选择。②细胞聚集：基于细胞聚集的方法不需要额外添加细胞外基质蛋白，细胞会产生内源的细胞外基质蛋白并不断聚集形成较大的聚集体。由此形成的球体大小和组分取决于起始细胞数量、孵育时间和细胞增殖率等因素。如悬滴培养板、Corning 极低吸附平面、3D 培养皿等。③培养支架：支架可提供一种物理支撑，细胞可以进入支架生长并行使功能。孔隙分布、暴露平面区域和孔隙度具有关键作用，其数量和分布会影响细胞渗透进入支架的效率，而依据不同的制作工艺，支架具有不同的结构、随机或定制的孔隙分布。支架可以通过包被或功能化以产生不同的特性并影响细胞的生长和行为，且有些"支架"技术还和"水凝胶"技术有密切的关系。支架的种类很多，基本上可以分为天然支架（如胶原、明胶、纤维蛋白等）和合成支架（如聚苯乙烯、聚己内酯、聚氨酯等）。天然支架具有生物兼容性，但稳定性较差；合成材料具有一致性、稳定性，但惰性、坚硬度、生物兼容性较差。动物细胞培养技术的发展历程见表 1.1。

表 1.1　动物细胞培养技术的发展

年份	技术发展概要
1907	Ross Harrison 创立体外组织培养法
1910～1912	Carral 应用无菌技术等完善悬滴培养技术

年份	技术发展概要
1923	Carral 创立卡氏瓶培养法
1924	Maximow 创立双盖片悬滴培养技术
1948	Earle 等研究出 Earle 氏盐溶液
1950	Morgan 等研究出 199 培养基
1951	Gey 等建立了第一个连续的人细胞系,即 HeLa 细胞系
1955	Puck 克隆了 HeLa 细胞
1955	Eagle 等研究出 Eagle's Basal Medium
1957	Graiff 创造了悬浮细胞培养史上 $1\times10^{10}\sim2\times10^{10}$ 个/L 的记录
1962	Capstile 成功地大规模悬浮培养小鼠肾细胞(BHK)
1967	Van Wezel 发明 DEAE-SephsdexA50 载体培养动物细胞
1975	Sato 用激素代替血清在无血清培养基中成功培养垂体细胞株
1975	Kohier 和 Milstein 将免疫小鼠的脾细胞和小鼠骨髓瘤细胞成功进行融合,获得了杂交瘤细胞
1986	Demo Biotech 公司成功用微囊化技术大规模培养杂交瘤细胞生产单抗
1989	Konstantinovti 提出大规模细胞培养过程中的生理状态控制
1991	Gibco 公司研发出 CHO 细胞无血清培养基,实现了 CHO 细胞完全无血清培养
1997	Gibco 公司研发出第一个完全化学成分明确的无血清培养基

三、动物细胞培养技术的应用

动物细胞培养技术在基础研究和生产方面都越来越受到生物界的重视,其已成为基础研究、临床研究、蛋白质药物和疫苗生产等必不可少的技术,并显示出巨大的应用前景。

(一)在生命科学基础研究中的应用

由于可以人为控制体外培养动物细胞的条件,且易于观察,动物细胞培养基技术目前已广泛应用于组织再生、细胞生物学、遗传学等生物学基础研究领域。例如,在细胞生物学研究中,可以用来研究正常或病理细胞的形态、生长发育、细胞营养、代谢和病理变化。在遗传学研究中,除了对培养的动物细胞进行染色体分析外,还可以结合细胞融合技术进行遗传分析和杂交育种;在组织再生中,可以通过体外培养细胞产生器官。此外,多功能干细胞的分离培养还可用于动物克隆、细胞分化和动物育种。

(二)在临床医学中的应用

动物细胞培养技术可用于医学的产前诊断,用于检测遗传性疾病和先天畸形。如用羊膜穿刺技术获得羊水中脱落的胎儿细胞,经培养后进行染色体分析或甲胎蛋白检测，即可诊断出胎儿是否患有遗传性疾病或先天畸形，做到优生优育。目前已能检测出几十种代谢性遗传缺陷疾病和先天畸形疾病。其次，通过细胞培养，进行染色体对比及基因序列分析，可以发现易患癌症的患者，便于其进行早期预防和治疗。此外，细胞培养还可用于临床治疗，如免疫细胞治疗、骨髓细胞移植治疗等。

（三）在动物育种上的应用

目前，随着细胞培养技术及分子生物学技术的发展，人们可以在细胞水平进行操作从而改变动物的遗传物质并实现其重组，可以按照人们的需要设计、改变生物的遗传组成，培育产生新的动物品种。

（四）在生物制品上的应用

早在 20 世纪 60 年代，已经开始利用动物细胞大规模培养技术生产大分子生物制品。动物细胞生产的重组蛋白具有翻译后修饰等优点，随着大规模培养技术逐渐成熟以及基因工程技术的发展与应用，动物细胞生产大分子药用蛋白质的产量提高，动物细胞培养技术在生物制品生产上的应用也日益广泛。目前，使用动物细胞可生产的生物制品多种多样，如重组蛋白药物、抗体、疫苗、激素、酶、生长因子等。并且随着动物细胞培养技术的进一步发展，未来将会有更多的利用细胞培养技术生产的生物制品被开发。

第二节 动物细胞培养的基本知识

一、动物细胞培养的细胞生物学知识

由于分离的体外细胞和体内细胞之间存在差异，以及离体细胞失去了神经体液的调节作用和细胞间的相互影响，受细胞培养条件及环境的影响，体外培养的细胞会发生形态功能转化、分化现象减弱、衰退死亡或转化为无限增殖的恶性细胞系。因此，体外培养的细胞既有与体内细胞相同的基本结构和功能，但也有一些性状存在差异。

此外，由于基因表达具有时空特异性，会使体外培养的细胞发生某些特定功能丧失，因此，将体外培养的细胞作为研究基因表达与调控的模型。

二、体外培养动物细胞的分型

体外培养细胞分为贴附型和悬浮型两大类，具体如下：

（一）贴附型

大多数培养细胞需要支持物附着，才能正常生长，属于贴壁依赖型细胞。按照细胞形态又可以分成以下四种。

① 成纤维细胞型：培养的细胞的形态与成纤维类似，因此称之为成纤维细胞型。细胞形态呈梭形或不规则三角形，细胞核为卵圆形，胞质突起，生长呈放射状。心肌、平滑肌、成骨细胞、血管内皮细胞等常呈成纤维细胞型。

② 上皮细胞型：细胞彼此紧密相连成单层膜，细胞呈扁平不规则多角形，中央有圆形核。起源于内、外胚层的细胞如皮肤表皮及其衍生物、消化管上皮、肝胰、肺泡上皮等皆呈上皮型形态。

③ 游走细胞型：呈散在生长，一般不连成片，胞质常突起，呈活跃游走或变形运动，方向不规则。此类细胞不稳定，有时难以和其他细胞相区别。

④ 多形细胞型：有一些细胞，如神经细胞难以确定其规律和稳定的形态。

（二）悬浮型

少数特殊的细胞无需支持物附着即可生长，胞体圆形，不附着于支持物上，呈悬浮生长。如某些类型的癌细胞及白血病细胞。此外，有些细胞经过驯化，可以由贴附型细胞驯化为悬浮型细胞，如CHO细胞。这类细胞的生长不依赖支持物，容易通过大量增殖实现高密度生长，适合工业化生物制品的生产。

三、体外培养动物细胞的生长和增殖过程

用于维持体外培养细胞生存环境的培养基以及培养容器，其营养和生存空间都是有限的。当细胞增殖达到一定密度后，由于细胞存在接触抑制现象，细胞停止生长，需要将细胞分离出一部分并更换新的营养液，否则细胞无法继续增殖，这一过程称为传代（passage 或 subculture）。每次传代以后，细胞的生长和增殖都会受到一定影响。

（一）培养细胞生命期

培养的细胞在体外培养中持续增殖和生长的时间，即为培养细胞生命期。与体内组织细胞不同，培养中的细胞生命期与细胞的种类、性状和供体的年龄等密切相关，如来源于人胚的二倍体成纤维细胞，能传代培养30～50代（150～300 个细胞周期），能维持生存一年左右，最终衰老凋亡。如果来自成体或衰老个体，则生存时间较短；如肝细胞或肾细胞，生存时间更短，仅能传代培养几代或十几代。当细胞发生遗传性改变，如获永生性或恶性转化时，细胞的生存期才可能发生改变。

正常细胞培养时，在细胞生存过程中，大致都经历以下三个阶段：

1. 原代培养期

从体内取出组织接种培养到第一次传代阶段为原代培养，或称为初代培养。初代培养细胞大多呈二倍体核型，一般持续1～4周。初代培养细胞与体内原组织细胞形态结构和功能比较近似，常用来作为药物分析。原代细胞各细胞的遗传性状存在差异，细胞群是异质的，细胞之间相互依存性强，此期细胞发生分裂，但不旺盛。把原代细胞群稀释分散成单细胞，在软琼脂培养基中进行培养时，细胞克隆形成率很低，

细胞独立生存性差。

2. 传代期

原代培养细胞传代后便称为细胞系（cell line），此期持续时间最长。在培养条件较好情况下，细胞增殖旺盛，并能维持二倍体核型，呈二倍体核型的细胞称为二倍体细胞系。为保持二倍体细胞性质，细胞应在初代培养期或传代后早期冻存。目前常用细胞均需要在十代之内冻存。如不冻存，反复传代有可能导致细胞失去二倍体性质或发生转化。一般情况下当传代 10～50 次左右，细胞增殖逐渐缓慢，以至于完全停止。

3. 衰退期

衰退期细胞仍然处于生存状态，但细胞基本不增殖或增殖很慢；细胞形态轮廓增强，最后衰退凋亡。在细胞生命期阶段，少数情况下，在以上三期任何一点（多发生在传代末或衰退期），由于某种因素的影响，细胞可能发生自发转化。转化的标志之一是细胞可能获得永生性（immortality）或恶性（malignancy）。

（二）细胞生长阶段

体外培养的细胞，当生长达到一定密度后，都需进行传代处理。传代的频率或间隔时间取决于培养基的营养、接种细胞数量以及细胞增殖速度。一般情况下，细胞接种数量越大，在其他条件相同的情况下，细胞数量增加相对要快。连续细胞系和肿瘤细胞系比初代培养细胞增殖快，血清含量多的细胞增殖速度比血清含量少的细胞增殖速度快。细胞传一代后，一般要经过以下三个阶段：

1. 潜伏期

细胞接种培养后，先经过一个在培养液中呈悬浮状态的悬浮期。此时细胞胞质回缩，胞体呈圆球形。然后细胞附着或贴附于底物表面上，悬浮期结束。各种细胞贴附速度不同，这与细胞的种类、培养基成分和底物的理化性质等密切相关。初代培养细胞贴附慢，可长达 10～24h 或更多；连续细胞系和恶性细胞系快，10～30min 即可贴附。细胞贴附现象是一个非常复杂且与多种因素相关的过程。支持物能影响细胞的贴附；底物表面不清洁不利于贴附，底物表面带有阳性电荷利于贴附。另外在贴附过程中，有一些特殊物质如纤维连接素，细胞表面蛋白等也参与贴附过程。这些物质都是蛋白类成分，它们有的存在于细胞膜的表面，有的则来自培养基的血清。近年来，又从各种不同组织和生物成分中提取出了很多促贴附物质。贴附是贴附类细胞生长增殖必需条件之一。

细胞贴附于支持物后，除了先经过前述延展过程变成极性细胞外，还要经过一个潜伏阶段，才能进入生长和增殖期。细胞处在潜伏期时，可有运动活动，基本无增殖，少见分裂相。细胞潜伏期与细胞接种密度、细胞种类和培养基性质等密切相关。初代培养细胞潜伏期长，约 24～96h 或更长，连续细胞系和肿瘤细胞潜伏期短，仅6～24h；细胞接种密度大时潜伏期短。当细胞分裂相开始出现并逐渐增多时，标志着细胞已进入指数增生期。

2. 指数增生期

细胞增殖最旺盛的阶段，细胞分裂相增多。指数增生期细胞分裂相数量，可作为判定细胞生长旺盛与否的一个重要标志。一般以细胞分裂指数（mitotic index，MI）表示，即细胞群中每 1000 个细胞中的分裂相数。体外培养细胞分裂指数受细胞种类、培养液成分、pH、培养温度等多种因素的影响。一般细胞的分裂指数介于 0.1% ~ 0.5%，初代细胞分裂指数低，连续细胞和肿瘤细胞分裂指数可高达 3% ~ 5%。pH 和培养液血清含量变动对细胞分裂指数有很大影响。指数增生期是细胞一代中活力最好的时期，因此是进行各种实验最佳和最主要的阶段。在接种细胞数量适宜情况下，指数增生期持续 72 ~ 120h 后，随着细胞数量不断增多、生长空间日趋减少、最后细胞相互接触汇合成片。细胞相互接触后，如培养的是正常细胞，由于细胞的相互接触能抑制细胞运动，这种现象称接触抑制。而恶性细胞则无接触抑制现象，因此接触抑制可作为区别正常细胞与癌细胞的标志之一。肿瘤细胞由于无接触抑制能继续移动和增殖，导致细胞向三维空间扩展，使细胞发生堆积。细胞接触汇合成片后，虽发生接触抑制，只要营养充分，细胞仍然能够进行增殖分裂，因此细胞数量仍在增多。但当细胞密度进一步增大，培养液中营养成分减少，代谢产物增多时，细胞因营养的枯竭和代谢物的影响，则发生密度抑制，导致细胞分裂停止。

3. 停滞期

细胞数量达到饱和密度后，细胞将停止增殖，进入停滞期。此时细胞数量不再增加，故也称为平台期（plateau）。停滞期细胞虽不增殖，但仍有代谢活动，继而培养液中营养渐趋耗尽，代谢产物积累、pH 降低。此时需做分离培养即传代培养，否则细胞会中毒，发生形态改变，传代应越早越好。传代过晚能影响下一代细胞的机能状态。在这种情况下，虽进行了传代，因细胞已受损，需要恢复，至少还要再传 1 ~ 2 代，通过换液淘汰掉死细胞和使受损轻微的细胞得以恢复后，才能再用，反而耽误了时间，这是实验中应特别注意的。

四、体外培养动物细胞的生长条件

动物细胞无细胞壁保护，细胞膜直接与外界接触，对周围环境十分敏感。与细菌和植物细胞相比，对动物细胞培养条件的要求极为严格。对物理或化学因素如渗透压、pH、离子浓度、剪切力等耐受力很弱，容易受伤害。动物细胞在体外培养应尽量提供与体内生活条件相接近的培养环境。

培养环境至少包括以下 6 个因素。①无菌环境：所有与细胞接触的器材、溶液等，都必须保持绝对无菌，避免细胞外微生物的污染。②充足的营养：必须有充足的营养供应，绝对不能含有有害物质，甚至极微量有害离子都会对细胞造成损害。③保证有适量的氧气供应。④及时清除细胞代谢产生的有害物质。⑤有良好的适于细胞生存的外界环境，包括渗透压、离子浓度、pH 等。⑥及时传代，保持合适的细胞密度。

（一）体外培养动物细胞需要的环境条件

1. 温度

动物细胞生长需要适宜的温度，其适宜的温度取决于所培养细胞的类型。哺乳动物细胞最佳培养温度为 37℃，鸡细胞为 39～40℃，昆虫类细胞为 25～28℃。哺乳动物细胞耐受温度范围较窄，在 39～40℃ 持续 1h 细胞就会受到伤害，但基本上还能恢复；41～42℃ 持续 1h 细胞受伤严重，只有部分能恢复；高于 43℃ 持续 1h，细胞就会死亡。

当温度为 25～35℃ 时，细胞的生长速度虽然很慢，但仍然能够维持存活能力，即使在 4℃ 条件下，细胞也能存活数天，温度只要不低于 0℃，细胞代谢虽受抑制，但对细胞的损害并不严重，若加入保护剂，细胞可在 -196℃ 的液氮罐中保存。

2. 渗透压

多数培养细胞对渗透压有一定的耐受范围，耐受能力因细胞类型而异。哺乳动物细胞培养的渗透压一般介于 260～320mOsm/kg 之间。鳞翅类昆虫细胞系的最适渗透压为 345～380mOsm/kg。

3. pH

各种细胞对 pH 的要求不尽相同，多数细胞在 pH 7.2～7.6 间生长良好。pH 低于 6.8 或高于 7.6，会对细胞产生严重影响，甚至使细胞死亡。

4. 气相

体外培养细胞需要适宜的气体环境。多数细胞需要在有氧条件下才能生长，氧分压通常维持在略低于大气的状态，CO_2 也是细胞生长所必需的。

（二）体外培养细胞需要的营养物质

体外培养的细胞需要一些基本的营养物质，包括氨基酸、碳水化合物、维生素及一些无机离子。

1. 氨基酸

氨基酸是组成蛋白质的基本单位，不同种类的细胞对氨基酸有不同的要求。细胞所能利用的氨基酸是 L 型同分异构体。体外培养细胞时有 12 种氨基酸细胞自身不能合成，必须通过培养基供给，这 12 种氨基酸被称为必需氨基酸，包括异亮氨酸、亮氨酸、胱氨酸、精氨酸、组氨酸、色氨酸、苏氨酸、甲硫氨酸、赖氨酸、缬氨酸、酪氨酸、苯丙氨酸。几乎所有的动物细胞对谷氨酰胺都有较高的要求，细胞需要谷氨酰胺合成核酸和蛋白质，谷氨酰胺也可以作为能源被细胞利用。

2. 维生素

维生素是维持细胞生长的生物活性物质，它们在细胞中大多形成酶的辅酶，对细胞代谢影响很大，其中烟酰胺、叶酸、核黄素、钴胺素、胆碱、生物素、吡哆醇和维生素 C 等，都是细胞培养所必需的。

3. 碳水化合物

碳水化合物是细胞生命活动所需能量的最终来源，也是细胞合成蛋白质和核酸的碳源，主要有葡萄糖、核糖、脱氧核糖、丙酮酸钠和乙酸钠等。

4. 无机盐

无机盐是细胞的重要组成成分之一，参与细胞的代谢活动以及调节细胞的渗透压，除含钠、钾、镁、钙、磷、氮等基本的无机离子外，还包括铁、铜、锌、钴等微量金属离子。

5. 生长因子

许多生长因子均具有促进有丝分裂的作用，它们作用于细胞有丝分裂的不同时期。某些生长因子的作用只限于特定的细胞类型，而有些细胞因子的作用则有较广的靶细胞范围。

6. 激素

几乎所有动物细胞的生长均对激素有一定的需求，如多肽激素类的胰岛素、生长激素、甲状腺素等和甾体类激素中的氢化可的松、孕酮和雌二醇等。

第三节　动物细胞培养基

随着生命科学和医学的迅速发展，对动物细胞培养需求日益增加。然而，目前很多动物细胞培养还需要添加血清进行培养。

一、动物细胞培养基的成分

动物细胞培养基既能提供动物细胞培养所需要的营养和促使动物细胞增殖的基础物质，也能维持动物细胞生长和增殖的生存环境。动物细胞培养基是一种营养物质和生长因子的复杂混合物，此外涉及一些物理参数，如渗透压、pH 值等。因动物细胞类型和功能不同对营养的需求也不同，pH 值和渗透压也是如此。当动物细胞从最初的种子细胞生长到融合状态或达到最大细胞密度时，不同的动物细胞将以不同的速度利用氨基酸和其他成分。可以通过控制氨、自由基、重金属毒性、pH 值变化、酸碱度、营养消耗、化学和生物污染物等进行最佳细胞培养基优化。

经典动物细胞培养基由氨基酸、维生素、无机盐和能量碳源（例如葡萄糖）组成，但一般还需要动物血清补充蛋白质等营养成分。经典培养基配方是专为癌症衍生的细胞系设计的，也适于某些特殊的细胞如干细胞和分化细胞的生长。培养基组分主要包括水、平衡盐溶液、无机盐、能源、L-氨基酸、维生素及微量元素。培养基用水必须考虑水的质量，水是细胞培养基的关键成分，尤其是无血清培养基。有机污染物如镉、汞、铅和铜等重金属，极低的浓度都可以导致无血清培养基中的细胞中毒。水是细菌生长的极佳环境，因此可能存在毒素，如革兰氏阴性细菌的内毒素。平衡盐溶液中包含主要的阳离子和阴离子，以及缓冲液，以维持 pH 值在预期的生理范围内。

生理溶液中四个主要阳离子是 Na^+、K^+、Ca^{2+} 和 Mg^{2+}，对维持膜电位和营养运输都很重要。阳离子 Na^+ 和 K^+ 在维持渗透压平衡方面起着关键作用。将 Med199、BME 和 MEM 等早期基础培养基的渗透压调节到生理水平 [(290 ± 10)mOsm/L]，但是随着其他组分浓度增加，渗透压相应升高。与 EMEM 相比，Dulbecco 改良的 MEM 培养基含有约两倍的氨基酸浓度，葡萄糖和缓冲液浓度也有所提高，渗透压浓度约为 (340 ± 10)mOsm/L。对于某些正常细胞，该渗透压值偏高。只有 HeLa（人宫颈癌细胞系）和 L929（小鼠突变克隆细胞系）可用。由于细胞突变，这些高度变异的细胞系可以很容易地适应广泛的生长条件。但是，这对于具有有限寿命的普通细胞而言并非如此。例如，啮齿动物胚胎海马细胞和其他神经细胞的最佳渗透压浓度范围约为 (235 ± 10)mOsm/L，比 DMEM 低或仅为 100mOsm/L。为了获得最佳结果，需要了解所使用细胞的最佳物理参数。

培养基中两种主要能量来源是葡萄糖和谷氨酰胺。葡萄糖是核苷、氨基糖和某些氨基酸的碳源。葡萄糖分解代谢产生 ATP。对于大多数培养基配方，只有 5% 的 ATP 来自三羧酸循环的有氧糖酵解，副产物为 CO_2。丙酮酸也可以考虑作为能源，因为丙酮酸通过 TCA 循环在生产 ATP 中起关键作用。由于氧气吸收的限制，80% 的葡萄糖通过厌氧呼吸转化为乳酸。乳酸可以改变 pH 值和渗透压浓度。其他糖，例如果糖、有机乳糖可以代替葡萄糖，但效率较低。对于大多数正常细胞，大约一半的能量来自葡萄糖，另一半来自 L-谷氨酰胺。对于快速生长的细胞（如 HeLa 细胞），大约 70% 的 ATP 来自 L-谷氨酰胺的氧化，而缓慢生长的细胞系则相反。

L-谷氨酰胺会随着时间的延长和温度升高，分解为氨和吡咯烷酮羧酸。在环境温度（约 25℃）和更高温度下，分解速度加快。即使在冷藏温度下，约有 30% 的谷氨酰胺将在 6 个月后消失。将含有谷氨酰胺的培养基长时间放置在 37℃ 会破坏谷氨酰胺，培养基中大多数正常细胞会被低至 0.6mmol/L 的氨杀死。在补料分批生物反应器中，当向培养基中补充 7mmol/L L-谷氨酰胺时，高浓度的 CHO 细胞将在短短 3 天内产生高达 6mmol/L 的氨。氨浓度为 10mmol/L 时，即可对所有哺乳动物细胞有毒。因此，最好的做法是购买或制作不含 L-谷氨酰胺的培养基，并在使用时添加。浓缩的 L-谷氨酰胺解冻后分批一次性放入冰箱中保存，保存在冰箱中。这种解冻和再冷冻应该只进行一次，因为多次冷冻/解冻将导致不完全溶解。培养基可以冷冻，但不能重复冷冻，因为有些成分会在重新冷冻时析出。谷氨酰胺二肽，如丙氨酰谷氨酰胺，即使在 37℃ 也具有稳定性的优点。

将氨基酸分为必需氨基酸和非必需氨基酸。培养细胞的必需氨基酸有 12 种，细胞只能利用 L 型氨基酸。因为在生物反应器中，细胞大量生长，不能足够快地产生这些氨基酸，细胞培养进入了凋亡状态。例如，对于大多数 CHO 细胞系，L-天冬氨酸、L-谷氨酸和 L-半胱氨酸是自限制性氨基酸。不同的细胞以不同的速率利用这些氨基酸。并非所有的商业培养基都包含非必需氨基酸。

EMEM 培养基的维生素由 B 族复合维生素叶酸、烟酰胺、吡哆醛、泛酸、核黄素、硫胺素、胆碱和肌醇组成。DMEM 中吡哆醛的浓度会引起 DMEM 的稳定性问题，在铁和胱氨酸存在下，吡哆醛会随着时间的延长形成沉淀。用吡哆醇代替吡哆醛可显著提高保质期，现在商业化的 DMEM 都是吡哆醇。对于特种细胞，并且在没有血清或血清蛋白的情况下，维生素也很重要。在无血清培养中，需要添加抗氧化剂维生素。在细胞生长的最佳 pH 和温度下，抗坏血酸或维生素 C 在溶液中非常不稳定。L-抗坏血酸-2-磷酸镁盐稳定性较高，从而成为更好的选择。B 族维生素对光非常敏感（核黄素、叶酸、亚叶酸和维生素 B_{12}），必须小心存放避免含有这些维生素的培养基被光降解。

除了在平衡盐溶液（Na^+、Ca^{2+}、Mg^{2+} 和 K^+）中发现的阳离子外，在没有血清的情况下，铁、锰、锌、硒和铜的适当浓度对细胞生长也很重要。高浓度的这些物质和其他过渡金属对细胞是有毒的。尤其是亚铁离子对神经元毒性很大。培养基不含蛋白质或肽，因此需要胰岛素替代。适当浓度（$0.8\sim1.5mg/L$）的锌盐已被证明是一种胰岛素模拟物，细胞适应后能阻止多种细胞凋亡。其他效率较低的胰岛素模拟物是锂、钒、镍和镉。在无血清和 CD 培养基中，硒已被证明是重要的成分，因为它可作为谷胱甘肽过氧化物酶活性的辅助因子，并与维生素 E 一起抑制脂质过氧化物的形成。微量的钼和钒对细胞生长有积极作用，其他微量元素如铷、钴、锆、锗、镍、锡和铬，添加到无蛋白质的培养基中，可能对特定的细胞有利。

动物血清含有细胞生长所需的多种因子，包括激素、附着因子、膜通透性调节剂、脂质、酶、微量营养素、微量元素、缓冲液、自由基清除剂、蛋白质水解酶和毒素的中和剂以及促有丝分裂的生长因子。血清可以增加培养基的黏度，从而帮助保护悬浮液中的细胞免受剪切损伤。血清是一种复杂的混合物，加入血清会引入培养基特定成分，引起成分之间的相互作用。其次血清批次之间可能存在差异，物种之间也可能存在差异，并且由于收获时间和动物饮食的不同而存在差异。血清的复杂性和多变性会引起以下副作用：①细胞过度生长；②下游加工和纯化问题；③残留蛋白质的抗原性；④中和抗体导致病毒产量降低；⑤引入不确定污染物，如支原体和病毒；⑥诱导干细胞分化。

无血清培养基需要补充一些血清补充剂。脂质是一个很好的补充剂。脂质作为膜的结构成分及能量的来源，对细胞的信号转导、转运和生物合成都很重要。血清中的白蛋白是游离脂肪酸和脂蛋白的载体。许多细胞系可以在无血清培养基中培养而无需添加脂肪酸、磷脂或胆固醇，而其他细胞则显示出一定的需求或显著提高了生长效率。通常将脂质前体（例如乙醇胺或磷脂酰乙醇胺）掺入培养基中。不同细胞类型对生长条件的要求不同。最常添加到培养基中的脂肪酸是亚油酸、亚麻酸、花生四烯酸、棕榈酸、棕榈油酸和肉豆蔻酸。脂肪酸通常溶解在乙醇中，并与蛋白质如白蛋白复合，或在添加至培养基之前与诸如环糊精的黏合剂结合。可以将磷脂混合物超声处理并制成脂质体。脂质溶液容易被氧化，贮存脂质浓缩物的最佳方法是在建议的储存温度下以单次使用浓度储存，避免其被光照破坏。

二、动物细胞培养基分类、选择及保存

（一）动物细胞培养基分类

根据培养基的成分来源不同，可以分为天然培养基和合成培养基两大类。合成培养基根据是否需要添加血清又分为含血清培养基和无血清培养基，具体分类见表1.2。

表1.2　动物细胞培养基种类

类别	定义	种类	例子
天然培养基	由天然物质组成,如血浆、血清和胚胎提取物	凝固剂或凝块	从肝素化血液、血清分离出的血浆和纤维蛋白原
		组织提取液	鸡胚、肝、脾和骨髓提取物
		生物体液	血浆、血清、淋巴、羊水和胸膜液
合成培养基	由基本培养基和添加剂组成,如血清、生长因子和激素	含血清培养基	人、牛、马或其他血清用作添加剂
		一般无血清培养基	粗蛋白组分,如牛血清白蛋白或 α-球蛋白或 β-球蛋白
		无异源培养基(Xeno-free medium)	含人源性成分,如人血清白蛋白,可作为添加剂,但动物成分不允许作为添加剂
		无动物源(animal origin free, AOF)培养基	不含动物来源的成分
		无蛋白质培养基	无蛋白质成分,但含有蛋白质水解物作为添加剂,成分不明确
		化学成分明确(CD)培养基	成分明确,含有重组蛋白等成分

细胞生长的特性研究需要选择最佳培养基。每种类型的培养基都有各自的优缺点（表1.3）。

表1.3　一些培养基的优缺点

优缺点	经典含血清培养基	无血清培养基	AOF 培养基或无 ADC[①] 培养基	CD 培养基
优点	配方公开 适用多种类型细胞 通用的培养系统	性能一致	性能一致 成本效益高 方便监管	性能一致 成本效益高 方便监管 无蛋白质和多肽、支持细胞高浓度生长

优缺点	经典含血清培养基	无血清培养基	AOF 培养基或无 ADC[①] 培养基	CD 培养基
缺点	需要血清 血清量和使用百分比会影响性能 监管不便	成分来源 可能包含动物源成分 监管不便 可能需要不同程度的适应	可能含重组蛋白和多肽类 可能需要不同程度的适应	只能用于非附着细胞 需要细胞适应 一些公司在产品应该是 AOF 的时候给它们贴上 CD 的标签

①ADC（animal-derived component）：动物源成分。

1. 经典含血清培养基

配方已经公开，与特殊培养基相比，价格便宜、成本低，有多种类型。其主要缺点是需要补充血清或血清蛋白，这些蛋白质因来源不同以及血清采集时间不同而变化，从而导致实验结果不一致，其次会有偶然污染的情况发生。

2. 无血清培养基

无血清培养基中不含有动物血清，但可能含有多种血清源成分（如牛血清白蛋白等），性能的一致性可能更好，但这类培养基的通用性较差，需要进行驯化适应。

3. 无异源培养基（xeno-free media）

无异源培养基含人源性成分，如人血清白蛋白，可作为添加剂，但动物成分不允许作为添加剂。

4. AOF 或无 ADC 培养基

在这类培养基中，使用非动物来源或重组蛋白和肽代替动物来源的蛋白质或肽。细胞一旦适应，当细胞用于生物制品生产时，会表现出更好的性能一致性，更容易进行监管。

5. CD 培养基

这类培养基是细胞中生产抗体和重组蛋白的金标准。CD 培养基需要细胞驯化和适应。细胞一旦适应，细胞能够以高浓度悬浮生长，并具有更好的一致性。由于这些配方中没有动物来源成分，如蛋白质和多肽，容易监管。CD 培养基的使用大多局限于悬浮细胞而非贴壁型细胞，因为这类培养基不包含任何附着蛋白质。

6. 抗生素

培养基中使用抗生素，可能对低蛋白和 CD 培养基中的哺乳动物细胞有毒。血清可减轻抗生素的大部分毒性，不与血清结合的药物能有效防止特定细菌的生长，而不会引起细胞系毒性。当消除蛋白质或降低培养基中的蛋白质浓度时，由于未结合的抗生素浓度增加，抗生素混合物对哺乳动物细胞有毒。最佳的组织培养方法是建议在细胞扩增过程中不使用抗生素。

（二）培养基的储存

1. 避光保存培养基

细胞培养基中的几个成分对荧光和白炽灯都非常敏感。在核黄素存在的情况下，色氨酸和酪氨酸会产生过氧化氢，过氧化氢进一步代谢进而引起一种自由基的反应，产生有毒的光产物，反过来又诱导细胞凋亡。HEPES 缓冲液使该反应加速约 3 倍，酚红能减缓反应速度。在正常的实验室照明条件下，不含酚红和 HEPES 的培养基在 2h 内会失效。如果实验顺利，突然发现所有细胞开始死亡，首先考虑是光破坏了培养基。所有波长都对培养基有一定影响，但是 415～445 nm 之间的可见光波长损害最大。存放在低温中的培养基应盖上黑色塑料，并在灯上开计时器。如果将培养基存储在立式冰箱中，则应该将冰箱中的灯泡取出。如果有玻璃门，则应盖上防紫外线的塑料薄膜。紫外线防护套可用于覆盖荧光灯管。含 HEPES 不含酚红的培养基应该用铝箔或聚酯薄膜包裹。

2. 培养基保质期

培养基的半衰期决定于最敏感的必需成分半衰期。商业培养基应具有有效期，如果培养基是在正确的温度下储存，并且被保护不受光线影响，这个日期是确定的。经典培养基中最敏感的成分是 L-谷氨酰胺。与不含 L-谷氨酰胺的相同培养基相比，含有 L-谷氨酰胺的培养基保质期将大大缩短。尽可能购买不含谷氨酰胺的培养基，使用时临时添加。培养基配方中特定成分浓度过高可能会引起成分间相互作用，从而缩短保质期。如前所述，由于保存期限问题，必须更改 DMEM 配方吡哆醛（4.0mg/L），在高浓度的硫酸化氨基酸和铁存在下，随着时间的延长会产生不溶性沉淀，进而导致培养基质量下降，用同等浓度的吡哆醇代替吡哆醛能够解决这个问题。

三、优化动物细胞培养基

（一）生长曲线优化

当细胞以贴壁依赖型铺板或悬浮状态培养时，它们在适应环境时会出现几个小时的初始潜伏期，然后是指数或对数生长期、平台期、退化死亡阶段（图1.1）。

在病毒培养或生物制品生产过程中，尽可能延长指数生长期是有益的，这样会有更多的细胞在更长的时间内产生病毒、抗体或重组蛋白。生物生产在指数期结束时开始，继续进入平台期，直至退化死亡阶段。当干细胞和其他哺乳动

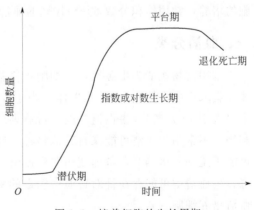

图 1.1　培养细胞的生长周期

物细胞扩增时，目的是保持细胞生长，并在细胞自然分化前收集细胞。

以下原因会使静止和死亡阶段出现：①渗透压升至 400mOsm/L 以上时，最好从较低的渗透压开始，例如 265mOsm/L。②有毒的生物产物，例如氨和自由基。尝试通过优化生长条件和保护培养基免受光降解来控制有毒产物。维持葡萄糖和谷氨酰胺的浓度有助于控制氨的产生。保持低水平的葡萄糖对 CHO 细胞很重要，而保持谷氨酰胺浓度对杂交瘤细胞也是如此。③按选定的时间表替换自限氨基酸。自限氨基酸是正在生长的细胞系所特有的。例如，CHO 培养物过度利用了谷氨酸、天冬氨酸、谷氨酰胺和半胱氨酸。对于 NS0 杂交瘤细胞，每 2～3 天应该添加半胱氨酸、亮氨酸、异亮氨酸、天冬酰胺、甲硫氨酸、苯丙氨酸、缬氨酸和谷氨酰胺。一些细胞过度利用葡萄糖而不是谷氨酰胺，而其他细胞则同时利用葡萄糖和谷氨酰胺。

（二）使用细胞已适应的培养基

细胞在适应体外环境并生长的过程中，会分泌到周围环境中一些有助于健康和生长的物质。丢弃所用过的培养基时，会给细胞带来压力，对于正常细胞会产生不利影响，但对永生细胞系没有影响。对于原代神经元细胞，当进行补料时，应去除 1/3～1/2 体积的培养基，并用相当体积的新鲜培养基补充丢弃的培养基。完全去除所有的细胞已适应的培养基并重新加入新鲜培养基会诱导细胞凋亡。

细胞培养基是化学物质的复杂混合物，为了获得理想的效果，应确保使用的培养基和添加物满足下列要求：①所用水为细胞培养级水，没有被高浓度重金属或内毒素污染；②具有最佳渗透压；③不含因加热或老化而被破坏的 L-谷氨酰胺，会因此产生大量氨；④含有足够高浓度和平衡的必需营养素，以抵消营养素耗尽造成的细胞死亡；⑤添加必需的添加剂来达到预期的结果；⑥未被光线破坏或已超过保质期。

第四节　动物血清及替代物

动物血清作为细胞培养基中常见的添加剂，用于原代和连续锚定依赖（单层）细胞的培养，常用体积分数 5%～10%的血清。

一、血清分类

常用动物血清为牛源性，为细胞培养基添加剂。牛血清分为胎牛（取自胎儿期牛体或者未出生牛体）、新生儿牛体（小于 3 周龄）、幼牛（3 周龄至 12 月龄）和成年牛（大于 12 月龄）。牛血清是肉类行业副产品，高质量血清供应使得牛血清得以频繁利用。不常用的血清可能来自其他物种，例如马、猪及其他物种。当牛血清中的抗体可能干扰细胞培养时，考虑使用非牛血清。例如，如果将牛细胞用于检测或增殖牛病毒，牛血清中可能存在针对普通牛病毒的中和抗体问题。因此，通常用马血清代替牛血清培养细胞。

在现有的各种牛血清和非牛血清中，目前最常用的细胞培养基是胎牛血清（fetal

bovine serum，FBS)。FBS 是在 20 世纪 50 年代末由 Theodore Puck 首次用于刺激细胞生长和组织培养。后来发现，FBS 含有细胞增殖和维持细胞生长所必需的成分，如激素、维生素、运输蛋白、微量元素。自从 Puck 发现以来，FBS 一直被用作实验研究以及生物制药产业中细胞培养基中的通用添加剂。虽然有替代来源的牛血清，如新生小牛血清、小牛血清和供体牛血清，但 FBS 由于其免疫球蛋白和补体因子含量低而被广泛使用。全世界每年生产大约 80 万升 FBS，相当于 200 万头胎牛，生产量仍在增加。

二、血清的主要成分及作用

（一）血清中的主要成分

血清通过清除血浆中的纤维蛋白原等成分制备而成，包含多种血浆蛋白、多肽、脂肪、碳水化合物、生长因子、激素及无机盐等，所有这些物质能够促进或抑制细胞生长的生理平衡。表 1.4 列举了血清的主要成分及平均浓度。

表 1.4 血清的主要成分及平均浓度

血清成分	平均浓度	血清成分	平均浓度
Na^+	137mol/L	碱性磷酸单酯酶	255U/L
K^+	11mol/L	乳酸脱氢酶	860U/L
Cl^-	103mol/L	胰岛素	0.4μg/L
SeO_3^{2-}	26μg/L	长效促甲状腺素	1.2μg/L
Ca^{2+}	136mg/L	促卵泡激素	9.5μg/L
纤维粘连蛋白	35mg/L	重组牛生长激素	39μg/L
尿酸	29mg/L	催乳激素	17μg/L
肌酸	31mg/L	T3	1.2μg/L
血红素	113mg/L	胆固醇	310μg/L
胆红素	4mg/L	可的松	0.5μg/L
无机物	100mg/L	睾酮	0.4μg/L
葡萄糖	1250mg/L	孕酮	80μg/L
尿素	160mg/L	前列腺素 E	6μg/L
血清总蛋白	38g/L	前列腺素 F	12μg/L
白蛋白	23g/L	维生素 A	90μg/L
巨球蛋白	3g/L	维生素 E	1mg/L
内毒素	0.35μg/L	Fe^{2+}、Zn^{2+}、Cu^{2+}、Mn^{2+}、Co^{2+}、Co^{3+} 等	μg/L 级～ng/L 级

（二）血清的主要功能

血清的主要功能如下。①提供必要营养成分：血清包含多种氨基酸、维生素、无机盐、脂肪及核酸衍生物，是细胞生长必要成分。②提供贴壁生长及扩散因子：许多体外培养细胞贴壁生长，依靠细胞外基质；体内细胞可分泌细胞外基质，但随传代次数增加，这种能力会消退或丧失。血清中包含一些化合物，如纤维粘连蛋白、层粘连蛋白等，能够促进细胞贴壁生长。③提供生长因子及激素：血清中含有多种细胞生长因子，如成纤维细胞生长因子、表皮生长因子、褶皱生长因子等。此外，血清中还含有多种激素，如胰岛素、肾上腺皮质激素（氢化可的松、地塞米松等）、类固醇激素（雌二醇、睾酮、孕酮等），能刺激细胞生长和增殖，促进分化功能。④提供结合蛋白：结合蛋白运输低分子物质。例如，白蛋白运输维生素、脂肪（脂肪酸、胆固醇）及激素，转铁蛋白运送铁。⑤为特定细胞提供保护作用：血清中含有 α-抗胰蛋白酶或 α_2-巨球蛋白，能维持 pH 值或直接抑制蛋白酶作用。血清中的抗蛋白酶成分可以中和上皮细胞、髓系细胞等释放蛋白酶。白蛋白能够提高血清黏度，保护细胞免受机械损伤，尤其是终止细胞培养。⑥血清中含有的微量元素及离子，如 SeO_3 和硒，在代谢解毒中起着非常重要的作用。

三、血清储存、解冻及处理

（一）血清储存与解冻

用于细胞培养基的血清应冷冻避光保存，不宜进行反复多次冻融。储存血清的建议温度范围为 $-5 \sim \leqslant -20℃$。在 $-5℃$ 存放能够维持血清的生物学性能，长期储存建议在低于 $-15℃$ 的温度。储存在 $-70℃$ 的玻璃瓶解冻过程中会遇到碎瓶的风险，但比因储存温度过高而使整批血清变质更为可取。如果想保住血清样品，运输之前应保证储存条件。运输工具应置满干冰，以保证 $-70℃$ 环境。

解冻血清的方法取决于血清是否现用。最常见的做法是取出长期储存的血清，让血清在冰箱（$2 \sim 8℃$）中解冻过夜。若需要现用血清，取出长期储存的血清，室温下放置 37℃ 水浴 10min。在解冻过程中，建议通过周期性地旋转容器来搅动血清（每 15min 左右旋转一次）。在解冻过程中，血清的旋转可以使液体的所有部分更均匀地传热，加速解冻过程，防止液体部分过热。从低于 $-70℃$ 中取出的血清容器不应直接放入温水浴中，可能导致瓶子破裂（尤其是玻璃制器）。任何情况下不得使用高于 37℃ 的温度解冻，这可能会导致血清关键成分降解。血清容器应在最后一个冰晶消失时从水浴中取出。确保血清暴露在 37℃ 水浴中的时间最少。无论采用何种解冻方法，在细胞培养基中使用前，应通过旋转容器将血清充分混合，以使所有成分均匀分布。一旦血清融解，短时间置于 $2 \sim 8℃$，存放时间最长 4 周，长期存放时核心组分会降解。

（二）血清处理

1. 热灭活

热灭活指的是将血清环境温度升至 56℃ 短时间内的处理（一般为 30min）。热灭活的目的一是为了破坏热不稳定的补体，从而防止牛血清中的抗体与细胞结合并引起溶解；其次热灭活还能灭活血清中存在的支原体及热敏性极高的病毒，如莱氏无胆甾原体（*Acholeplasma laidlawii*）、精氨酸支原体（*Mycoplasma arginini*）和猪支原体（*Mycoplasma hyorhinis*）；除非已证明某一特定细胞类型需要使用热灭活血清，否则最好不要对其进行热灭活处理。当血清温度提高到 56℃，甚至仅用 30min，就会使其某些成分变性，并对血清的性能产生不利影响。

2. 免疫球蛋白（IgG）去除

许多血清供应商进行 FBS 处理，以降低或去除 IgG 的含量，是血清中去除非目的抗体的方法。例如，含牛血清的培养基用于牛病毒繁殖时，用户会要求进行这种处理。处理过的血清产生的 IgG 最终含量可能因供应商而异，但低至＜5μg/mL 的 IgG 含量目前能通过商业化的方法实现。与其他类型的 FBS 处理一样，用户在购买大量血清前应要求供应商提供少量已处理的血清进行试用，以确保血清在其特定应用中的性能符合要求。

3. 透析/活性炭去除

去除血清某些组分可通过透析或者活性炭完成。透析可用于去除某些低分子量蛋白质复合物、极性和非极性化学物质、激素、细胞因子、葡萄糖、氨基酸、抗生素和其他外源分子。活性炭可用于除去血清中的非极性成分，如激素、生长因子、细胞因子和脂质包膜病毒，同时保留更多的极性葡萄糖和氨基酸。血清中的类固醇激素水平在不同的血清批次中差异很大，如进行类固醇方面的研究应首先对血清进行活性炭处理。

四、血清测试

供应商与用户可以进行两种血清测试，包括性能测试与污染物测试。大多数血清供应商进行这两种测试作为商业血清批次的释放测试。GMP 生产中使用的合格血清必须按照《美国联邦法规》（1995 年、2012 年）、《欧洲药典》（2008 年）第 2262 章（牛血清）和/或《美国药典》（第 1024 章牛血清）进行测试。

研究人员可能会依赖血清供应商关于不受微生物污染的声明。支原体是血清的一个常见污染源，应使用未声明无支原体的血清。在购买大量血清之前，研究人员应使用自己的细胞系进行血清的适用性（性能）测试，以保证血清的质量符合要求，若血清的各种性能特征符合要求再进行批量购买。

（一）性能（适用性）测试

根据细胞种类与研究目的的不同，实验室有必要进行血清性能测试，这种测试能够提高血清适用性。性能测试的基本原则是把候选血清与现有血清（即对照血清）进行比较。细胞生长在候选血清和对照血清中，从细胞生长曲线、细胞克隆效率、转化能力、胞浆蛋白或膜蛋白的表达等方面进行多种试验。若试验组结果低于对照组，不使用该候选血清。

（二）污染物测试

血清使用之前需要进行污染物测试。由于测试成本昂贵，对于研究用途，当血清供应商已经进行了此项测试并将结果报告给给定批次血清的分析证书（certificate of analysis，CoA）时，通常可以不进行该项测试。检验报告应列出各种污染物测试结果。在大多数情况下，污染物检测还包括对相关牛病毒的检测。采购胎牛血清前，用户应调查供应商的生产过程。一般可从供应商网站获取检验报告或者从技术服务代表处获取相关信息。

对于声称符合 GMP 生产要求的 FBS 和其他血清，血清供应商的 CoA 包括无菌检测、支原体和病毒检测结果。支原体检测通常是专门为此而设计的，灵敏度在一定程度上与实际检测的血清体积有关。病毒检测通常根据《美国联邦法规》第 9 卷第 113.53 部分（2012 年）和第 113.47 部分（1995 年）进行。这些法规描述了要使用的方法（第 113.53 部分）以及要测试的病毒（第 113.47 部分）。在欧盟，受欧洲药品管理局（EMA）关于在人类生物医药产品生产中使用牛血清的指南（欧洲药品管理局 2012 年）管辖。除第 113.47 部分中规定的病毒外，还有一些常见的其他病毒（包括牛传染性鼻气管炎病毒、水泡性口炎病毒和 3 型副流感病毒）。

在生物制品制造业，制造商通常会采取比血清供应商更高的污染测试，一是为了确认血清的适用性，二是为了补充血清供应商所做的测试。例如，对于 CHO 细胞，还需要进行水泡疹病毒（vesivirus）和卡奇谷病毒（Cache Valley virus）的检测，因为在 CHO 细胞中已发现这些病毒增殖。

五、动物血清潜在风险及预防

使用动物血清作为细胞培养基成分的相关风险：一是可能将微生物（即细菌、真菌、支原体或病毒）污染物引入，二是动物血清存在潜在的血清内和血清间性能之间的差异。

（一）污染风险

大多数供应商采用无菌过滤胎牛血清，有些是使用正常孔径为 $0.1\mu m$ 的过滤器进行双重或三次过滤，会从血清中去除较大的病毒和病毒聚集物。但无菌过滤仍然不能保证无支原体和无病毒。

2002 年有学者发现 6 种支原体，包括牛莱氏无胆甾原体（*Acholeplasma laidlawii*）、精氨酸支原体（*Mycoplasma arginini*）、猪鼻支原体（*M. hyorhinis*）、口腔支原体（*M. orale*）、发酵支原体（*M. fermentens*）、人型支原体（*M. hominis*），占培养基支原体污染的 90%～95%。三种支原体（发酵支原体、口腔支原体、人型支原体）来源于人体，牛莱氏无胆甾原体和精氨酸支原体来源于牛血清，猪鼻支原体来自猪胰蛋白酶。

FBS 引起的病毒污染事件发生频率很低。当污染确实发生时，通常归因于用于细胞培养中所用的 FBS。FBS 的污染物包括卡奇谷病毒（Cache Valley virus）、流行性出血性疾病病毒（epizootic hemorrhagic disease virus）、囊病毒 2117（vesivirus 2117）、呼肠孤病毒 2 型（reovirus type 2）和蓝舌病毒（bluetongue virus）。

此外，在 25～40kGy 辐射通量下进行 γ 射线辐射，使用干冰保持冷却的同时对血清进行辐射。这种处理既能保留血清的性能，同时对灭活支原体和大多数相关病毒非常有效。

预防牛血清及其他血清引入病毒或支原体的风险有很多方法，如从供应商处购买有 CoA 声明无污染物的血清、选择 γ 射线处理的血清以及进行血清热灭活。

（二）血清批次间性能差异

细胞培养基中使用的血清数量，由于所使用的特定细胞类型和所测量的分析终点不同，可能会出现批次间结果差异。研究发现，对马支气管成纤维细胞（equine bronchial fibroblasts，EBF）在含有 FBS 或同等体积马血清（horse serum，HS）的培养基中的细胞生长特性（最大传代代数、群体倍增时间和总蛋白质含量）进行分析，发现 FBS 批次及 HS 批次之间的差异最小，而 FBS 和 HS 之间存在显著差异，这些差异也与细胞形态的差异有关（图 1.2）。因此，在购买特定细胞培养使用的血清时，应尽可能购买同一批次血清完成项目，这是避免批次间血清性能变化导致风险的最佳方法。为了用新批次替换当前批次的 FBS，通过对候选批次进行性能测试，避免重复出现相同问题。

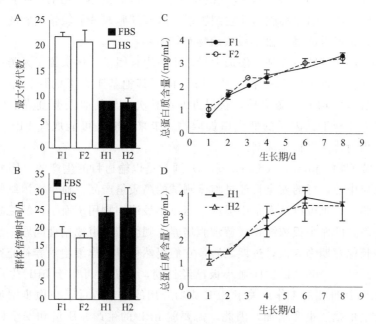

图 1.2　FBS 和 HS 以及不同批次的血清对细胞最大传代数、群体倍增时间和
总蛋白质含量的影响（Franke et al.，2014）
F1 和 F2 代表 FBS 批次，H1 和 H2 代表 HS 批次

（三）血清批次内性能差异

血清批次内性能差异的可能原因是血清收集自许多供体动物。例如，一个体积可达 2000～2500L 批次的 FBS，来自约 4000 个供体胎牛的混合血清。每种胎牛的血清

在营养物质、生长因子、抗体等方面都存在差异，这种不完全的均一性即为批次内性能差异。

（四）其他风险

由于 FBS 的成分不明确，也会造成一些其他风险，如已有研究表明，FBS 可以抑制转化生长因子 TGF-β1 诱导的成纤维样 B 型滑膜细胞软骨形成，抑制糖胺聚糖和 Ⅱ 型胶原的产生。全基因组芯片分析显示，与人血清相比，FBS 在人骨髓间充质干细胞（human bone marrow mesenchymal stem cells，hBM-MSCs）中能诱导更加分化和更不稳定的转录谱，表明参与细胞周期抑制的基因上调，特别是与 FBS 培养的后期传代 hBM-MSCs。此外，高分子量蛋白质，如血清中含有的白蛋白和球蛋白，是体细胞的非生理环境，通常位于间质间隙。

六、血清替代物

（一）人血小板裂解物

早在 1980 年，人血小板裂解物（human platelet lysates，hPL）或其他血小板衍生因子就被引入作为培养细胞、建立细胞系、肿瘤细胞或关节软骨细胞的生长促进因子来源。hPL 是通过冻融人血小板浓缩物获得的。

使用 hPL，在基础培养基中添加大量血小板生长因子，提供源于人类的、无动物源成分的培养基。基于以下几个原因，hPL 优于其他基于人类的替代品：首先，人供者血小板浓缩物 hPL 来源容易，获得方便；其次，与其他人类血清衍生替代品相比，hPL 是血小板生长因子的低蛋白提取物。未来，hPL 可能取代 FBS，作为未来细胞培养应用的普遍生长添加剂。

血小板浓缩物（platelet concentrates）通常是以输血目的生产的，因此是经过官方合法的献血中心认可的安全且经过临床测试的高质量产品。血小板浓缩物可以来源于汇集的白膜层，也可以从血浆中提取。当血小板浓缩物用于血小板缺乏患者的输血时，如果用新鲜的血小板浓缩物代替细胞培养，则会产生道德伦理问题。然而，血小板浓缩物最长保存期为 5 天，过期之后，它们仍然可以用作细胞培养补充剂。

据估计，50%～60% 的供体血小板已经过期，但仍然可用于 hPL 生产。最近已经开始了 hPL 标准化的工作。关于 hPL 成功应用的报告数量正在稳步增加，同时对 hPL 制备方法的描述也在增加，因此，需要就 hPL 的生产、质量和安全标准达成国际共识。到目前为止，在许多已发表的研究中证明 hPL 是优于 FBS 的公认的细胞培养添加物。随着人们越来越多地接受 hPL 作为 FBS 的一种有价值的替代品，近年来，hPL 的市场已经发展起来，hPL 产品已经成为可用的商业化产品。迄今为止，已知有 10 余家公司生产或分销 hPL 产品。

（二）无血清培养基

在某些情况下，细胞培养可以在无血清培养基上进行，如果要使用无血清培养基，建议用于替代培养基中动物血清功能的任何添加剂都非来源于动物。

首次广泛使用的无血清培养基是脑脊液（cerebrospinal fluid，CSF），用于原代神经元培养。与血清中含约 8% 蛋白质相比，CSF 通常含有不到 0.001% 的蛋白质。这项技术现在已应用到包括心肌细胞、海马神经元、运动神经元、感觉神经元、肌肉、神经肌肉接头形成等功能的多器官系统。

无血清培养基也可能含有定义不明确的补充剂，例如垂体提取物、鸡胚提取物、牛乳组分、牛初乳或血小板裂解物。例如 B27 和类似的 NS21 是神经细胞培养的常用补充剂，含有牛血清白蛋白和转铁蛋白。

同样，其他所谓的"定义"培养基仍含有复杂的血浆蛋白。广泛使用的 mTeS-R™1 培养基（STEMCELL 技术公司）用于人胚胎（hESC）和诱导多能（hiPSC）干细胞的无血清培养，含有人血清白蛋白、人转铁蛋白和人胰岛素。对 mTeSR™1 进一步优化，研发出了化学成分限定的无白蛋白 E8 培养基。研究表明，适应无 FBS 的细胞培养对细胞的稳定性没有重大影响。然而，目前尚没有为每个细胞系或原代培养开发出化学成分限定的无血清培养基。

遗憾的是，目前尚无通用的化学成分限定的无血清培养基，并且鉴于不同细胞类型的特定需求，这似乎是不现实的。在了解这些因素之间的相互作用之后，已经针对几种细胞类型开发了使用无血清培养基的模型。一种新的血清替代物，称为 Xeno 无血清替代物（XFS2），专门针对人类细胞培养的需要。据报道，XFS2 支持干细胞、祖细胞、原代细胞等的培养，但也支持肿瘤干细胞、循环肿瘤细胞和分化的亲本肿瘤细胞。这种血清替代物完全由合成化学成分组成，支持在化学成分限定的条件下培养人类细胞。

总结与展望

经过研究人员的不断努力，动物细胞培养技术得到了很大的进步和提高。但是，目前的技术水平还无法彻底满足细胞生物制品的开发和生产的要求。首先，由于动物细胞培养技术和方法还存在一些不足和缺点，如某些细胞成活率和细胞密度较低，动物细胞培养效率较低。其次，在进行重组蛋白等生物制品生产时，为了达到高产的目的，常常进行较长时间、较大规模的细胞培养，但细胞自身产生的代谢产物无法排除，如代谢产生的氨等会对细胞的生长及生理机能产生影响，导致分泌和代谢能力的降低甚至丧失。此外，用于动物细胞培养技术的培养设备和培养用微载体价格昂贵，生产成本高，在一定程度上限制了大规模动物细胞培养技术的应用。

动物细胞培养基目前有很多种，大多数还需要添加 FBS 作为补充剂，但 FBS 的使用带来诸多风险和伦理问题，强烈建议用化学成分限定的培养基取代 FBS，然而遗憾的是，还没有通用的化学成分限定的培养基，这意味着必须为每一个现有的细胞系开发一个合适的化学成分限定的培养基。为了便于开发和使用现有的无血清培养基，建议建立一个免费提供的数据库，提供关于商业上可用的配方以及文献中所述配方的信息。为了有效减少 FBS 的使用，hPL 可以被认为是血清的一个很好的替代方案。

　　细胞培养技术未来将重点放在优化细胞环境，改进细胞特性等方面，最终提高生物制品的产率和产量，扩大生产规模。尽管目前动物细胞培养还存在一些困难，相信在科研人员的努力下，在不久的将来，细胞培养技术将会有更大的提高和进步，满足日益增长的生物制品开发和生产的需求。

参 考 文 献

楚品品，蒋智勇，勾红潮，宋帅，李淼，李艳，李春玲，蔡汝健.2018.动物细胞规模化培养技术现状.动物医学进展，39：119-123.

韩雪，郭伟.2018.动物细胞的培养与实际应用.现代畜牧科技，6：20.

王天云.2020.哺乳动物细胞重组蛋白工程，北京：化学工业出版社.

魏宗波.2008.雏鸡心肌细胞原代培养及锰对肉仔鸡心肌细胞 MnSOD 基因表达调控研究.咸阳：西北农林科技大学.

张敏.2006.牛3种体细胞体外培养研究.武汉：华中农业大学.

Astori G, Amati E, Bambi F, Bernardi M, Chieregato K, Schäfer R, Sella S, Rodeghiero F. 2016. Platelet lysate as a substitute for animal serum for the ex-vivo expansion of mesenchymal stem/stromal cells: Present and future. Stem Cell Res Ther，7：93.

Brewer G J, Torricelli J R, Evege E K, Price P J. 1993. Optimized survival of hippocampal neurons B27-supplemented Neurobasal, a new serum-free medium combination. J Neurosci Res，35：567-576.

Burnouf T, Strunk D, Koh M B, Schallmoser K. 2016. Human platelet lysate: Replacing fetal bovine serum as a gold standard for human cell propagation? Biomaterials，76：371-387.

Chen G, Gulbranson D R, Hou Z, Bolin J M, Ruotti V, Probasco M D, Smuga-Otto K, Howden S E, Diol N R, Propson N E, Wagner R, Lee G O, Antosiewicz-Bourget J, Teng J M C, Thomson J A. 2011. Chemically defined conditions for human iPSC derivation and culture. Nat Methods，8：424-429.

DePalma A. 2016. Confluent trends in cell culture media. Genet Eng Biotechn，36：16-19.

Esch M B, Ueno H, Applegate D R, Shuler M L. 2016. Modular, pumpless body-on-a-chip platform for the co-culture of GI tract epithelium and 3D primary liver tissue. Lab Chip，16：2719-2729.

Fekete N, Gadelorge M, Fürst D, Maurer C, Dausend J, Fleury-Cappellesso S, Mailänder V, Lotfi R, Ignatius A, Sensebé L, Bourin P, Schrezenmeier H, Rojewski M T. 2012. Platelet lysate from whole blood-derived pooled platelet concentrates and apheresis-derived platelet concentrates for the isolation and expansion of human bone marrow mesenchymal stromal cells: Production process, content and identification of active components. Cytotherapy，14：540-554.

Franke J, Abs V, Zizzadoro C, Abraham G. 2014. Comparative study of the effects of fetal bovine serum versus horse serum on growth and differentiation of primary equine bronchial fibroblasts. BMC Vet Res，10：119.

Gstraunthaler G, Rauch C, Feifel E, Lindl T. 2015. Preparation of platelet lysates for mesenchymal stem cell culture media. J Stem Cells Res Rev Rep，2：1021.

Guo X, Das M, Rumsey J, Gonzalez M, Stancescu M, Hickman J. 2010. Neuromuscular junction formation between human stem-cell-derived motoneurons and rat skeletal muscle in a defined system. Tissue Eng Part C Methods，16：1347-1355.

Hemeda H, Giebel B, Wagner W. 2014. Evaluation of human platelet lysate versus fetal bovine serum for culture of mesenchymal stromal cells. Cytotherapy，16：170-180.

Jochems C E, van der Valk J B, Stafleu F R, Baumans V. 2002. The use of fetal bovine serum: Ethical or scientific problem? Altern Lab Anim，30：219-227.

Jukić S, Bubenik D, Pavlović N, Tušek A J, Srček V G. 2016. Adaptation of CHO cells in serum-free conditions for erythropoietin production: Application of EVOP technique for process optimization. Biotechnol Appl Biochem, 63: 633-641.

Nims R. 2011. Adventitious viral contamination of biopharmaceuticals: who is at risk? Bioprocess J, 10: 4-10.

Nims R W, Harbell J W. 2017. Best practices for the use and evaluation of animal serum as a component of cell culture medium. In Vitro Cell Dev Biol Anim, 53: 682-690.

Nims R W, Gauvin G, Plavsic M. 2011. Gamma irradiation of animal sera for inactivation of viruses and mollicutes-a review. Biologicals, 39: 370-377.

Oleaga C, Bernabini C, Smith A S, Srinivasan B, Jackson M, McLamb W, Platt V, Bridges R, Cai Y, Santhanam N, Berry B, Najjar S, Akanda N, Guo X, Martin C, Ekman G, Esch M B, Langer J, Ouedraogo G, Cotovio J, Breton L, Shuler M L, Hickman J J. 2016. Multi-or-gan toxicity demonstration in a functional human in vitro system composed of four organs. Sci Rep, 6: 20030.

Price P J. 2017. Best practices for media selection for mammalian cells. In Vitro Cell Dev Biol Anim, 53: 673-681.

Price P J, Brewer G J. 2001. Serum-free media for neural cell cultures, adult and embryonic. In: Federoff S, Richardson A (eds) Protocols for neural cell culture, 3rd edn. Humana Press, Totowa, pp 255-264.

Shih D T, Burnouf T. 2015. Preparation, quality criteria, and properties of human blood platelet lysate supplements for ex vivo stem cell expansion. New Biotechnol, 32: 199-211.

Smith A, Long C, Pirozzi K, Hickman J. 2013. A functional system for high-content screening of neuromas cular junctions in vitro. Technology, 1: 37-48.

van der Valk J, Bieback K, Buta C, Cochrane B, Dirks W G, Fu J, Hickman J J, Hohensee C, Kolar R, Liebsch M, Pistollato F, Schulz M, Thieme D, Weber T, Wiest J, Winkler S, Gstraunthaler G. 2018. Fetal Bovine Serum (FBS): Past - Present - Future. ALTEX, 35: 99-118.

van der Valk J, Brunner D, De Smet K, Svenningsen A Fex, Honegger P, Knudsen LE, Lindl T, Noraberg J, Price A, Scarino M L, Gstraunthaler G. 2010. Optimization of chemically defined cell culture media—— Replacing fetal bovine serum in mammalian in vitro methods. Toxicol In Vitro, 24: 1053-1063.

Wong V V T, Ho K W, Yap M G S. 2004. Evaluation of insulin-mimetic trace metals as insulin replacements in mammalian cell cultures. Cytotechnology, 45: 107-115.

Yang Z, Xiong H R. 2012. Culture conditions and types of growth media for mammalian cells. INTECH https://cdn.intechopen.com/pdfs-wm/40247.pdf.

（王天云 郭 潇）

第二章
动物细胞培养方法

20 世纪 60 年代，随着生命科学和医学的发展，动物细胞培养技术逐步成为生命科学和医学的基本技术之一。体外细胞培养要求适宜的温度、pH 等严格的环境条件，还需要营养丰富的细胞培养基以及规范的动物细胞培养技术，因为这将影响实验结果的准确性和可靠性。

第一节　动物细胞监管与鉴定

在使用现有动物细胞系或建立新动物细胞系时，首先要考虑的是对动物细胞系管理的所有过程进行详细的监管。在动物细胞培养方面，动物细胞培养者必须接受相关知识的培训，具备细胞操作的多项能力，如接管新动物细胞系、正确和适当地使用细胞系名称、细胞库的建立、显微镜下细胞形态的观察、生长优化、细胞计数、细胞传代培养以及关于如何扩增和存储细胞等。动物细胞培养者应掌握相关仪器设备的正确操作，耗材的无菌检查方法以及细胞培养规范操作等。

同一种细胞系常由不同实验室使用，但有时相同的方法可能会得到不同的结果。使用正确的细胞培养方法对于确保结果一致性和可重复性至关重要。由于细胞系名称使用不当、接种密度不当、微生物污染、传代次数增加或种群倍增会使细胞功能和形态发生变化。常规观察、监测和记录应作为培养细胞的标准操作，因为这可能会揭示诸如形态、生长速率以及微生物和细胞污染等预警信息。

一、动物细胞监管

过去的几十年中，各种基于细胞系的系统生物医学研究，例如基因组学，蛋白质组学和代谢组学，细胞系种类不断增加。建立新细胞系时，早期考虑细胞系的名称或命名非常重要。液氮罐中保存的细胞名称应与后续子代的名称相联系，以便可追溯到起源组织。液氮罐上的信息应可追溯，不仅要追溯到细胞系名称，还要追溯到起源、传代数和种群倍增水平、活细胞数、冷冻保存试剂（包括冷冻保护剂的百分比）、供体和操作日期等方面。缺乏可追溯性和资料记录的不足，更改细胞系名称或名称使用不一致可能会造成细胞系混淆。

动物细胞系命名法

在首次命名新建立的动物细胞系、衍生动物细胞系或错误识别的动物细胞系时，应考虑几个重要因素。以下是命名动物细胞系时要考虑的因素。

1. 记录保存和可追溯性

随着时间推移，动物细胞系名称可能会逐步发展或改变。因此，后代的动物细胞系名称可能略有不同或修改，以反映后来的传代培养过程。随着动物细胞系的发展，应仔细记录动物细胞系名称的各种重复变化，并能追溯到原始组织。应详细记录与从原始组织或原代细胞建立后代（或克隆/衍生物）有关的所有相关实验，包括动物细胞系名称、传代次数、动物细胞倍增水平、完整的动物细胞培养基、无菌试验、独特功能/特性、日期和研究者姓名。由于缺乏详细的可追踪数据，很难解决与动物细胞系验证相关的问题，如特性和功能。

有的动物细胞系名字比较简单，比如人膀胱癌细胞（human bladder cancer cell）命名为 T24。但有的动物细胞系名称很复杂，例如小鼠胚胎肉瘤细胞系命名为 C3H/10T1/2，clone 8，有时会错误地表示为 c3h 10t1/2、10T1/2 和 C3H10T1/2。简单的动物细胞系名称可能会被误认为是数据库条目，而复杂的名称通常会被截短或发生移位错误。

2. 动物细胞系的命名

命名细胞系时，短名称很难搜索到，并且可能与其他细胞系名称重复，因此，应尽量避免短名称。动物细胞系名称最重要的特征是它的唯一性。建立动物细胞系名称后，应始终使用完整的动物细胞系名称。如，NCI-Lu-011 是正确的细胞系名称，而不是 Lu-011。应避免使用同义词，例如 NCILu-001 或 NCI-Lu011 或 Lu-011 或 Lu011。命名细胞系时，应该对使用的字符进行选择，以免影响后续的检索或在线搜索。使用的字符应包括大写字母和小写字母、阿拉伯数字、破折号或下划线。注意：请勿使用空格、星号、下标或上标、斜杠、感叹号、逗号、半角、希腊字母或其他符号，因为通常不会在细胞系名称中重复利用这些符号。Cellosaurus 是有关细胞系的在线知识资源。它的范围包括永生细胞系，自然永生细胞系（例如：胚胎干细胞）和有限寿命细胞系。Cellosaurus 列出了每个细胞系建议的名称，同义词和起源物种。

其他类型的信息包括标准化的疾病术语（用于癌症或遗传性疾病细胞系）、用于使细胞系永生化的转化体、转染或敲除的基因、倍增时间、网络链接、出版物参考和对60多种不同数据库的交叉引用信息。命名时应通过在互联网（Google，PubMed等）或从 Cellosaurus（http：//web. expasy. org/cellosaurus/）等类似数据库中搜索可能相似的名称，检查新细胞系选择的名称/命名是否唯一。还要在互联网和数据库中搜索新细胞系名称/命名的各种同义词，以确定其唯一性。例如，人乳腺癌细胞系MCF-7 也被称为 mcf-7、MCF7、MCF 7。需要注意的是，请勿使用捐赠者的姓名、名字缩写或其他个人身份标识（例如出生日期）等，以免损害捐赠者的隐私［《健康保险可移植性和责任法案》（HIPAA 政策）］。

3. 命名新动物细胞系的推荐类型

动物细胞系命名的形式是基于国际细胞系鉴定委员会（international cell line authentication committee，ICLAC）对细胞系命名的建议。原始动物细胞系名称应包括三个标识符：机构名称标识符、起源组织标识符和样本记录标识符。但是，在命名从亲本细胞系建立的克隆和衍生物时，命名时可以添加其他标识符。从组织中分离的新动物细胞系命名的建议形式如下：

机构名称标识符：第一个标识字符应指示建立细胞系的机构，以及长度应为2～3 个字符（大写字母）。例如，Sloan Kettering 缩写 SK 等。

组织起源标识符：第二个标识字符应表示组织起源，并应遵循机构标识。组织标识符应为大写/小写字母的 2 个字符的组合，以标识原始组织。例如，Lu 代表肺，Li 代表肝脏，Ki 代表肾脏，Sk 代表皮肤，Gi 代表胶质瘤。

样本记录标识符：第三个识别字符应该是用于标识特定细胞系的数字，例如，从接收组织进行处理时完成的样本记录中获取的数字，应该是 3 个数字字符。

由 NCI 从活检 11 号建立的肺细胞系的推荐名称示例应为 NCI-Lu-011；NCI（国家癌症研究所），Lu（肺组织），011（活检 11）。

命名时字符总数不应超过 15 个；如果超过 15 个字符，在抄写时容易出错，并且因字体太小打印在 2mL 冻存管的标签上时可能读取困难。

4. 衍生物或克隆命名的推荐类型

亲本动物细胞系可以通过克隆、分离衍生物或基因工程（插入外源 DNA 或基因），筛选出独特的特性/功能。通常，当从组织中建立细胞系时，原代细胞在培养基中生长，以促进转化或永生化细胞的持续生长。然后通过 96 孔板有限稀释法来获得单克隆，并根据所需特性选择特异性克隆。克隆的亲代细胞系 NCI-Lu-011 的推荐名称为 NCI-Lu-011-A4。字母数字组 A4 是根据其在 96 微孔板中的位置来定义衍生的克隆号。

（1）命名由亲本细胞系建立的细胞系衍生物的推荐样式

大多数细胞系在种群中是异质的，并且在同一种群中通常包含表型和基因型变体。亲本细胞系可以被克隆或用外源性干预处理，以分离具有与亲本细胞系不同表达谱的独特特征。例如，从母体乳腺癌细胞系 MCF-7、他莫昔芬敏感（MCF7-B7^{TamS}）

和他莫昔芬耐药的异质群体中，用不同浓度的他莫昔芬处理母体细胞系后，获得 MCF7-G11^{TamR} 细胞系。对细胞因子 TGF-β2 有应答的肺细胞系 NCI-Lu-011 的衍生物的推荐名称是 NCI-Lu-011-TGFS。字母编号 TGFS 根据用于选择的细胞因子定义衍生克隆编号。

（2）命名基因工程衍生细胞系的推荐样式

原代细胞经过少数细胞分裂后进入复制性衰老。这种有限的复制能力可以通过病毒如 SV-40 和 HPV、癌基因 *cMyc* 和人类端粒逆转录酶（human telomerase reverse transcriptase，hTERT）催化结构域的转录来克服。由携带外源 hTERT DNA 的载体转导的亲本细胞系 NCI-Lu-011 的推荐名称为 NCI-Lu-011-hTERT。负责细胞永生化的 DNA 转录物 hTERT 是细胞系名称的一部分。

（3）命名错误的动物细胞系的推荐样式

有许多错误识别的动物细胞系正在扮演真实的动物细胞系，部分原因是它们一直沿用原来的名字。据说来自肝组织的细胞系 Chang Liver 后来被 HeLa 污染。尽管如此，Chang Liver 细胞系仍被科学家用作肝癌的模型。细胞系的错误识别部分归因于不良的组织培养方法。但是，未正确使用细胞系名称也是一个因素。目前，对于重命名错误识别的细胞系尚无共识。

建议使用以下命名方案来区别错误识别的动物细胞系。

Chang Liver 的推荐名称是 Chang Liver ［*HeLa*］。在原始名称的末尾添加 HeLa 可以提供原始名称的历史背景，同时指示污染细胞。将污染细胞的名称放在括号中并用斜体表示可以使它变得明显，并使其与其他动物细胞系名称区分开。其他例子包括 L132［*HeLa*］MDA-MB-435［*M14*］，DAMI［*HEL*］ （错误识别动物细胞系的 ICLAC 数据库）。

（4）推荐动物细胞系命名的注意事项

动物细胞系名称应唯一。创建后，在使用过程中，动物细胞系名称应与其原始形式保持一致，并且不要更改。应避免使用截短细胞系或者使用同义词，否则会导致科学文献中使用混乱。命名时应结合亲代细胞系名称并可追溯到起源组织，重命名源自同一克隆或基因工程的细胞系应保持一致。细胞系名称在出版物的"材料和方法"部分以及在演示文稿中使用时应完整的列出。

二、动物细胞系的鉴定

（一）细胞背景信息的鉴定

实验室首次接收动物细胞系时，与动物细胞系有关的信息应加以整理和记录。建议在动物细胞开始扩增之前记录以下信息：背景信息、传代培养，低温保存和储存动物细胞系。

背景信息记录了动物细胞系的所有显著属性，包括动物细胞系的名称、创建人名字/地址、完全生长培养基成分、培养温度、传代次数和所进行的质量控制试验。这些信息的详细文档不仅在发布与动物细胞系相关的数据时很重要，而且在出现问题并需要追溯原始信息时也很重要（表2.1）。

表 2.1 动物细胞系的背景信息

动物细胞系名称/命名	来源(器官、等级)
动物细胞类型	年龄
性别	形态
培养特性(黏附、悬浮、混合)	创建人/地址/机构
有关动物细胞系衍生的出版物(文档的独特特征)	传代次数
种群倍增水平	完全生长培养基
基础培养基	生长因素/补充物
孵育温度	生物安全水平
质量控制实验确认测试：STR图谱(仅起源于人类)；CO1(非人类)；不确定测试：细菌、真菌、病毒	培养细胞(各种密度)的显微照片

为了确保细胞系作为合适的生物学模型，必须保证其纯度、倍性和表型，这些特征决定了细胞系的真实性。通过显微形态学检查对细胞系进行常规监测，有助于确定细胞的真伪以及表型状态。有些信息可能通过形态学和表型检查无法单独获得，需要分析细胞生长特性、表型和倍性以及确保细胞类型不受交叉污染。

细胞系鉴定应该证明细胞系就是它所表明的来源。也就是说，细胞系是从原始或连续的细胞培养中衍生出来的。在一定的培养条件下，应保持细胞的形态不变，才能进行纯连续培养。对于原代培养，可能会观察到多种动物细胞形态，通常直到其中一种类型进化并超过其他类型。除非连续培养是多种细胞类型的稳定混合物，否则在单一培养物中不会观察到明显不同形态的多种细胞类型。确认细胞的来源除了形态学上的改变，还需要其他鉴定方法。

若身份鉴定无法确定动物细胞系的起源组织，还需要更复杂的检测。这些额外信息可能涉及表型数据（存在特定的膜蛋白、标记、分泌蛋白质的能力等）或基因型数据（存在标记染色体）。此外，随着动物细胞系从原始到后续培养，动物细胞可能从二倍体（即具有正常的 $2n$ 个染色体）变成多倍体（具有 $>2n$ 个染色体）。动物细胞的染色体数目是通过倍性或细胞遗传学检测确定的。

（二）动物细胞形态学鉴定

当通过倒置显微镜观察时，来自不同组织类型的单层（即附着在表面上）生长的动物细胞可能显示出明显不同的形态（形状、堆积模式等）。一些常见的动物细胞形态，包括但不限于成纤维细胞样（延伸的纺锤形）、淋巴母细胞样（致密、圆形，通常仅部分附着在基底上）和上皮样（扁平、立方形）。其他形态可由培养中的细胞因感染某些病毒（如细胞病变效应、多核或合胞体形成）或在程序性（凋亡）或非程序性（如细胞毒性）细胞死亡过程中获得。例如，因超出普通复制的限制，在原代动物细胞培养中发生衰老。

当动物细胞密度从最初的接种期到培养期不断增加时，多有培养外观的变化。当动物细胞密度较低时，是最容易观察动物细胞的特征形态的，而在融合培养中，动物细胞边界可能变得不清晰，也更难辨别。此外，细胞一旦融合，动物细胞的圆形和分离、单层部分的分离和/或细胞死亡的迹象并不常见。有一些培养类型（即来自某些晚期肿瘤的培养），一旦培养血管的所有附着区域被细胞占据，就会出现堆积的细胞圆顶。

（三）动物细胞的生物学鉴定

人类和非人类动物细胞的鉴定试验都是通过核型分析（每个物种特有的染色体数目，存在特定的标记染色体）、同工酶分析和免疫学方法［免疫染色，人类淋巴细胞抗原（HLA）分型等］。这些方法中的每一种都为动物细胞系的正确鉴定提供了有限的保证，尽管有些方法仅适用于某些动物细胞类型或倍性状态（例如，对于二倍体细胞和某些肿瘤细胞系可使用模式染色体数目的核型分析）。过去监管机构和授权机构由于没有更特定的方法只能使用上述方法。这些传统方法能够完成动物细胞种间鉴定和不同程度的种内鉴定（表 2.2）。其中一些传统方法，如免疫染色法、核型分析法和人类白细胞抗原分型法，对于常规实验室来说是耗时又不实用的。

表 2.2　传统方法进行动物细胞种间和种内鉴定

方法	种间鉴定	种内鉴定	
	原理	范围	原理
HLA 分型	人类白细胞是人类特有的	10041 Ⅰ类等位基因 13412 个 HLA 等位基因	HLA 型的异质性（大多数细胞的Ⅰ类基因；白细胞的Ⅰ类和Ⅱ类基因）
核型分析	模态染色体数	有限的	染色体标记（G 显带）
同工酶分析	电泳中 4～6 胞浆酶的物种差异迁移	非常有限	例如，人葡萄糖 6-磷酸脱氢酶多态性
免疫学	针对物种保守蛋白的抗血清	无	对于特定物种设计的反应性是保守的蛋白质

用于种级细胞系鉴定的分子方法涉及核酸扩增和测序技术，现可用于细胞系的种间（种级）和种内（供体级）鉴定。最常用的方法包括 DNA 分析和细胞色素 C 氧化酶亚单位Ⅰ（cytochrome oxidase subunit Ⅰ，COⅠ）条形码。DNA 分析可以同时提供种间和种内鉴定。当用于种间鉴定时，DNA 图谱指向基因组的保守区域。由于需要创建各种动物物种的引物，使这种方法在种间细胞系鉴定中的普遍适用性受到限制。COⅠ条码法用于建立动物细胞系的种间鉴定，已在动物群落中应用多年。2015年，美国国家标准协会（American national standards institute，ANSI）发布了一项关于动物细胞系种间鉴定方法使用的共识标准（ATCC SDO 2015）。该方法非常实用，因为 650 碱基对 COⅠ靶点（线粒体 COⅠ基因）在动物物种之间变化非常大，可以据此进行区分。此外，可通过与真实样本的比较来确认原始库存的 COⅠ剖面。

因为核基因的进化速度较慢，线粒体基因比核基因更适合作为靶点。线粒体基因的突变率高于核基因，这便于区分在较短的进化时间内分离的动物物种，同时在同一物种的个体之间仍表现出良好的保守性。与核基因不同，动物线粒体基因很少包含内含子，有利于 PCR 扩增。线粒体基因组在母系中以单倍体模式遗传。因此与核基因相比，线粒体基因的复杂性相对较低使数据分析更容易。在细胞线粒体大量存在线粒体基因，使得特定靶基因 DNA 的产量相对较高。

作为一种身份鉴定方法，CO I DNA 条码平台具有一定的局限性。线粒体基因的进化速度在动物物种之间可能有所不同，这在某些情况下可能导致种内和种间距离的重叠。DNA 条形码无法区分来自同一动物物种不同个体的细胞系或来自不同组织同一供体的细胞系。然而，应当注意的是，上述传统方法（即酶学、细胞遗传学分析）也有某些局限性，不能区分同一供体的不同组织以及来自同一动物物种的不同供体。

与上述传统方法相比，DNA 分析和 CO I 码的特异性要高得多（表 2.3）。此外，这些分子方法，特别是 CO I 条形码，由于检测方法足够快速、廉价和简单，可由大多数具有分子生物学专业知识的研究实验室进行。ANSI 共识标准提供了方法学和结果解释方面的详细指导，可供使用者参考。

表 2.3　分子细胞身份验证方法的能力

方法	种间鉴别		种内鉴别
	原理	使用范围	原理
DNA 图谱	保守基因的评价内容	非常有限	物种内保守的基因被检查
CO I 条码	线粒体 COI 基因的进化	有限的	混合序列检测
STR 分析	不适用	仅限于评价的位点数目	短串联重复序列的分化
单核苷酸多态性分析	不适用	仅限于评价的位点数目	单核苷酸重复谱分化
下一代测序	不适用	仅限于评价的位点数目	物种内保守的基因被检查

在个体供体水平上建立细胞鉴别，当 DNA 分析用于检测种内细胞时，必须首先在细胞系的真实供体上执行该方法以建立 DNA 身份，后续传代的 DNA 图谱可以与供体的 DNA 图谱进行比较，以确认身份。目前的方法包括对人体细胞进行短串联重复序列（short tandem repeat，STR）分析，小细胞、犬细胞以及某些灵长类细胞以及人类的单核苷酸重复序列（single nucleotide polymorphism，SNP）分析。可使用 ANSI 标准对人类细胞系进行 STR 分析（ATCC SDO 2012）。该 ANSI 共识标准提供了方法学和结果解释方面的指导，而现有的商用试剂盒使测试能够在研究实验室内进行。

（四）动物细胞纯度鉴定

动物细胞系纯度评估包括证明细胞系没有交叉污染细胞类型。术语"纯度"并不单纯指单克隆性，而是需要证实细胞培养源的单个祖细胞。当一种细胞类型无意中被引入到另一种细胞类型的培养中时，会发生细胞系交叉污染，这可能是通过共享培养基来实现的。根据两种细胞类型的倍增时间，两种不同细胞类型的无意混合培养在实践中通常不会持续很长时间，因为倍增时间较短的细胞类型通常会迅速生长出另一种细胞类型。

由于种内或种间混合造成细胞系交叉污染，可能需要多种技术检测这种混合培养物。如果两种细胞有不同的形态，混合培养可能首先通过对细胞的显微镜观察来发现。如 Vero 细胞的成纤维细胞样形态很容易与污染 HeLa 细胞的上皮样形态区分。然而，在混合培养中，两种细胞可能具有相似的形态，不能仅仅依靠形态学的微观评价来检测细胞系的混合培养。在这种情况下，混合培养只能通过使用其他技术进行检测。具有检测种间混合培养物能力的技术包括核型分析（模式染色体数的测定）和多重 DNA 条形码分析，旨在检测最常见的培养细胞种类。表 2.4 比较了各种技术评估细胞系纯度的能力。利用短串联重复序列分析技术对人细胞株进行种内鉴定，不同人细胞株的混合培养物检测水平可以低至 5% 以内。

表 2.4　细胞系纯度评估技术

方法	交叉比例必须存在的污染物	原理
核型分析	≥1%	根据染色体数目确定 100 中期扩散
多重 CO I 化验	≥1%	对最常见的动物物种进行 CO I 条码引物的 PCR 扩增
同工酶分析	5%～10%	种间同工酶电泳迁移率差异
STR 剖面	10%	通过短串联重复序列的分化

（五）细胞系倍性检测

细胞在进化为永生细胞系的过程中，染色体数目通常会改变为异倍体（n 变异）或多倍体（$n>2$ 的倍数）。细胞的后一种倍性状态也被称为非整倍体（染色体数目异常）。

传统上细胞系的模式染色体数目是通过核型确定的。对产生的大量中期细胞染色体进行计数，确定细胞的倍性状态。流式细胞术是常用的评估细胞倍性的技术。流式细胞术不仅揭示了细胞周期中的位置信息，而且还揭示了特定细胞群体的倍性和 DNA 含量。细胞核 G1 期的 DNA 含量反映一个细胞的倍性，因此常用 DNA 含量来估计细胞的倍性。DNA 含量一般用 DNA 指数来表示，它是指受试细胞群中 DNA 数量与该物种正常二倍体细胞中 DNA 数量之间的关系。样本的倍性可通过将试验细胞的 DNA 指数乘以对照细胞（二倍体细胞）的倍性来计算。

（六）表型鉴定

细胞的表型是指细胞的特异功能或特性。这些变化可能从蛋白质分泌情况、膜蛋白是否存在、代谢状态、转化能力到分化状态不等。表型可用于为细胞类型的特定组织起源提供证据。例如，大鼠嗜铬细胞瘤细胞 PC-12adh 在神经生长因子存在下形成 β-微管蛋白，而小鼠前脂肪细胞系 3T3-L1 在地塞米松和异丁基甲基黄嘌呤（IBMX）诱导分化为脂肪细胞时产生脂肪滴。

细胞表型可因培养条件的改变或遗传异质性而改变。表型检测可能涉及免疫染色以外的方法。例如，表型可以通过软琼脂生长（致瘤性）、代谢特性（酶诱导性或基质营养不良）或通过 Northern 印迹检测表达的 RNA 来表征。表型特征可成为基于起源组织的特征功能的依据，但不一定是这方面的证据。因此，不建议仅用表型特征来确定细胞系的特性。然而，当与上述方法结合时，对于细胞系的全面鉴定是有用的。

第二节　动物细胞污染鉴定与消除

一、常见动物细胞污染类型及原因

（一）污染来源

细胞培养实验要求保持无菌操作，避免微生物及其他有害因素的影响。细胞污染可由细胞培养室环境引起，除对实验室进行定期清扫、紫外消毒外，实验室内不要放太多杂物，保持室内干燥。细胞培养室要相对封闭，洁净无尘，设有缓冲间。操作人员进培养室前，必须先洗手，在缓冲间换穿专用实验服和拖鞋，严禁在实验进行时频繁出入培养室。实验后应将实验产生的废物和废液及时清理出培养室，并清洁无菌工作台。实验人员保持环境的整洁，操作规范，严格遵守无菌工作流程，有利于降低因实验室条件引起的细胞污染率。

（二）污染原因

培养中的细胞造成污染可能来源于各种生物和化学污染物，导致细胞死亡、细胞突变、细胞表型变化或相对较小的细胞形态或生长速度变化等各种不利影响。生物污染物包括病毒、细菌［包括柔膜细菌（支原体和非支原体）和分枝杆菌］和真菌。生物污染物的引入可能通过不恰当的无菌技术、未充分消毒的耗材（移液管、培养瓶等）或受污染的细胞培养试剂（缓冲液、培养基、胰蛋白酶等）。这类污染物被称为不确定因素，不是来自细胞培养本身，而是来自培养物之外。培养的细胞是各种感染性外因（细菌、真菌、病毒等）的易感宿主。在人类和灵长类原代细胞培养以及用于制造供人类或动物使用的生物制品的情况下，应排除对人类具有致病性微生物的存在。与某些灵长类、小鼠或仓鼠细胞系相关的内源性逆转录病毒属于确定因素。不确定因素不适用于细胞系固有的内源性或潜伏性病毒。然而，在处理这些细胞培养物时，应始终考虑到逆转录病毒（特别是 HIV 或 HTLV）存在于人类原代细胞系中的可能性。这种污染可能是源于原始供体细胞的感染，也可能是源于原始实验室或后来培养细胞的实验室中引入培养物中的不确定因素。

化学污染物包括革兰氏阴性细菌内毒素、洗涤剂残留、自由基、重金属和固定剂残留。化学污染物通常来源于不当处理或采购细胞培养试剂或消耗品。通过遵循采购和处理此类材料的标准，避免在细胞培养箱中使用挥发性溶剂，可减少化学污染的发生。

二、常见生物污染物的种类及检测

虽然许多微生物污染会导致细胞形态和活力发生明显变化，但对其他方面没有影响。微生物污染对细胞培养的一般影响可能包括通过耗尽营养物质干扰细胞的生长速率，诱导细胞形态改变，如细胞病变效应，改变 DNA、RNA 和蛋白质的合成，诱发染色体畸变（例如口腔支原体和精氨酸支原体），抑制或增强病毒复制以及改变宿主质膜干扰受体研究等。

（一）细菌或者真菌污染

通过显微镜和肉眼观察培养物，如果细菌或真菌的严重污染导致培养基明显浑浊，通常需要丢弃细胞。少量的细菌和真菌以及不确定病毒或柔膜细菌（如支原体）导致的污染可能不会引起细胞或细胞培养基的外观变化，但这些污染物很容易通过对培养物的视觉或光学显微镜观察来检测。

细胞培养的常规观察有助于早期发现不确定因素的污染，从而在污染的初期采取适当的措施。例如，肉眼可见的细菌和真菌导致的严重污染。培养过程中普通非耐酸细菌的污染培养基会出现肉眼可见的明显特征，随着细菌数量的增加，培养基变得混浊。细菌污染会导致培养基出现浑浊、颜色改变以及 pH 值急剧变化，受污染的贴壁细胞在几天内会逐渐脱壁死亡。真菌污染后的细胞生长速度变慢，培养基中会漂浮白色、浅黄色或黑色的点状物或者絮状物。因此，通过观察培养基的颜色、漂浮物、pH 值或在显微镜下观察细胞及其生长状态，从而能初步判断该细胞是否受细菌、真菌污染。也可以使用培养检测法：将细胞培养物在各类培养基中培养若干天后，观察是否有细菌或真菌生长。如果被细菌污染，使用含有中性 pH 试纸或酚红的培养基可以显示酸化（即变得更黄）。如果细胞死亡或有较严重的酵母污染，pH 试纸显示 pH 值升高（即变得更紫）。利用光学显微镜，可以观察到个别细菌。这些细菌在细胞外环境中呈暗斑状或杆状。对于真菌，可以在光学显微镜下观察到菌丝或菌丝形成的迹象。酵母菌形态为非常小的圆形细胞（单链或短链），也可能呈出芽状态。可在空气/培养基界面显微镜下观察到污染的耐酸细菌（分枝杆菌），但当光学显微镜聚焦于细胞单层本身时，通常看不到这些细菌。在病毒污染的情况下，可观察到各种病毒细胞病变效应，其效应与感染时间和与污染的特定病毒类型有关。

在上述情况下（非耐酸细菌、酵母菌和霉菌、分枝杆菌和病毒细胞病变效应），无需染色就可以在培养基中看到污染物或其影响（图 2.1）。尽管某些支原体在培养过程中可能让细胞发生病变，但大多数柔膜细菌在细胞培养过程中代谢和增殖的同时，却不会引起培养细胞形态学的显著变化。必须使用 DNA 染色剂双苯亚甲胺染色才能看到污染物柔膜细菌。

各种微生物培养和分子测试可以检测细胞培养系统中最常见的细菌和真菌种类。例如，可以使用细菌培养基方案，通过在 37℃ 和 26℃ 的有氧和厌氧条件下培养一段时间，来检测在哺乳动物或鸟类细胞系在生长培养基中可以增殖的多种微生物。包括由操作者引起的常见细菌污染，包括假单胞菌属、微球菌属、大肠杆菌属和葡萄球菌属，也包括对常用抗菌剂耐药的细菌。

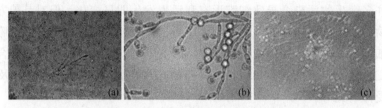

图 2.1　镜下观察酵母菌、假丝酵母菌和青霉菌的形态
（a）酵母；（b）假丝酵母菌；（c）青霉菌

（二）分枝杆菌污染

与细菌和真菌相比，分枝杆菌在培养物中的增殖相对较慢。所以，通常情况下，在培养 3～5 天的潜伏期内不会检测到分枝杆菌。在 20～25℃有氧条件下培养，沙氏葡萄糖琼脂培养基或胰蛋白酶大豆琼脂平板上第 7 天可以看到形成的菌落。通常情况下，培养物孵育长达 14 天。Lowenstein-Jensen 或 Middlebrook 7H10 培养基也被用于培养分枝杆菌。该菌也可以在 30～35℃有氧培养条件下在液体硫乙醇酸盐培养基中生长。培养第 7 天时，该菌以颗粒的形式出现在距液体顶部约三分之二的距离内，并以漂浮在液/气界面上的形式出现（图 2.2）。革兰氏染色显示微弱的阳性反应，通常呈颗粒状和双极型，同时结合抗酸染色（如 Ziehl-Neelsen）鉴定为分枝杆菌。

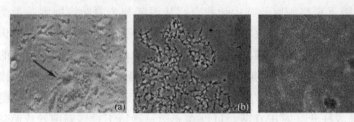

图 2.2　镜下观察分枝杆菌的形态
（a）分枝杆菌在细胞培养中菌丝呈漂浮团块（箭头指示）（300×）；
（b）分枝杆菌在 KB-V1 细胞培养中呈菌链形式（400×）；
（c）分枝杆菌在 MRC-5 细胞培养中的生长情况（50×）

（三）病毒污染

有关病毒污染的资料不多，但通过 PCR 技术可以检测。病毒检测通常有基于细胞的传染性检测或基于病毒基因组的 PCR 反应分析。检测通过多种手段进行，包括细胞病变效应的显微镜观察（图 2.3）、哺乳动物红细胞的血吸附或血凝，或免疫荧光抗体染色。一般认为病毒污染不影响细胞培养，但对生产疫苗是不安全的。因此，潜在病毒至今仍是细胞大量生产和疫苗、干扰素等生物制品生产的难题。有研究显示用伽马射线可清除牛血清的大部分病毒，现如今最值得期待的是下游工艺中除病毒过滤器的开发。

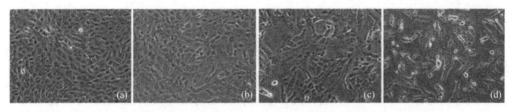

图 2.3　单纯疱疹病毒 1 型（HSV-1）感染人角膜上皮细胞的形态学变化

（a）正常人角膜上皮细胞呈鹅卵石样；（b）感染后 8 h 可见细胞病变。感染细胞之间的间隙增大。
HSV-1 感染细胞 12h（c）和 24h（d）后，鹅卵石样外观消失，可见巨大的多核细胞（200×）

（四）支原体污染

支原体污染会影响细胞的形态、功能、代谢、细胞膜、生长速率、诱导染色体畸变、细胞内信号传导等各种细胞特性变化。受支原体污染的细胞在培养时培养基的 pH 值不会发生改变，也不会浑浊。因此，很难直接观察出细胞是否受到污染。常用的支原体检测间接 DNA 荧光染色法，需将细胞样本培养在玻璃片或玻片上，制作爬片。使用荧光染料 DAPI 或 Hoechst 33258 染色，荧光染料能选择性地结合细胞和支原体 DNA 的小沟。因此，任何存在的 DNA 均会被染色。被支原体污染的细胞经染色后，细胞核外与细胞周围可看到许多大小均一的荧光点（图 2.4）。如果培养基中含有青霉素和链霉素，可能会干扰这种染色，因此建议细胞在进行支原体染色前在不含抗生素的培养基中培养几天。其他快速检测方法灵敏度较低，包括基因组材料的 PCR 检测方法和商业化使用的生化检测方法。使用传统琼脂和肉汤直接培养方法需要 28 天才能完成，并不适用于大多数实验室。

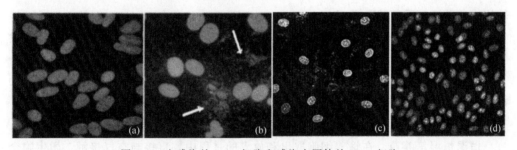

图 2.4　未感染的 Vero 细胞和感染支原体的 Vero 细胞

（a）Hoechst 染色显示未感染的 Vero 细胞；
（b）Hoechst 染色显示感染支原体的 Vero 细胞（白色箭头指示）可见（100×）；
（c）DAPI 染色显示感染支原体的 Vero 细胞；（d）DAPI 染色显示未感染的 Vero 细胞（50×）

三、细胞污染的预防

各种生物和化学污染物会对培养中的细胞生长产生不利影响，包括细胞死亡、细胞突变、细胞表型变化到相对轻微的细胞形态或生长速率改变等。有多种方法可以检测和降低细胞培养中生物或微生物污染的风险。化学污染物通常是由细胞培养试剂、玻璃器皿或其他类型的耗材处理不当或来源不当造成的。在采购和处理此类材料时应使用标准做法，避免在细胞培养箱中使用挥发性溶剂，可减少化学污染的发生。

（一）降低接触生物污染物的风险

培养中的细胞容易受到各种不确定因素的影响，这些不确定因素可以通过从原代细胞、实验耗材（如培养基、缓冲液、血清、胰蛋白酶等试剂）、细胞培养技术人员和环境等引入。降低与此类感染性病原体相关的风险是通过以下方式实现的：

1. 避免人为操作的污染

（1）进入细胞培养室时应更换实验室专用鞋或者穿鞋套；穿戴实验服、口罩和手套，用消毒酒精（75％乙醇）擦拭双手；如果操作者是长发，应扎于脑后。勿将外套、书包等物品或者易附着丰富微生物的物品带入细胞培养室。

（2）工作台准备：提前 0.5～1h 打开超净台的紫外灯进行消毒；用 75％乙醇擦拭超净台的台面、挡板等。

（3）从冰箱取出所需的培养基等试剂，于 37℃水浴锅中进行加热；加热后用消毒酒精擦拭瓶身，并立即放入超净工作台内。

（4）按实验需要和个人习惯，合理放置试剂、耗材、仪器等物品；点燃酒精灯后开始实验操作。

（5）靠近火焰进行实验操作；试剂瓶口经火焰旋转灼烧后打开；挑选吸管，快速的纵向在火焰上来回移动并做 180°旋转；将试剂瓶向吸管倾斜，吸出所需的液体量，吸管管口要向下倾斜，以防液体倒流进入移液器内发生污染；吸取溶液时，应专管专用，避免交叉污染；尽量减少细胞和培养基的敞口时间；已开口的试剂瓶尽可能的倾斜放置，防止下落微生物的污染；避免在敞口的细胞培养皿及培养皿盖上方操作；旋转灼烧瓶颈后，重新盖上盖子。

（6）不要面对工作台或细胞培养箱讲话或咳嗽，防止口腔微生物随唾液飞入而发生污染；若发生外溢，用蘸有消毒酒精的棉球及时擦去。

（7）操作结束，将试剂放回原来的存储位置。整理工作台面，物归原位，丢弃废液和废物。打开超净工作台和细胞房的紫外灯，照射至少 15min。

2. 环境

恒温恒湿培养箱，在培养细胞取出和放入的过程中，直接与空气接触，微生物会被夹带进入；加之其内部湿度高、温度适宜，更有利于真菌繁殖。细胞培养瓶或培养皿，如果接触了操作台以外的地方，在放入培养箱前须经消毒酒精擦拭。消毒酒精要经操作台吹干，否则会导致培养箱内乙醇浓度升高，酒精会影响细胞的正常功能。在很多情况下，细胞培养必须使用恒温恒湿培养箱。为了有效控制该污染途径，可采取的措施有：

（1）在加湿托盘内添加真菌抑制剂，如硫酸铜、十二烷基磺酸钠，可抑制托盘内真菌的生长；亦或盛装无菌的去离子水，并每周进行更换，托盘用消毒酒精或高温灭菌的方法进行严格的清洁。

（2）使用无毒抗真菌清洁剂对培养箱内外进行定期清洁，先用清洁剂、再用消毒酒精进行擦拭；为不留死角，清洁前应将培养箱内部能拆卸的部件都拆卸下来。

（3）按使用说明定期更换空气过滤器。

（4）任何溢出液必须立刻用消毒酒精清除干净。

（5）一旦发现被污染的培养物，应立即清除。

除了对操作人员和环境的要求，尽可能使用附有检测证明或其他书面证明的细胞库，证明其未受外来污染物的污染；使用动物来源的试剂（例如胰蛋白酶或血清），购买经过病原体处理（如 γ 射线，UV 射线或电子束照射）的试剂或基因工程来源的试剂；在用于预热培养试剂的水中使用商业化的消毒剂。从水浴锅中取出培养瓶时，用含酒精或其他消毒剂的纸巾擦干；定期检测或在观察到异常的细胞表型变化时检测细胞是否存在隐性感染（尤其是支原体）。实验室在细胞培养基中加入抗生素（抗菌和抗真菌）以抑制不确定的微生物生长仍然是比较经典的做法。出于各种原因，应避免在常规细胞培养中使用抗生素（即青霉素、链霉素、庆大霉素或两性霉素 B）。抗生素可以掩盖但不能完全消除某些外来病原体，包括支原体和分枝杆菌。由此产生的隐性感染可能成为实验室交叉污染源的潜在来源。抗生素会对细胞本身产生不良或意想不到的影响，正如其掩盖的隐性感染一样。此外，用于生产生物制药、再生医学或临床移植的任何细胞培养都必须保持在无抗生素的培养基中进行。上述关于避免使用常规抗生素的建议并不适用于生产细胞系中的转染操作，随特定抗生素耐药基因一起使用的常见细胞选择性抗生素，如 G418、杀稻瘟菌素或博莱霉素。这些选择剂可以筛选转染成功的细胞，因为只有表达抗性基因的细胞才能在选择过程中存活。

（二）降低接触化学污染物的风险

细胞培养物的化学污染通常是由对细胞培养所需试剂或耗材处理不当造成的。污染物的来源包括制备培养液（培养基、缓冲液等）的水，以及用于细胞培养或装有细胞培养试剂的玻璃器皿。随着即用型辐射照射处理的塑料培养容器和吸管以及商业化的无菌试剂（如培养基、缓冲液和生长补料）的出现，目前由这类化学试剂导致的污染已大大降低。

现代细胞培养很少会遇到洗涤剂残留的不利影响，这是细胞培养早期的一个问题。例如，玻璃器皿通常用于（重复使用）操作和支持培养物生长。将玻璃器皿重复用于培养和配制试剂（包括培养基和添加剂），玻璃移液器和其他可重复使用的物品，涉及洗涤/漂洗/高压灭菌循环。如果操作不当，材料表面上可能会残留微量的洗涤剂。可以通过购买和使用商业化的无菌塑料培养皿（烧瓶、平板、移液管等），避免重复使用任何玻璃培养皿或其他实验器具（刮刀、移液器、玻璃珠等），进而避免洗涤剂残留对培养细胞的潜在毒性作用。

（三）降低革兰氏阴性细菌内毒素的风险

革兰氏阴性细菌内毒素（以下称为内毒素）源自大多数革兰氏阴性细菌的外细胞膜，由脂多糖（LPS）组成。用于细胞培养的无菌试剂有可能含有高浓度的内毒素。

为了去除含有内毒素的溶液或材料（如玻璃器皿），必须在高温（如 250℃，30min）下对材料进行热处理。仅用高压灭菌法并不能保证热源去除。必须首先使用无内毒素的水和低内毒素的试剂和化学品来排除内毒素。

　　培养动物细胞的培养基和试剂以及缓冲液，其制备过程中应确保较低的内毒素水平。对于常见的动物细胞培养基添加剂，如牛血清、L-谷氨酰胺、非必需氨基酸溶液和抗生素溶液也是如此。内毒素对培养细胞的影响是微妙而且非常多变的。例如，不同的培养细胞类型以及不同的内毒素剂量对细胞增殖的影响是不同的。内毒素剂量为5000～25000 内毒素单位（EU／mL）时，对某些类型细胞具有促有丝分裂作用（增强细胞分裂），而较高水平（50000～250000EU/mL）则导致某些细胞增殖减少。对于常用的产生重组蛋白细胞系 CHO-S 细胞，剂量为 5000 EU/μg DNA 或更高的剂量会降低 DNA 转染效率。在 15000EU/μg DNA 的情况下，转染效率降至细胞中无内毒素时转染效率的 50％。有学者报道内毒素对不同类型生产细胞的影响。他们研究了 5ng/mL、10ng/mL、20ng/mL 的内毒素对 7 种细胞系（WI-38 细胞、SV1 细胞、TX-4 细胞、3T3-S 细胞、CHO 细胞、P3U3 细胞和 R-393 细胞）生长参数（倍增时间、细胞接种存活率和融合密度）的影响。现在无法将这些内毒素水平换算成更常用的 "EU" 单位，但鉴于典型的内毒素活性水平为 5～50EU/ng，可以估计 20ng/mL 相当于不超过 1000EU/mL。在所评估的内毒素浓度下，七个细胞系的生长参数没有受到明显影响。然而，最高内毒素水平（20ng/mL）导致生物工程 CHO 细胞株的重组蛋白产量减少了 18％～30％。

　　研究表明，当培养原代细胞而不是传代细胞时，内毒素造成的不利影响可能更大。据推测，许多常用的永生化细胞系多年来都经过了内毒素抗性的筛选，特别是那些起源于细胞培养早期内毒素难以去除的细胞系。这表明，在开发新的细胞系和原代细胞培养时，需要更多地关注细胞培养试剂和细胞培养器皿（塑料和玻璃）中内毒素去除的问题。

　　不可能事先预测内毒素对细胞培养过程（即增殖、蛋白质或其他物质的分泌、分化或转化）产生的影响。在没有特定细胞的培养数据表明内毒素不会造成不良影响的情况下，最好的方法是尽可能地从所使用的试剂和培养器皿中排除内毒素。目前，这是相对简单的，因为大多数液体试剂（培养基、血清、缓冲液、补充剂等）可通过查阅内毒素含量的分析证书。商业化的塑料组织培养器皿（培养瓶、培养板、吸管等）等表面的内毒素通常可以忽略不计。

（四）自由基

　　当一个原子的外壳中有一个未配对的电子时，就形成了自由基。细胞培养液中存在的自由基（包括活性氧和羟基自由基）可以穿过细胞膜，诱导细胞 DNA 的点突变，蛋白质的交联以及诱导凋亡（细胞程序性死亡）。血清含有抗氧化和抗自由基的特性，但在没有血清的情况下，可能需要在培养基中添加其他成分来提供这种保护。不含血清和蛋白质的培养基应含硒，硒是谷胱甘肽过氧化物酶活性的辅助因子，有助于分解光诱导的过氧化物。硒和维生素 E 可共同抑制脂质氢过氧化物（自由基与细胞脂质相互作用的产物）的形成。由于维生素 A 和维生素 C 也具有抗氧化特性，通常和维生素 E 一起添加到细胞培养液中。最重要的是，细胞培养基必须避光保存。

（五）重金属

包括微量元素，在高于最佳浓度时可能会对培养的细胞产生毒性。神经细胞对金属的毒性特别敏感。亚铁离子（Fe^{2+}）在很低的浓度下对胚胎神经元依然有毒性。专为神经细胞设计的培养基含有适当浓度的铁盐（Fe^{3+}）来代替亚铁离子。镉、铅和汞在培养基中以十亿分之一到百万分之几的比例存在时可能是有毒的，这取决于细胞类型。由于潜在的金属毒性，在使用前对用作制备培养基和缓冲液的稀释剂的水进行重金属检测非常重要。配制干粉培养基的水是从商业供应商购买，确保供应商提供一份重金属测试分析证书。如果在一定量的培养基中细胞生长良好，突然开始失去活力，并显示出毒性的迹象，则考虑使用的玻璃器皿或实验室水系统造成金属毒性的可能性。如果水中重金属离子浓度过高，用于监测实验室水系统水质的电导率监测器也会出现故障。培养基中适当浓度的锌盐可通过阻断碳酸氢盐缓冲体系的促凋亡作用，在一定程度上减少金属毒性。

四、细胞污染的消除

被微生物污染的细胞通常都是选择丢弃，清除细胞培养中的微生物污染，一般来讲没有太大必要。因为作为普通的传代细胞通常情况下都有冻存备份。另一方面，挽救受污染的细胞耗费财力物力。如果该细胞没有冻存备份，细胞又来之不易可以有针对性地尝试以下几种方法：

（一）抗菌药法

抗菌药包括抗生素和其他抗菌药。抗菌药法中最广泛使用的是抗生素法。抗生素法通常采用在培养液中加入既抗革兰氏阳性菌又抗革兰氏阴性菌的抗生素，如青霉素和链霉素。污染或怀疑污染时可直接进行大剂量（常规用量的 5～10 倍）用药。常用抗生素有青霉素、链霉素、庆大霉素、四环素、卡那霉素、两性霉素、制霉菌素等。霉菌污染早期，应用 PBS 多次冲洗细胞，尽量将孢子洗掉，然后用两性霉素处理。两性霉素对细胞生长影响也很大，浓度过高可致细胞死亡，浓度过低时则不能抑制霉菌生长。

随着科学的进步，新的抗生素也不断出现，据美国 Sigma 公司介绍，现今在细胞培养中使用的抗生素多达 20 种。其中，有学者曾利用 11 种细胞系评价了常用的 7 种抗生素在去除细胞培养中支原体污染的作用。结果表明，二甲胺四环素和泰妙菌素对 4 种常见支原体（*M. hyorhinis*，*M. arginini*，*M. orale*，*A. laidlawii*）都有杀灭作用，而对细胞没有毒副作用。

另外，有学者提出了一个有效的方法，其基本步骤包括分离、鉴定污染物及测定对抗生素的敏感性，然后使用至少两种敏感的抗生素进行处理。为增加排除污染的有效性，可以通过稀释以降低血清及其他促生长因子的浓度，从而降低细胞的密度。治疗后细胞应在无抗生素条件下培养若干代，以确定污染已被彻底清除。

由于污染的微生物一般繁殖都比较快，在短时间内找到既不损伤细胞，又能抑制微生物生长的浓度并不容易，可用96孔细胞培养板同时进行多药物多浓度实验。但对所要获得细胞而言，有些抗菌药的药效浓度水平和毒效浓度水平非常接近。例如，卡那霉素的除菌浓度就是细胞耐受的最大浓度。

（二）巨噬细胞共同培养法

巨噬细胞在良好的体外培养环境下可存活7~10天，它能分泌一些促细胞生长因子，同时它还和在体内时一样，可以吞噬入侵的微生物，并将其消化。用96孔板将极少量的培养细胞与巨噬细胞共同培养，可以高度稀释培养细胞，极大地降低微生物污染程度的同时，能更有效地发挥巨噬细胞清除污染的效能。此方法通常与抗菌药联合使用。

（三）动物皮下/腹腔培养法

动物皮下/腹腔培养法是一种适用于在连续传代培养的肿瘤细胞和杂交瘤细胞中，清除细菌与支原体污染的方法。由于裸鼠存在T细胞免疫缺陷，可以接受人的肿瘤细胞，形成移植瘤。裸鼠体内的巨噬细胞及其他非特异的防御体系仍可消灭、抵御少量微生物。利用这一特性可以将怀疑已被污染的肿瘤细胞接种于裸小鼠的皮下或腹腔。此方法也常用于与小鼠同源的其他培养细胞系。

（四）重新克隆法

将污染细胞用有效的抗菌药处理后，用比较大的倍数稀释，再传代。每周换两次含有抗菌药的新鲜培养液，处理4~5周。再用胰酶消化成细胞悬液，在多孔板上接种，每孔接种1~2个细胞，加 $200\mu L$ 不含抗菌药的培养液进行培养，选择克隆进行扩增。如此再重复克隆一次，待其生长后，一部分用于检测支原体，其余传代保种。

（五）离心法

根据污染微生物与所培养细胞的沉降系数差异，由此可采用低速离心法将微生物与细胞逐渐分离。此方法主要是利用了它们之间沉降系数的差异，差异越大，越容易分开，经常采用的是 $500~800r/min$ 的低速离心。多次（6~9次）重复离心，每次离心后，除倒掉上清液外，还要用灭菌棉签将未倒尽的液体吸干。本方法经常与动物体内接种法和抗菌药法结合使用。

（六）升温处理法

根据支原体对热敏感的特点，将受支原体污染的细胞放置于 $41℃$ 作用 $5~10h$，最长不超过 $18h$，以杀灭支原体。也有利用软琼脂技术，通过 $50℃$ 加热灭活污染细胞的支原体，再于37℃培养1～3天，使琼脂中的抗菌药与支原体进一步作用来消除支原体。但如此高温度对细胞的生长也有很大影响，因而在实验前应先用少量细胞做试验，以找出最合适的时间和温度，尽可能保证既杀灭支原体又使细胞不受太大损伤。

（七）抗血清法

采用含抗支原体抗体或补体的人和动物血清与支原体结合来破坏支原体。有人发现用豚鼠或兔血清重复处理，能去除哺乳类细胞培养中支原体的严重污染。有证据表明这种支原体灭活活性与血清中的补体成分C3有关，因为抗C3抗体能使这种活性消失12%。除普通血清外，特异抗血清也能成功地去除支原体污染。最近更有用超免疫血清处理支原体污染细胞的报道，这种超免疫血清是从纯化的支原体膜抗原免疫家兔中获得，具有效价高、特异性强的特点，但需预先鉴定污染支原体的种类。若能采用混合的多克隆免疫血清，此法仍不失为一种彻底而持久的支原体去除方法，因为一般常用的制备抗血清的几种支原体约占细胞培养中支原体污染的85%～98%。

（八）光敏作用

支原体有较高水平的次黄嘌呤鸟嘌呤磷酸核糖转移酶（hypoxanthine guanine phosphoribose transferase，HPRT）活性，它能利用外源性的嘌呤和嘧啶碱合成含量很高的A-T核苷酸，而哺乳类动物的细胞则只能结合极少量的嘧啶碱合成自身的核苷酸。因此，Marcus等利用这种核酸代谢中营养要求的不同，设计出一种用5-溴尿嘧啶（5-Brura）、荧光染料H33258和可见光照射联合处理来选择性杀灭哺乳类动物细胞培养物中污染的支原体。他们将嘧啶类似物5-Brura选择性地掺入支原体的DNA中，利用荧光染料H33258和A-Bru的高亲和力，最后再用可见光照射诱发支原体细胞中含5-Brura的DNA断裂，从而导致支原体细胞的死亡。这种方法较为实用，适于大多数哺乳类动物细胞培养中支原体污染的去除。但最大的缺点是不能排除细胞DNA也有遭受破坏的可能。

支原体不同生长期的功能不同，联合应用血卟啉和可见光照射，以去除细胞培养中污染的支原体。但是目前的观点仍是"预防为主"，强调检测监督，严格无菌操作，隔离污染细胞和留存备用细胞株以替换受染细胞株。对于不能轻易废弃的细胞，抗菌药处理仍是目前去除支原体污染最有效的方法。

表 2.5　细胞培养过程中常见污染种类及防治措施

种类	特点	主要来源	预防措施
细菌污染	常见污染细菌有革兰阴性菌（如大肠杆菌、假单胞菌等）和革兰阳性菌，葡萄球菌等。培养液混浊、变黄	实验室环境、实验人员（实验服）、实验用具等	培养液中添加双抗（青链霉素）、西司他丁钠加亚胺培南等
真菌污染	最常见的真菌有烟曲霉、黑曲菌、孔子霉、毛霉菌、白色念珠菌和酵母菌。培养液清亮或混浊，见菌丝或菌链	实验人员（实验服）	一定剂量制霉菌素、两性霉素、灰黄霉素、克霉唑、氯康唑等

种类	特点	主要来源	预防措施
支原体污染	长期传代培养的细胞系，支原体的污染极为常见。支原体污染后，在光镜下常可见到细胞核及胞浆内出现大小不等的颗粒或空泡。培养液清亮	血清	一般难于清除，添加抗生素防治
黑胶虫污染	400 倍显微镜下可见点状或片状游动小体	血清	一般难清除，少量对细胞影响不大
病毒污染	逆转录病毒污染，见于杂交瘤细胞	细胞系	

第三节　动物细胞的冻存与复苏

一、动物细胞的冻存

低温保存的内在原因包括代谢解耦联、自由基的产生、细胞膜结构和流动性的改变、细胞离子平衡的失调、细胞内钙离子的释放、渗透通量和低温保护剂的暴露等。例如，在储存过程中自由基的产生和积累会直接损害细胞的 DNA、蛋白质和线粒体的完整性。在许多情况下，低温保存过程中这些亚致死应激源的积累导致激活细胞凋亡途径，随后由于缺乏能量和加热后应激源的持续积聚导致继发性坏死。这种亚致死损伤的表现在解冻后可能不明显，但可能需要几个小时到几天才能被发现。这种现象被称为低温贮藏引起的延迟性细胞死亡。因此，为了获得对细胞存活和功能的准确测定，可能需要多次测定和多时间点测定以检验解冻后存活率。低温保存是长期保存细胞培养物的常规方法，它为活性培养物提供了一种备份，也有助于防止细胞在培养物中停留太久时发生改变。有些细胞低温保存比较容易，因此冷冻保存很简单。而其他类型的细胞，如肝细胞，则更对温度敏感。因此，低温保存需要针对不同的细胞类型进行优化。对于很难低温保存的细胞，可能需要特殊处理和交替低温保存条件。低温保存需要考虑的因素有细胞浓度、低温保护剂的选择和保护剂的浓度等。

（一）细胞浓度

冻存最常用的动物细胞浓度为 1×10^6 个细胞/mL。动物细胞浓度可由细胞解冻后的存活率、待冻细胞的浓度，甚至还有多少储存空间来决定。在有限的体积内大量的细胞也会影响细胞的生存。这种现象被称为"堆积效应"。据推测，当细胞浓度较低时，细胞会受到机械应力，而这种应力在其他情况下不会发生。因此，必须达到一种平衡，既能容纳所需的细胞浓度，又能容纳可低温保存的体积。如果使用较大的细胞浓度，就需要更大浓度的低温保护剂。低温保护剂的浓度是根据 1.0mL 的最佳浓度来确定的，通常可以很好地保存在标准低温瓶中。

（二）低温保护剂的选择和浓度

低温保护剂的选择通常局限于在各种生物系统（葡聚糖、DMSO、乙二醇、甘油、羟乙基淀粉、聚乙烯吡咯烷酮、蔗糖和海藻糖）中给予低温保护的类别。有时，两种冷冻保护剂的组合可增强细胞存活。对具有低温保护剂性质的化学品进行比较，没有发现共同的结构特征。低分子量的细胞内低温保护剂能引起细胞渗透。冷冻保护剂，如甘油和DMSO浓度从0.5到3.0mmol/L，在缓慢冷冻生物系统可有效地减少细胞损伤。具有相对较高分子量的细胞外冷冻保护剂如蔗糖（大于或等于342Da），不会引起细胞渗透。

（三）血清的使用

许多研究人员在培养基中使用血清来培养细胞。通常用于细胞冷冻保存的冷冻保存液是将冷冻保护剂添加到含有血清培养基里。培养基中血清的存在能促进细胞生长。冷冻保存时加入血清有助于细胞解冻后的恢复。一些研究人员甚至会使用只含血清的冷冻保护剂进行冷冻保存。近年来，无血清培养基被开发出来并被广泛应用于多种细胞类型。而有些细胞需要用于细胞治疗，因此不能接触动物血清。随着这一进展，需要能够在没有血清的情况下低温保存细胞。在低温保存时，有些细胞与血清兼容性差，低温保护剂中使用血清替代物，现在使用的是专门为细胞在低温下维持而开发的溶液。细胞培养基是为满足细胞在生理条件下生长和分裂的需要而设计的。随着细胞被冷却，它们的需求发生变化，细胞的代谢活动也发生变化。

二、冻存细胞的储存

（一）储存温度

冷冻保存后，细胞应保存在气相液氮中。将细胞储存在较温暖的条件下，如−80℃，可能会随着时间的推移发生变化，从而降低细胞的生存能力和功能。在培养基中使用5%～10% DMSO的标准方案，大多数类型的细胞可以较好地低温保存。在需要增加解冻后细胞产量和活力的情况下，可以考虑使用专门的冷冻保存培养基。在细胞的长期保存中，温度是最至关重要的因素，且细胞中的水分和周围环境也可能破坏细胞稳态。在低温贮藏前，应用低温保护剂和缓慢降温的方法适当处理细胞。在较低的温度下，生物活性会大大降低，从而使储存的细胞更易恢复。低温（温度低于−130℃）是确保细胞长期稳定所必需的。

温度每升高7.8℃，化学反应的速率（包括造成细胞变质的其他因素）就增加一倍，并且化学反应速率还取决于细胞内含水量的多少。动物细胞通常置于低温下，即−140℃以下进行长期贮存，以减少导致其变质的反应发生。在较高的温度下如−80℃冰箱中储存也是可以的，但会增加变质的速度，导致细胞丧失活力和功能。选择的储存温度取决于预期的结果，即在对动物细胞活性不做要求的情况下，保留所需的细胞特性。

冻存动物细胞的温度影响其恢复时间。只有储存物保存在−130℃以下，才能保证冻存细胞的稳定性。现已证明，某些细胞在−80℃下只能保存不到1年，而活细胞必须在−130℃以下保存，以确保细胞长期存活。

为了提高长期储存细胞的安全性和稳定性，细胞应该储存在液氮罐（杜瓦瓶）和冷库中。为确保液氮冷冻装置保持适当的工作温度，装置内的液氮体积应做出调整，使其能够在装置打开盖子时，为储存物提供−150℃的温度（液面高度刚好没过储存物的温度为−150℃）。所需的液面高度取决于冷库的大小和结构，合适的液面高度是通过测量和冷库内顶部的温度来确定的。

（二）存储系统

用于低温储存的库存系统的选择，取决于储存物的类型及用途。通常用于生物材料低温储存的库存结构分为：用于取出独立储存瓶的长柄（cane），以及用于排列储存物的盒系统。对于每次只取一小瓶的活细胞，长柄式储存法（cane storage method）是非常理想的，因为可以在其他储存瓶不受热的情况下单独取出其中一个储存瓶。排列在盒子里的储存瓶对于储存生物样本是十分理想的，每项研究都有其独立的盒子用于存放储存瓶。如果储存瓶放在一个一次只拿取一瓶的盒子中，必须注意在取出时不要暴露盒中的所有储存瓶。将储存瓶反复解冻可能会导致样本失活，失活程度也取决于储存瓶在盒内的位置。

为了最大限度地减少其他储存瓶的意外暴露，应将频繁存取的储存物与长期保存的储存物分开存放。实验常用的细胞库需放在冷库内易于存取的位置，原始细胞库应存放在不常接触的位置。一个好的做法是将不同的细胞制剂分别放置于不同的冷库中，这样不仅可以在存取过程中最大限度地减少暴露，还可以在冷库故障时保护库存的剩余部分。

对低温储存细胞的处理不当，会对其活性产生不良影响。冰冻的储存瓶每次暴露在相对高温的环境中，它的温度都会发生急剧变化。对流是一个储存设备中最重要的热转移机制。将样本封装在盒子中，可以更好地防止热偏差（thermal excursion）。不锈钢箱式货架系统可以通过将样本装在金属盒中，进一步减少和较高温度的接触，并有助于提高整体的导热性。温度的变化有以下三种情况：冷库运行中断或完全停止，使储存的物质温度上升；在寻找所需物品的过程中，样本会暂时从冷库中取出，然后放回；取出冷冻样本后，提前在室温下放置几分钟，使其温度适当上升，以备使用。

前两个情况是导致样本在保存过程中变质的最关键因素。随着时间的推移，有时样本变质会被错误地认为是由冷冻不当或储存温度不足造成的。通过将储存瓶暂时置于低温环境中或者通过适当的加热使标本立即解冻，可以避免第三种情况。当将样本放入及取出储存设备时，必须小心谨慎，以确保剩余的样本不会发生不必要的热偏差。在盒子里储存样本是较好的储存方式，可以优化设备的冷冻能力。然而，当拿取单个样本时，要注意剩余样本存在的热风险，确保其不受热偏差的影响。

一种常见的做法是把整个盒子从冰箱里拿出来，再从中取出所需样本。如果盒子置于室温，即使是几秒钟，盒子里的样品也可能会发生热偏差，导致样本受损。储存设备提供了更方便的方法，以确保在处理和转移样本的过程中有稳定的温度。为了确保冻存的细胞保持活性不受损伤，始终保持关键的储存温度十分重要。

（三）机械冷冻储存

用于超低温的机械冷库有多种配置。在实验室中最常见的配置是直立式冷库，因为它们占用更小的空间，充分利用了实验室的空间。然而，频繁使用直立式冷库可能会破坏温度梯度（temperature gradient）和存储材料所经历的潜在温度偏差。这样的温度改变可能在从设备中取出样本后短时间内到达－30℃的高温。当使用这种设备储存活细胞时，必须当心，因为温度的变化会影响活细胞的存活。冷冻冰柜（Chest-type freezers）可能占用更多的地面空间，但允许更频繁的存取，而不会极大地影响温度梯度。

（四）储存危险

为了确保维持细胞活力和其他所需的细胞特性，需要使用超低温。在这样的温度下，存在的热危险性（thermal hazards）及其他风险都与低温气体有关。所有与低温气体有关的工作应在通风良好的区域进行，以防止二氧化碳或氮气的积聚。由于这些气体是无味的，它们的积聚会毫无征兆地导致窒息。当工作环境中存在低温气体时，特别是使用液氮冷库时，应该使用氧气传感器来监测是否存在充足的氧气。

工作人员在操作液氮冷库时，可能会暴露在低温环境中。因此，必须采取预防措施来保护人员。保暖手套和长袖实验服或其他工作服可以保护皮肤免受材料和极冷表面的伤害。为了防止暴露于液氮或干冰中的可能性，在处理冷冻标本时应戴保暖手套。在进行液氮和干冰相关操作时，应全程佩戴保护面罩，以避免低温气体喷溅入眼内。

尤其重要的是，在操作液氮冷库内的材料时，要佩戴面部及颈部的防护罩，因为存在潜在的飞溅和储存瓶爆炸风险。可能存在的爆炸危险是由储存瓶内的气体迅速膨胀造成的。为了将潜在的爆炸风险降到最低，浸入液氮的储存瓶在从储存装置中取出之前，应将温度过渡到－170℃。将储存瓶从液态氮转移到蒸汽液氮储存，从而使温度过渡到－170℃，并使其在蒸汽液氮中储存至少15min。液氮冷库中破碎的储存瓶是潜在的污染源。即使在极低温度下，污染物也能存活。由于温度极低，液氮储存装置必须置于室温才能进行去污处理。

（五）安全性

机械冷冻和液氮冷库都应经过验证，以确保在存放标本的每一处都提供足够的低温。所有的冷库都有温度梯度，对于液氮装置，温度梯度垂直于液氮的表面，一直延伸至装置的开口处。温度梯度取决于冷库中液氮的液面高度，而所需的液面高度取决于冷库的配置。

每个液氮冷库都必须经过验证，以确保液面高度符合所需的温度梯度。对液氮和冷库顶部之间的区域绘制温度图来完成此验证。冷库内的最高温度应为－150℃或更低。对于机械设备来说，根据门的开启面积和冰箱采用的绝缘板质量，温度梯度可能有所不同。强烈建议对机械冷库绘制温度图，以了解温度范围和冷库中温度点的分布情况。温度图有助于了解设备在柜门关闭并正常工作时，以及开门存放或拿取储存物时的隔热性能。这有助于确定能允许的最长存取时间，以避免影响储存物的温度。

三、冻存细胞的运输

成功复苏冷冻保存的细胞需要注意两个主要因素，即储存温度和冷冻样本。这些关键因素又反过来受到库存系统的构建，拿取样本的频率和程序以及样本的安全保障等操作的影响。运输生物材料需要注意被运输物的类型，遵循管理要求，包装材料的选择和并进行适当的组装，贴标签，并聘请专业的运输人员。

适当的运输与低温储存一样，都对冻存细胞维持理想的活性至关重要。运送细胞需要注意很多方面，包括各种规定、包装方式和运输注意事项。这些都是十分必要的，以确保样本安全运输至目的地。这一部分将介绍运输规则、许可证、危险物品和冷链运输等方面的最佳做法。包括以下方面：危险品运输法规，包装的选择，包装系统，运输用干冰和运输用液氮干燥运输（nitrogen dry shippers）。

（一）危险品运输法规

美国联邦法规规定，用于运输危险品的包装必须经过测试，并证明其性能符合监管标准，能够抗震、防雨、抗摔、防尖锐物品穿刺、抗压、防泄漏、耐堆积等。谨慎地选择合适的包装可以保障货品的安全，并减少发生运输事故时的损失。

（二）包装系统

优良的生物制品运输包装系统的三个要素包括：

1. 水密性主容器（锥形管或小瓶）

装运的危险品必须放在一个密封、水密、防泄漏、有标签内容物的主容器中。这个容器必须被牢牢固定。例如，封口膜可以密封样本管，胶带可以密封样本袋。

2. 防泄漏二级容器（以防主容器无效）

在二级容器中应含有足够的吸收性材料，以便在发生破损或泄漏时能完全吸收主容器的渗出物。多个主容器可以放在一个耐久的、水密的二级容器中。

3. 耐用的外部包装（盒/袋）

应在二级容器和外包装之间放一份样品明细表。然后，主容器和次容器应放置在由纤维板构成的外部运输箱内，以保护样本在运输过程中不受物理损坏。样品在运输过程中充分隔热以保持所需的温度。

（三）运输用干冰

干冰在运输过程中是有危险的，原因有以下三个：①爆炸风险：干冰在升华时会释放大量的二氧化碳气体。如果包装在密闭不透气的容器中，包装可能会爆炸，造成人身伤害或财产损失。②窒息风险：密闭或通风不良的空间内排放的大量二氧化碳气体可能会构成低氧环境。③接触风险：干冰是一种低温物质，与皮肤接触会造成严重冻伤。

当干冰被用于运输时的制冷剂时，为了释放二氧化碳气体，需要在包装上设置排气口。干冰绝对不能放在密封的容器内，因为在运输过程中，容器内的压力积聚可能会使其破裂。含有干冰的包装必须具有足够的强度，才能承受运输过程中通常遇到的搬运撞击，以防止由于振动、温度、湿度或海拔的变化而造成的内容物的损失。不要使用易碎或易被干冰的低温所穿透的塑料，要使用含有干冰的商品化包装。需要注意的是，干冰也是一种危险品，必须在运输单据上注明。

（四）运输用液氮干式运输

液氮干式运输是运输细胞最佳的隔热运输方式。这一运输方式是为普通运输时间内安全运输低温样本而设计的。为了避免样本在运输过程中损失，在使用前检查干式运输杜瓦瓶是否正常工作十分重要。建议对杜瓦瓶进行测试，以确保它能够在运输过程中保持低温。运输杜瓦瓶通常需要 2~3 天的运输时间。

杜瓦瓶的性能最终取决于能维持多长时间的低温。极快的液氮蒸发速率或液氮的储存能力降低都会影响其维持低温的时间。液氮蒸发速率受杜瓦瓶真空隔热层完整性的影响。一般来说，性能下降可以归因于急剧的或逐渐的真空度下降，储存物中被液氮吸收水分的积累或吸收性材料的部分损伤和缺失。建议至少每 6 个月检查一次干式杜瓦瓶的性能，且每次使用前最好都检查一次。完成测试过程需要四个步骤：测量杜瓦瓶的空重，适当为杜瓦瓶补加液氮，检查真空层是否存在致命故障，测量液氮流失程度。

四、冻存细胞的复苏

低温保存是长期保存细胞培养物的常规方法。一旦冷冻保存，细胞必须适当解冻，否则存活率和产量会很低。细胞的解冻和恢复与冷冻过程一样，解冻过程影响细胞质量和利用。虽然解冻过程相对简单，但有很多因素会严重影响细胞的整体质量，包括解冻温度/速率、最终样品温度、解冻时间、混合稠度和稀释过程。其他因素包括无菌性、一致性、可控性、规范化和清洁度。一般来说，解冻过程应在最短的空气时间内进行，通过连续混合，快速加热样品直到冰点分散（通常为 0℃），然后立即稀释，以减少冷冻液中的冷冻保护剂对样品的细胞毒性损害。

（一）解冻

目前，对解冻样本（无论是小瓶、袋装、吸管还是其他形式）的标准做法是使用温水（37℃）水浴。虽然水浴是最常用的解冻方法，但根据样品的类型、大小和最终用途，可以使用许多方法。温水浴是冷冻产品解冻的标准方法。将小瓶从冷藏库或杜瓦瓶中取出，立即放入37℃温水浴中，轻轻摇晃（混合）3~5min，直到按照标准程序解冻。

（二）干燥解冻装置

干燥解冻装置可以取代水浴，为冷冻样品提供更统一、清洁/无菌的解冻过程。干燥解冻系统最常见的应用领域是用于冷冻血液成分和血浆产品的解冻处理的临床血库。然而，使用干燥的解冻系统在其他领域，包括细胞疗法、生物工艺，甚至在研究实验室，正在以指数速度增长。

（三）解冻速率

细胞冷冻需要非常缓慢的进行（温度下降速度约为1℃/min），解冻细胞需要快速的升温（温度上升速度约为50~100℃/min），这样才能获得最具活力的样品。解冻一个典型的冷冻样品（标准2mL冻存管，1.0mL样品体积，存储在液氮中），使用标准的37℃水浴解冻冷冻样品，平均解冻速率约为65℃/min（3min内从-196~0℃）。样品解冻速率不是线性的，以最初1.5min（约125℃/min）内的快速升温速率为特征，随后是较慢的延长样品升温平台（0~15℃），此时样品需要大量输入热能才能通过该阶段。从固态到液态的转变，对于一个典型的1.0mL样本，该平台持续约1.5min，使该阶段的解冻速率为10℃/min，可通过提高解冻器的温度可以缩短这一差距。

（四）样品混匀

在整个解冻过程中连续晃动或混合是获得高质量解冻后样品的重要条件。在解冻过程中样品的混合减少了加热过程中，样品内部形成热梯度。这种热梯度可能非常陡峭，因为容器的外缘温度最高，而样品的中心温度最低。无论使用何种技术，在解冻期结束时的样品温度都是至关重要的。具体来说，在解冻后，样品应保持冷却，而不是加热（即0~4℃，冷藏温度）。这是很重要的，因为温度升高到室温或温度升高会使样品受到一系列的压力，包括来自低温保护剂的细胞毒性。

（五）稀释

解冻过程并不以从解冻器中取出样品作为样品处理结束，如放入培养中直到最终使用，否则将对结果产生显著影响。解冻后处理过程的重要方面包括样品温度的维持和样品的稀释。与最终升温温度一样，重要的是将样品保持在一个较低的温度（约

4℃），直到稀释到最终使用。这通常是通过使用预冷冰块、湿冰或其他方法来保持样品在冷藏温度下达到的。与解冻过程的其他阶段一样，样品的保存时间应保持在最低限度，因为在解冻后，样品应尽快放入培养物或其他终止物中进行稀释。根据样品类型、灵敏度和冻存保护剂浓度的不同，可以采用几种样品稀释方法。这些方法包括单步稀释、逐步稀释或梯度稀释。

第四节　动物细胞库的建立

动物细胞培养者存在的一个误区是二倍体和连续的细胞系在培养过程中不会改变。已经证明了长期培养会对细胞株形态、细胞发育和基因表达产生各种影响。长期放置在培养物中的细胞系可能会遭受筛选压力，导致基因型和表型变异。这些变异或不稳定性会导致基因组 DNA（gDNA）和线粒体 DNA（mtDNA）突变数量的增加，进而导致生长变异。

一、动物主细胞库建立

当实验室第一次接收细胞系时，要创建工作种子库。种子库的建立非常重要：防止表型和基因型漂移；减少细胞系亚群筛选；管理衰老细胞；减少细胞转型；降低细胞污染和微生物污染的风险；确保安全库存的保存备用。

一旦实验室技术人员收到供体液氮罐，则将根据说明扩增细胞。建议从信誉好的动物细胞库和实验室来源［如定期对细胞株进行质量控制（quality control，QC）］接收供体细胞株。然后用一部分生长细胞建立生长曲线。将种子库冷冻保存在大约 10 个冷冻管中，并以液氮冷冻机的气相存储。

从库存中随机选择冷冻管进行测试，如果所有 QC 测试（表 2.6）均成功，则使用生长曲线和最初提供的信息进一步扩增一小瓶种子库，制备约 25 个工作种子库。如果 QC 试验不成功，则重新申请细胞制备种子库。工作种子库储存瓶应储存在气相液氮存储箱中，以便于取用。

表 2.6　在动物细胞库进行的质量控制（QC）试验示例

质量控制测试	测试	属性
动物细胞系识别	STR 分析（种内） COI 信息（种内）	人类 非人类
不确定因子	细菌 细菌 真菌/酵母 病毒	需氧菌和厌氧菌 支原体 HIV、HPV、EBV
独特的功能或特性		例如:细胞遗传学分析、免疫表型、基因表达谱
冻前活性 解冻后活性		≥85% ≥75%

二、动物主细胞库评估

（一）细胞的观察

观察、监测和记录细胞的形态和特性是跟踪培养细胞变化的重要活动。对培养细胞用肉眼或显微镜常规观察可以揭示有关细胞的重要信息。在进行传代培养之前，应定期对培养物进行仔细检查，以确定其状态和健康状况。这些观察结果可以揭示健康细胞的形态、退化细胞（即衰老或坏死的细胞）的形态、微生物污染、细胞污染（误认）、分化细胞和细胞密度（半融合、融合）。

1. 显微镜观察

大多数动物细胞培养物的生长方式均基于悬浮培养和贴壁培养这两个基本特征之一。但是，在某些情况下，有的细胞系中会观察到混合种群。

悬浮培养物最初来源于淋巴母细胞组织，不附着在培养皿表面，而是作为悬浮细胞在生长培养基中生长。这些悬浮细胞可以表现为单个细胞，小的或大的团簇或松散地附着在培养瓶表面的细胞。唯一的例外是巨噬细胞，它们紧密地附着在培养瓶的表面。此外，作为悬浮培养物生长的单核细胞，当分化为巨噬细胞时，会贴壁并扩散到培养皿表面。

贴壁培养物是附着在培养皿表面的细胞。这些细胞主要来自实体组织（正常组织和肿瘤），通常表现为扁平的单层附着，如正常细胞或二倍体细胞的接触可能受到抑制。然而，在肿瘤细胞系中，细胞的生长模式可能表现为圆顶状物（细胞相互堆积）或混合培养（细胞贴壁或者处于悬浮状态）；在这些连续的细胞系中，丧失了接触抑制。

2. 培养细胞的形态

根据细胞形态不同，培养物中动物细胞形状可分为三个基本类别：成纤维样、上皮样和类淋巴母细胞样（图 2.5），这些类别是基于物理观察来描述细胞形态的通用术语。上皮或上皮样细胞是具有上皮细胞外观的细胞。随着上皮细胞培养物的融合，随着细胞的聚集，它们呈现出类似鹅卵石的外观。将细胞描述为上皮细胞时，需确认细胞来源和表面标记物（例如细胞角蛋白）的表达。类成纤维细胞（成纤维细胞）是类似于或具有成纤维细胞的形状和外观的细胞。细胞通常是双极或多极的、细长的、星状的细胞，通过附着在底层生长。这些细胞主要来源于形成组织结构框架的基质或结缔组织，并参与细胞外基质和胶原蛋白的分泌。为了将细胞描述为成纤维细胞，需确认来源组织或表达特定标记物，如成纤维细胞特异性抗原 1（FSP1）。类淋巴母细胞的细胞具有圆形（球形）形状，并以单个细胞或簇状悬浮液的形式生长。通常，它们不会附着并散布在摇瓶表面上，尽管在某些情况下它们是松散附着的。这些细胞通常来源于造血细胞（如 T 细胞、B 细胞或单核细胞）。然而，确定一个细胞系是成纤维细胞、上皮细胞还是淋巴母细胞可能需要更多的特征。

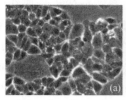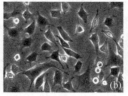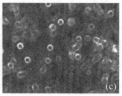

图 2.5　培养细胞的一般特征和形状

（a）上皮样细胞（贴壁）；（b）成纤维细胞样（贴壁）；（c）淋巴母细胞样（悬浮）（100×）

（二）细胞活性

高细胞活性对于获得一致和可重复的结果非常重要。然而，当繁殖和扩增大多数细胞系时，保持高细胞活性并不容易实现。在细胞扩增过程中为防止细胞活性下降及细胞死亡，必须及时更换生长培养基，以提供必要的营养并维持生理 pH 值。

有几种培养条件可导致细胞死亡，其中包括 pH 值或氧气张力的变化、流体动力应力、营养物质的消耗、有毒化合物的作用、微生物污染（病毒和细菌）导致细胞坏死或凋亡。除了微生物污染，其他问题可以通过用新鲜的生长培养基代替用过的培养基。在凋亡细胞死亡过程中，细胞内出现形态、生化性质和分子特征变化，导致细胞从培养瓶表面脱落时变小、成为粒状和圆形。另一方面，坏死的细胞会变大、高度空泡化并最终裂解。

（三）融合状态

细胞培养汇合度用于测量培养皿中细胞的覆盖水平。当培养皿的表面被细胞覆盖时，培养物被认为是融合的。这种现象常在二倍体和细胞株细胞系中观察到，随着细胞融合会受到接触抑制。一些肿瘤细胞株会融合，而另一些肿瘤细胞株（从晚期肿瘤中获得）则会失去接触抑制，并以团簇和圆顶状的形状生长。汇合水平用于确定何时需要传代培养细胞，即 85%～90%。由显微镜下的观察确定的汇合率通常不可靠，在实验中易引起误差，而准确的细胞计数是很重要的。使用血球计数板或计数仪测定细胞密度结果更客观准确。

（四）细胞交叉污染

细胞培养操作不规范可能导致细胞交叉污染以及细胞系的错误识别。在培养过程中，对细胞形态的敏锐观察可以在早期检测出一些交叉污染的细胞。但是，这对于具有相似形态的独特细胞系几乎是不可能的。遵守细胞培养的操作规范可以最大限度地减少细胞交叉污染或错误识别培养物的概率。建议经常测试细胞储备以进行种间和种内鉴定。

（五）优化细胞生长的生长曲线

建立生长曲线是确定细胞系最佳生长条件的有用工具。绘制活细胞的总数（Y

轴）与培养天数（X 轴）的关系图，得出了具有细胞系特征的生长曲线。生长曲线分为三个阶段：滞后期、指数期和稳定期。生长滞后期的开始是传代培养和细胞接种之后的时期。在这一阶段，细胞正在通过分泌细胞外基质蛋白来适应新环境，该蛋白在胰蛋白酶消化过程中会丢失，是细胞附着在培养皿上所必需的。根据细胞类型的不同，滞后期可能会持续几分钟到几小时，在此期间细胞会完全附着，扩散并开始分裂。在此阶段，DNA 聚合酶活性增加，随后合成新的 DNA 和结构蛋白。直到稳定期，才会分泌或表达特殊蛋白。在指数增长阶段，细胞迅速分裂。对数期的持续时间取决于细胞的生长速度和初始接种量或接种密度。接种密度还决定了增殖速率。此阶段的细胞最有活力（90％～100％）且可复制。这是用于实验操作获取细胞样品的推荐时期。在稳定期，由于营养耗尽或融合二倍体细胞的接触抑制，生长速率降低或停止。但是，在此阶段，与结构蛋白相比，特殊蛋白的合成可能会相对增加。在某些情况下，在生长曲线的这一阶段收获的细胞可能最适合实验。

第五节　动物细胞培养相关试剂的制备

动物细胞培养是非常敏感的酸碱变化过程。动物细胞培养的介质-培养基应该接近哺乳动物的成分体液，能够维持中等 pH。在培养过程中 CO_2/HCO_3^- 的变化、一些酸性或碱性染料的存在、糖代谢产物乳酸的堆积，以及培养物代谢产生的其他酸性或碱性物质都有可能影响培养基中的氢离子浓度，即溶液的 pH 值发生改变。而稳定的中性酸碱环境是细胞生长必需的，培养基 pH 值以及离子浓度的变化也会影响细胞产物的分泌以及后续产物纯化以及产物的生物学特性。甚至几分钟的细胞外 pH 变化就可以大大影响细胞基质的合成。因此，细胞培养基需要适当的缓冲机制以维持培养环境中的 pH 值和离子浓度，使用有缓冲能力的培养基是必需的。细胞培养过程中用到的平衡盐溶液、生物缓冲剂、细胞消化和解离试剂、冻存和细胞保存液以及细胞污染清除试剂等都对细胞的生长有重要影响。

随着生物技术的发展，生物缓冲液和平衡盐溶液也较多的用于细胞培养过程中。但各种细胞生长所需要的缓冲离子种类与浓度以及 pH 各不相同，所以每种细胞生长都有其最适的缓冲液。

一、平衡盐溶液

平衡盐溶液（balanced salt solution，BSS）是溶液中电解质含量与血浆含量相仿的盐溶液。平衡盐溶液与细胞生长状态下的 pH 值、渗透压等环境状态一致，具有维持渗透压、控制酸碱平衡、供给细胞生存代谢所必需的能量和无机盐成分，可满足体外实验中细胞生存并维持一定的代谢基本需要。平衡盐溶液主要由无机离子组成，有时含有碳酸氢钠、葡萄糖、酚红等。常用的平衡盐系统有磷酸盐缓冲液、杜氏磷酸盐缓冲液（Dulbecco's phosphate buffered saline，DPBS）；Earle's 平衡盐缓冲液（EBSS）和 Hanks' 平衡盐溶液（HBSS）等。它们都含有细胞所必需的离子，如：钠离子、钾离子和磷酸根离子等。

（一）磷酸盐缓冲液

磷酸盐缓冲液（phosphate buffered saline，PBS）是细胞培养过程中最常用的缓冲液之一。因化学成分简单，价格低廉受到广大生物医学工作者的青睐。PBS 是三种溶液的英文缩写，分别是磷酸盐缓冲溶液（phosphate buffered solution）、磷酸盐缓冲盐水（phosphate buffered saline）及磷酸盐缓冲钠（phosphate buffered sodium），其配制方法不同，pH 值不同，发挥的生物学作用亦不完全相同。常用的 PBS 指的是中性磷酸盐缓冲溶液（phosphate buffered solution）。它是一种水基盐溶液，含有氯化钠、磷酸盐以及氯化钾和磷酸钾。

储备液的配制方法：先将磷酸盐溶解于 500mL 蒸馏水中，用 1mol/L 氢氧化钠溶液校正 pH 后，再用蒸馏水稀释至 1000mL。储备液成分如下：KH_2PO_3，1.8mmol/L；Na_2HPO_3，10mmol/L；NaCl，137mmol/L；KCl，2.7mmol/L。

稀释液（工作浓度）：取储存液 1.25mL，用蒸馏水稀释至 1000mL。分装每瓶 100mL 或每管 10mL，121℃高压灭菌 15min。

（二）杜氏磷酸盐缓冲液

杜氏磷酸盐缓冲液（Dulbecco's phosphate—buffered saline，DPBS），用于短期维持哺乳动物细胞活性的一种平衡盐溶液。它和常规 PBS 的不同之处在于磷酸盐含量稍低，且不含钙镁离子。

DPBS 可以在一定时间内维持离体细胞结构和生理学上的完整性。其中钙镁离子的存在会降低胰蛋白酶活力，因此，消化细胞时一般添加 EDTA，用于螯合可能存在的钙镁离子。但是 EDTA 不能被血清中和，所以使用 EDTA 处理细胞后，需要用不含钙镁离子的 DPBS 处理。DPBS 一般用于细胞游离前的清洗、细胞或组织运输、细胞计数稀释、溶液配制、容器和细胞用品的清洗等。也可以在基础成分里加入葡萄糖、丙酮酸等物质，以利于培养物的生长。DPBS 成分如下：NaCl，137mmol/L；KCl，2.7mmol/L；KH_2PO_3，1.1mmol/L；Na_2HPO_3，8.1mmol/L。

（三）D-Hanks 平衡盐溶液

Hanks 平衡盐溶液（Hanks' balanced salt solution，HBSS）是生物学实验中最常用的平衡盐溶液，主要用于细胞培养取材时组织块的漂洗、细胞的漂洗以及配制其他试剂等。

D-Hanks 平衡盐溶液与普通的 Hanks 平衡盐溶液相比，为不含钙离子和镁离子的溶液（pH7.2～7.4，15～30℃保存）。含 D-Hanks 溶液的培养基一般都含有碳水化合物、含氮物质、无机盐（包括微量元素）以及维生素和水等（表 2.7）。

表 2.7 D-Hanks 平衡盐组成成分

成分	浓度/g·L^{-1}	成分	浓度/g·L^{-1}
NaCl	8.00	$CaCl_2$	0.14
$Na_2HPO_4 \cdot 12H_2O$	0.126	D-葡萄糖	1.00
KCl	0.4	酚红	0.01
KH_2PO_4	0.06	$NaHCO_3$	0.35
$MgSO_4$	0.098		

（四）Earle's 平衡盐溶液

Earle's 平衡盐溶液，又称 Earle's BSS，厄尔平衡盐溶液，简称 EBSS。常用于培养细胞尤其是神经细胞的清洗。主要由氯化钾、磷酸二氢钾、氯化钠、碳酸氢钠、磷酸氢二钠、磷酸二氢钾等组成，pH 值一般为 7.2～7.4。也可以在 EBSS 基础溶液中加入钙离子、镁离子、葡萄糖、丙酮酸等物质，以满足不同细胞对营养的需求（表 2.8）。

Hanks 平衡盐溶液和 Earle's 平衡盐溶液都是细胞培养过程中常用的平衡盐溶液，两者的主要差别在于碳酸氢钠的浓度不同，Earle's 中碳酸氢钠浓度比 Hanks 平衡盐溶液中要高。碳酸氢钠需用高水平的 CO_2 平衡，以维持溶液的 pH 值。Earle's 平衡盐溶液遇到空气中的 CO_2，溶液会变碱；Hanks 平衡盐溶液在 CO_2 培养箱中会变酸。如果在 CO_2 培养箱中保存组织细胞，需要用 Earle's 平衡盐溶液。如果仅仅是清洗将要在细胞培养基中储存的组织，用 Hanks 平衡盐溶液就可以。

表 2.8 Earle's 平衡盐溶液组成成分

成分	浓度/g·L^{-1}	成分	浓度/g·L^{-1}
NaCl	6.8	$NaH_2PO_4 \cdot 7H_2O$	0.140
KCl	0.4	葡萄糖	1.0
$CaCl_2 \cdot 2H_2O$	0.265	$NaHCO_3$	2.2
$MgSO_4 \cdot 7H_2O$	0.200	酚红·钠	0.011

（五）Ringer 盐溶液

Ringer 盐溶液是最简单的平衡盐溶液，即在生理盐水中加入氯化钾及氯化钙。因为它是由英国生理学家"林格"（Ringer）所发明，所以称林格氏液。林格氏液（Ringer's solution）也称复方氯化钠注射液，是因为林格氏液除了含有氯化钠成分，还含钠离子、钾离子、钙离子、镁离子、氯离子及乳酸根离子。林格氏液与生理盐水相比成分更多，可代替生理盐水以调节体液、电解质及酸碱平衡，林格氏液适用于酸中毒或有酸中毒倾向的脱水病例，经常在手术室中使用。

林格氏液配制方法：氯化钠 8.6g，氯化钾 0.3g，氯化钙 0.28g，加 dH_2O 定容至 1000mL。

（六）TGMD 盐溶液

TGMD 盐溶液也属于平衡盐溶液的一种，主要由氯化钠、磷酸盐、氯化钙、葡萄糖、明胶、DNA 酶等组成，即在台式液（Tyrode's）中加入明胶、氯化镁、DNA酶。TGMD 盐溶液经常用于清洗组织，并维持离体肠肌的正常生理功能。

二、生物缓冲溶液

缓冲溶液指的是由弱酸及其盐、弱碱及其盐组成的混合溶液，能在一定程度上减轻、抵消外加强酸或强碱对溶液酸碱度的影响，从而保持溶液的 pH 值相对稳定。缓冲溶液依据共轭酸碱对及其物质的量不同而具有不同的 pH 值和缓冲容量。好的缓冲液应具有以下特征：pKa 值介于 6.0～8.0 之间；高溶解度；膜不透性；对生化反应影响有限；极低的可见光和紫外光吸收；耐化学作用和酶解作用；易于制备。

（一）HEPES 缓冲液

HEPES 缓冲液 [4-(2-羟乙基)-1-哌嗪乙磺酸] 是一种非离子两性缓冲液，其在pH 7.2～7.4 范围内具有较好的缓冲能力。HEPES 缓冲液被广泛应用于多种生物化学反应，并在某些细胞培养基中用作缓冲试剂。其最大的优点是在开放式培养或细胞观察时能维持较恒定的 pH 值。在这种培养条件下，细胞培养瓶的盖子应拧紧，以防止培养液中所需的少量碳酸盐散入空气中。

常用的 HEPES 缓冲液制备方法：直接使用 1,2-二氯乙烷作为溶剂，在装有机械搅拌器、温度计的 100mL 三口瓶中加入羟乙基哌嗪（5.00g，0.02mol），碳酸钾（6.00g，0.04mol），50mL 1,2-二氯乙烷，油浴加热 90℃（1,2-二氯乙烷沸点 85℃），搅拌反应 20h。反应结束后，过滤，用 200mL 乙酸乙酯（EA）洗涤滤出的盐。滤液旋干，得 2.6g HEPES 固体。

10mmol/L HEPES 缓冲液配制方法如下：准确称取 HEPES 2.383g，加入新鲜三蒸水定容至 1L。过滤除菌，分装后于 4℃保存。如果用于加入细胞培养液中作缓冲剂，建议培养液避光保存。需要注意的是，HEPES 缓冲液使用的最终浓度为 10～50mmol/L，通常在一般情况下，HEPES 缓冲液的浓度为 20mmol/L 就可以达到缓冲能力，细胞培养时常用浓度为 10mmol/L。

HEPES 缓冲液使用方法有两种：①HEPES 缓冲液可按所需的浓度直接加入到配制的培养液中，再过滤除菌。每 1000mL 培养液中加入 2.38g HEPES，待溶后用1mol/L NaOH 调 pH 至 7.2，滤过除菌后使用。此时 HEPES 的使用浓度为10mmol/L。②亦可配成 100× 贮存液（1mol/L），使用前取 99mL 培养液加入 1mL贮存液，最终应用浓度仍为 10mmol/L。1mol/L（100×）HEPES 缓冲液配制方法：取 23.8g HEPES 溶于 90mL 双蒸水中，用 1mol/L NaOH 调 pH 至 7.5～8.0，然后用水定容至 100mL，过滤除菌，分装为小瓶（2mL/瓶），4℃或−20℃保存。

（二）NaHCO₃ 缓冲液

NaHCO₃ 缓冲液是常规缓冲体系的一部分，主要用于调节溶液的 pH 值。当酸性物质及氢离子增多时，可与碳酸氢根反应生成碳酸，碳酸不稳定分解成水和二氧化碳，此时氢离子数量减少，当碱性物质增多时，可与碳酸反应生成碳酸氢根，此时氢氧根减少，体现出缓冲作用，使 pH 值不至于变化过大。但是 NaHCO₃ 缓冲液不稳定，易受空气中 CO₂ 含量的影响而改变溶液 pH 值，影响缓冲效果。

5.6% NaHCO₃ 缓冲液配制方法：称取 2.8g NaHCO₃，加水定容至 500mL，过滤，4℃保存。

人体正常生理环境的维持离不开缓冲溶液，其中碳酸-碳酸氢钠是血浆中最主要的缓冲对，此对缓冲机制与肺的呼吸功能及肾的排泄和重吸收功能密切相关。正常人体代谢产生的二氧化碳进入血液后与水结合成碳酸，碳酸与血浆中的碳酸氢根离子组成共轭酸碱对，所以缓冲溶液在医学及生物学中有重要的意义。

三、细胞消化和解离试剂

细胞培养尤其是细胞的原代培养具有广泛的生物学意义，关键的一步便是获得需要的原代细胞。酶消化是当前获得所需原代细胞最常用的方法，选择对组织解离效果好、损伤小的酶消化液，是获得高活力细胞的重要环节。现在也有一些无酶消化液或采用物理方法对细胞进行分离消化。

（一）胰蛋白酶溶液

细胞分离对于培养贴壁细胞至关重要。胰蛋白酶（trypsin）是白色或淡黄色粉末，低温干燥保存。其主要作用是使细胞间的蛋白质水解，使细胞离散。其活性以其消化酪蛋白的能力进行测定。常用 1∶250（1∶500）方法表示，即 1 份胰蛋白酶可以消化 250 份（或 500 份）酪蛋白。胰蛋白酶对细胞的分离作用与细胞的类型和细胞的性质关系密切。不同细胞系对胰蛋白酶溶液的浓度、温度和作用时间等的要求也不同。无钙离子、镁离子的平衡盐溶液常用于配制胰蛋白酶溶液或用于洗涤细胞，染色体的 G 带核型实验中胰蛋白酶用生理盐水配制。

胰蛋白酶的使用方法（消化贴壁细胞）：吸除或倒掉瓶内培养液；以 25cm² 培养瓶为例，向瓶内加入 1mL 消化液（胰蛋白酶或与 EDTA 混合液）轻轻摇动培养瓶，使消化液流遍所有细胞表面，然后吸掉或倒掉消化液后再加 1mL 消化液，轻轻摇动后再倒掉大部分消化液，仅留少许进行消化。也可不采用上述步骤，直接加 1～2mL 消化液进行消化，但要注意尽量减少消化液的剩余量，因为消化液过多对细胞有损伤，同时也需要较多的含血清培养液去中和。消化最好在 37℃或室温 25℃环境下进行。消化 2～5min 后把培养瓶放置在显微镜下进行观察，发现胞质回缩、细胞间隙增大后，应立即终止消化。如仅用胰蛋白酶可直接添加含血清的培养液，终止消化。如用 EDTA 消化，需加 Hanks 液数毫升，轻轻转动培养瓶把残留 EDTA 消化液冲掉，然后再加培养液，这个操作过程要十分小心，如果细胞已经脱壁则消化液不能够倒掉，以免丢失细胞，要加入 Hanks 液或培养液终止消化，吹打收集细胞悬液，离心漂洗去除 EDTA。用弯头吸管，吸取瓶内培养液，反复吹打瓶壁细胞，吹打过程要按顺序进行，从培养瓶底部一边开始到另一边结束，以确保所有底部都被吹到。吹打时动作要轻柔不要用力过猛，同时尽量不要出现泡沫，这些都会对细胞有损伤。细胞脱离瓶壁后形成细胞悬液。

为了维持活跃的生长和健康的细胞培养，通常需要在细胞完全融合之前对其进行传代培养。细胞传代培养最常见的方法是使用蛋白水解酶——胰蛋白酶破坏细胞间和细胞外（细胞与底物）连接。当胰蛋白酶添加到细胞培养物中时，因其蛋白质水解活性，细胞表面蛋白质被切割，这可能导致细胞功能失调。为了克服这个问题，可能有必要添加胰蛋白酶抑制剂，例如含有血清的完全生长培养基或缺乏二价阳离子（即钙离子和镁离子）的缓冲液。

一旦细胞从底层中分离或移出，它们就会形成由单个细胞或细胞簇组成的细胞悬液，然后将其稀释并转移至新的培养瓶中。细胞将重新附着并开始生长和分裂，直到达到生长的稳定期。细胞到达稳定期之前，就可以准备进行传代培养了。该阶段由细胞系的生长曲线图决定。

胰蛋白酶 EC 3.4.21，对涉及碱性氨基酸、精氨酸和赖氨酸的羧基的肽键具有特异性。胰蛋白酶是已知的高特异性蛋白酶之一，但也表现出一些酯酶和酰胺酶的活性。胰蛋白酶的活性是在 25℃，pH 8.0 条件下测定的。胰蛋白酶在 pH 7.0～8.5 之间活性最高。

1. 胰蛋白酶对细胞代谢功能的调节

使用胰蛋白酶对动物细胞进行传代培养时，需要考虑许多因素。胰蛋白酶因其蛋白水解活性可能影响细胞的许多生理和代谢功能。因此，根据实验设计考虑细胞系的预期用途非常重要。

使用胰蛋白酶可以改变细胞各种代谢功能。例如，胰蛋白酶浓度降低为 0.025％时，在内皮细胞中扩散速度更快，完整的整联蛋白数量更高，并迅速形成黏着斑。有学者发现暴露于胰蛋白酶的静息 WI-38（二倍体成纤维细胞）细胞导致 40％的核蛋白和胞质蛋白损失。仅当细胞以低密度铺板后，从核中丢失的与染色质相关的蛋白质才能在数小时后恢复。

关于乳腺癌细胞系 MCF-7 和卵巢细胞系 HeLa 的最新蛋白质组学研究表明，胰蛋白酶消化改变了 EGF 受体蛋白家族。这些位于质膜上的蛋白质在 24h 后部分恢复。胰蛋白酶作用可下调生长和代谢相关蛋白的表达并上调凋亡相关蛋白的表达。因此作为实验设计详细方案的一部分，考虑以下因素可能很重要：降低浓度使用胰蛋白酶（0.025％）；冷胰蛋白酶的使用；使用非酶解离溶液；减少胰蛋白酶的暴露时间。

2. 用胰蛋白酶获取贴壁细胞

如果大多数细胞在稳定期的前期（对数期）进行传代培养，则它们是最具有活力的并且生长状态也是最理想。

大多数细胞培养需要解离剂，即在缓冲盐溶液中的胰蛋白酶，以帮助从组织培养瓶中去除细胞，通常对其进行处理以确保细胞与底层的黏附。通常，将缓冲盐水溶液调整为不含 Ca^{2+} 和 Mg^{2+} 配方；Ca^{2+} 和 Mg^{2+} 在细胞间和细胞与底物的相互作用中都非常重要。

通常胰蛋白酶的使用浓度为 $0.05\%\sim0.25\%$。通常，胰蛋白酶溶液中会补充胶原酶和 EDTA 以改善其性能。在添加胰蛋白酶之前，必须除去细胞生长中含有血清的培养基。血清的存在会降低或消除胰蛋白酶的活性，从而增加细胞分离的时间。从底层移出的细胞将以单细胞悬液或成簇的形式出现。通常，细胞团簇或团块可能是由细胞过度暴露于胰蛋白酶形成的。

3. 胰蛋白酶溶液的储存

建议磷酸盐缓冲液中 0.5% 牛胰蛋白酶溶液的存储温度应低于 $-20℃$，存储时间约 18 周。在无血清培养基中生长的细胞对胰蛋白酶消化特别敏感，因为它们的培养基中没有胰蛋白酶抑制剂。如果在培养箱温度下处理，在胰蛋白酶消化过程中这些细胞内吞胰蛋白酶溶液。使用较低的温度并减少暴露时间，可以大大减少这种吸收。与维持在含血清培养基中的细胞不同，培养基中没有胰蛋白酶抑制剂来中和细胞吸收的胰蛋白酶。

4. 用胰蛋白酶进行细胞传代的最佳操作

在添加胰蛋白酶之前，用不含 Ca^{2+} 和 Mg^{2+} 的盐水使单层细胞升高以除去这些离子；使用最低浓度和体积的胰蛋白酶从培养瓶表面去除细胞。尽可能在室温或更低温度下使用胰蛋白酶溶液，以减少酶的内吞作用。尽可能使细胞暴露时间最短，并从培养瓶表面去除细胞；将胰蛋白酶抑制剂与含有血清的培养基或血清的完全培养基中和，来终止胰蛋白酶活性，然后通过离心除去胰蛋白酶；细胞脱落到培养瓶表面后立即通过离心除去胰蛋白酶；避免使用胰蛋白酶可使用非酶溶液或活性物质，即根据细胞的预期用途进行刮除。

（二）ACCUTASETM 细胞消化液

ACCUTASETM 细胞消化液是包含有蛋白水解酶和胶原酶活性的一种细胞消化液，是胰酶/EDTA 消化液的完美替换产品，用于从常规组织培养器皿和黏附培养器皿中消化细胞。适用于组织解离和细胞分离，因分离后的细胞能保持完好的表面抗原，且不含任何动物或者细菌来源组分，可满足后续程序如细胞表面标记、病毒生长分析、流式细胞分析以及生物反应器相关检测等多种实验的要求。与传统的胰酶消化液相比，ACCUTASETM 细胞消化液具有以下优势：①适用于绝大多数原代细胞、哺乳动物细胞系以及昆虫细胞的消化；②可以温和有效地消化干细胞，冻存后细胞具有更高复苏率；③几分钟内实现黏附细胞的分离，不需清洗或中和反应，节省细胞传代时间；④对细胞消化较为温和，能增加细胞产量和存活率；增强细胞贴壁效率；改善细胞形态和细胞生长特性等。

（三）其他酶组成的细胞消化液

0.25％胰蛋白酶-0.02％EDTA消化液是应用于较多的消化组织细胞的酶类，但是除胰蛋白酶外也有一些酶类可用于细胞消化，如弹性蛋白酶溶液、分散酶Ⅱ溶液等。0.25％胰蛋白酶溶液的消化力虽强于0.1％弹性蛋白酶溶液、0.1％分散酶Ⅱ溶液和0.1％胶原酶Ⅱ溶液，且胰蛋白酶溶液与弹性蛋白酶溶液联合应用时，对肺组织的消化能力强于本试验所用其他各种消化液，但使用此两种消化液获得的贴壁细胞量却显著少于分散酶Ⅱ-胶原酶Ⅱ溶液和分散酶Ⅱ溶液，其原因可能是，胰蛋白酶的消化作用强烈，在组织或细胞消化过程中易造成细胞损伤，甚至造成细胞溶解，降低了肺MVECs的活力。

（四）Leagene无酶细胞化液

Leagene无酶细胞化液（non-enzyme cell detach solution）不含胰蛋白酶等蛋白消化酶类，其能有效地使贴壁细胞与培养瓶皿表面脱离而达到分离细胞的目的。其特点是：作用温和；对细胞的损伤和破坏极小，不影响细胞生物学特性，是肿瘤细胞极好的细胞脱壁方法；可以在血清存在的情况下进行消化。消化后的细胞可进行传代培养，亦可用于提取核蛋白和胞浆蛋白、Western印迹、免疫共沉淀等实验，通常室温下就可以消化大多数贴壁细胞，该消化液适用于消化肿瘤、脑、肝、肾、肺等组织，尤其适用于上皮组织。

（五）物理消化方法

虽然胰蛋白酶消化是目前最受欢迎的分离技术，但是由于膜损坏而降低了生存能力和细胞外基质。如果能避免这种损害将提高细胞培养效率。有学者提出一种利用声压的无酶细胞分离方法，在无血清培养基中因间歇性行波晃动。此方法可分离96.2％的细胞，并在48h内将其转移率提高至传统方法的130％，48h后转移率达到常规使用胰蛋白酶消化分离细胞数量的130％，采用这种方法消除了胰蛋白酶消化造成的细胞损伤，提高了分离细胞的存活率。

一种基于温度调制的共振无酶细胞分离方法，温度为10℃，振动最大振幅为2mm，与传统的胰蛋白酶消化相比成功完成了77.9％的细胞分离。72h移植后细胞增殖率与移植瘤细胞与胰蛋白酶法相似，而冷冻解冻后该方法分离细胞的增殖率比胰蛋白酶法高12.6％。也有学者尝试使用低温暴露使细胞分离。

四、细胞冻存液和低温保存液的配制

细胞冻存及复苏的基本原则是慢冻快融，实验证明这样可以最大限度地保存细胞活力。目前细胞冻存多采用甘油或二甲基亚砜作保护剂，这两种物质能提高细胞膜对水的通透性。缓慢冷冻可使细胞内的水分渗出到细胞外，减少细胞内冰晶的形成，从而减少由冰晶形成造成的细胞损伤。

　　细胞冻存是细胞培养、引种、保种和保证实验顺利进行的重要技术手段。在细胞建株和建系过程中，及时冻存原始细胞是十分重要的。在杂交瘤单克隆抗体的制备过程中，杂交瘤细胞、每次克隆得到的亚克隆细胞的冻存保种常常是必不可少的实验操作。因为在没有建立起一个稳定的细胞系或稳定分泌抗体的细胞系时，细胞在培养过程中随时可能由细胞的污染、分泌抗体能力丧失或遗传变异等造成实验失败，如果没有原始细胞冻存，则会因上述的意外情况而前功尽弃。

（一）含血清细胞冻存液

　　细胞冻存过程中常用的冻存液是含有血清的细胞冻存液，成分如下：10％～20％血清（FBS）、10％二甲基亚砜（dimethyl sulfoxide，DMSO）、70％DMEM培养液；或90％血清（FBS）、10％DMSO。将DMSO和FBS加入DMEM中，$0.22\mu m$滤膜过滤后分装保存备用。血清含量可以在10％～90％之间调整，冻存液中加入血清一方面可以为细胞提供营养，另一方面可以在细胞冻存过程中提供非渗透性保护物质，如蔗糖、白蛋白等，从而更好地保护细胞。冻存液配制时需要注意：DMSO不用高压灭菌，可以过滤除菌，DMSO最好是新配制的，而且要避光保存。

　　细胞冻存过程中，细胞内部和外部产生的冰晶可能对细胞产生致命的损害。所有常规的冷冻保存方法都使用至少一种冷冻保护剂（cryoprotective agent，CPA），使细胞内和细胞外的玻璃水结晶（近玻璃化）而不会形成损坏的结晶。所以使用冷冻保护剂在冷冻保存和随后解冻后维持细胞活力至关重要。当前使用较多的CPA是二甲基亚砜。DMSO在4℃时对细胞无明显毒性，分子量小、溶解度大、易透过细胞膜，降低细胞外未结冰溶液中溶质浓度，使细胞免受高浓度溶质的损伤，细胞内水分也不会过分外渗，避免了细胞过分脱水皱缩；DMSO与水分子结合，可使冰点下降，减少细胞内冰晶的形成，从而减少冰晶损伤。

　　虽然DMSO是目前应用最广泛的低温保护剂，但其可能会在冷冻前和融化后因浓度、温度和暴露时间不同对细胞产生一定的毒性，使细胞表观遗传状态改变并对患者产生相关的副作用。五异麦芽糖这种低分子量碳水化合物（1kDa）可以替代DMSO作为细胞冻存过程中的低温保护剂。以五异麦芽糖冻存细胞，细胞的复苏率以及集落形成情况和用DMSO冻存接近。尽管五异麦芽糖作为细胞冻存的低温保护剂还未进入到临床试验转化为人类使用，但目前的数据仍是迈向无毒替代DMSO的重要一步。

　　干细胞是一类具有自我复制和多向分化潜能的原始细胞。各种干细胞由于其理化和生物学特性的不同，对于低温保存液的要求也就不同。常用的造血干细胞低温保存液基本成分是在TC199或RPMI-1640营养液的基础上，再加入其他营养成分，如胰岛素、牛血清、抗生素等、氨基酸、高浓度的牛血白蛋白、胰高血糖素、转铁蛋白、细胞生长因子、别嘌呤醇等营养因子。

（二）无血清细胞冻存液

无血清细胞冻存液即不含血清，含 DMSO 及葡萄糖、氨基酸等各种细胞营养成分、pH 缓冲液等成分的细胞冻存液。因为无血清，可减少各类细菌、病毒和支原体等污染，保证冻存细胞的安全。无血清细胞冻存液可用于干细胞、肿瘤细胞以及其他细胞的冻存和运输。

有学者发明了一种既无血清也无 DMSO 的细胞冻存液，该冻存液可以用于临床的免疫细胞和间充质干细胞等细胞的冻存。其组分包括甘油 5%～10%；人血白蛋白溶液 15%～20%；18AA 复方氨基酸溶液 10%～15%；右旋糖酐-40 葡萄糖溶液 15%～54%；混合糖电解质溶液 1%～42.5%。其不含 DMSO，对细胞毒性小；其用人血白蛋白代替血清、血浆等成分，具有较高的临床安全性，冻存复苏后细胞扩增能力良好。

也有研究者发明了一种干细胞冷冻剂，也不含血清成分。包括以下组分：1%～10% 的人血白蛋白、2%～20% 的透明质酸钠、5%～30% 的半脱体糖和 1%～5% 的 DMSO。这种干细胞冷冻剂中的人血白蛋白、透明质酸钠、半脱体糖具有良好的生物相容性，高浓度时毒性也较低，利用所述配比的人血白蛋白、透明质酸钠、半脱体糖，可以最大限度地抑制细胞内冰晶的形成，降低低温环境对所冻存细胞的损伤，因而大大较低了冻存细胞的毒性，并提高了冻存细胞经复苏培养后的存活率。

有些干细胞冻存液采用了无血清无 DMSO 的形式，其主体成分为 PBS、生理盐水或基础培养基等基本溶液，在此基础上添加人血白蛋白、干细胞生长因子、γ-聚谷氨酸、甘油等营养物质和低温保护剂。将干细胞悬液离心后去除上清液，然后与所述的干细胞冻存液混合、分装后，冻存。不含 DMSO 和 FBS，通过 γ-聚谷氨酸甘油之间不同搭配，结合人血白蛋白可获得更好的冷冻效果，同时具有很强的水分子络合能力，还能减少冷冻过程中细胞内冰晶的形成，可用于细胞的低温冻存，具有细胞冻存前后形态一致、细胞复苏后存活率高、冻存复苏后细胞的增殖能力良好的积极效果。

无血清细胞冻存液与含血清的冻存液相比，具有以下优势：无需现配，直接将细胞悬浮于冻存液中即可；无需程序降温，可直接放置于 -80℃ 冻存，操作简单；不含血清，大大减少细胞污染；不含血清，批次间差异小；无需液氮，可在 -80℃ 冰箱长期冻存；可将培养板整板冻存，例如杂交瘤细胞冻存时可节省筛选过程。

除了使用细胞冻存液冻存细胞以外，一种通过超闪速冷冻进行无 CPA 细胞冷冻保存的方法已经被报道。该方法使用喷墨细胞打印技术，在用液氮冷却的玻璃基板上打印非常小的含细胞的液滴。通过这种方法达到将哺乳动物细胞进行超快速冷却的目的。通过传热刺激估计的 SFF 冷却速率足以使细胞几乎玻璃化。这种无 CPA 的冷冻保存方法应适合大多数细胞，并避免通常与添加 CPA 存在的细胞毒性和对细胞状态的潜在副作用等相关的问题。

五、细胞计数和活力测定相关试剂

准确计数活细胞的数量是进行细胞培养管理定量实验的重要一步。使用血球计数器通过手动计数进行的台盼蓝染料拒染测试是确定细胞活力最常用，成本最低的方法之一。该方法适用于评估各种类型的细胞，而与细胞类型、细胞形状和细胞大小无关。但是，该过程比较耗时，更适合测试少量样品。

台盼蓝染料拒染实验的原理：活细胞具有排斥染料的完整膜，而死细胞则不具有。台盼蓝是应用最广泛的染料，因为它具有低成本和多功能性。精确计数后，此手动过程可与使用自动计数器进行的分析相印证。

台盼蓝染料 0.4% 溶液的配制方法：称取 0.4g 台盼蓝，加入 0.9% 生理盐水溶解，定容至 100mL。滤纸过滤，4℃保存。台盼蓝染料拒染试验的操作步骤：收集细胞（贴壁细胞可能需要用胰酶和/或 EDTA 消化），1000r/min 离心 5min，弃上清液，制备单细胞悬液，并做适当稀释；向细胞悬液中加入 0.4% 台盼蓝溶液，台盼蓝终浓度为 0.2%，室温染色 3min（染色时间可以稍微延长，但不宜超过 10min）；吸取少量经过染色的细胞，用血球计数板计数，在显微镜下可以观察到，死细胞着蓝色并膨大，无光泽；活细胞则不着色并保持正常形态，有光泽。计算活细胞存活率：细胞存活率/% ＝活细胞总数/（活细胞总数＋死细胞总数）×100%。

台盼蓝染料拒染实验受到多种问题的困扰，包括无法区分坏死细胞和凋亡细胞，以及高估或低估细胞计数（表 2.9）。在某些情况下，即使细胞膜完整性较好，确定细胞生长和功能的细胞活力也可能不准确。例如，即使细胞被染成蓝色，具有低水平细菌（即蜡状芽孢杆菌，革兰氏阳性菌）污染的细胞培养物仍然存活。蓝色并不表示裂解，而是细菌毒素在细胞膜上形成孔。相反，细胞膜可能渗漏或异常，但具有自我修复和完全存活的能力。此外，由于细胞损伤使少量染料摄取导致的轻度染色的细胞可以被忽略。为防止计数不准确，建议在细胞铺板 24h 后，当细胞膜恢复和修复后再测定细胞活力。

表 2.9　细胞计数存在的问题及解决方案

问题	后果	解决方案
腔室内有气泡	细胞计数和活力低估	使用干净的血细胞计数器重新计数，确保加载时移液器吸头中没有气泡
腔室未充满细胞悬液	细胞计数和活力低估	使用干净的血细胞计数器重新计数
液体从腔室蒸发	细胞计数和活力低估	血细胞计数器添加细胞悬液 5min 内重新计数
成团细胞	细胞计数和生存能力高估或低估	在少量的生长培养基中轻柔地重悬细胞沉淀，降低血清，然后根据需要调整最终体积 需要注意的是，高血清培养基的存在会导致细胞结块
腔室内细胞分布不均	细胞计数和活力将被低估	均匀重悬细胞，拔出移液器吸头后立即将细胞加入腔室，一步到位加入细胞悬液

续表

问题	后果	解决方案
细胞数量少于 25 个/方格	细胞计数和活力将被低估	浓缩细胞悬液
细胞数量超过 100 个/方格	细胞计数和活力将被高估	稀释细胞悬液

其他试剂

利用细胞内某些酶与特定的试剂发生显色反应，也可测定细胞相对数和相对活力。如：四甲基偶氮唑盐（Tetramethylazozole salt，MTT）法。MTT 法又称 MTT 比色法，是一种检测细胞存活和生长的方法。其检测原理为活细胞线粒体中的琥珀酸脱氢酶能使外源性 MTT 还原为水不溶性的蓝紫色结晶甲瓒（Formazan）并沉积在细胞中，而死细胞无此功能。用酶联免疫检测仪在 490nm 波长处测定其光吸收值，可间接反映活细胞数量。在一定细胞数范围内，MTT 结晶形成的量与细胞数成正比。该方法已广泛用于一些生物活性因子的活性检测、大规模的抗肿瘤药物筛选、细胞毒性试验以及肿瘤放射敏感性测定等。它的特点是灵敏度高、经济。

MTT 配制方法如下：称取 MTT 0.5g，溶于 100mL 的磷酸缓冲液或无酚红的基础液中。4℃下保存。MTT 法测细胞相对数和相对活力具体操作步骤：细胞悬液以 1000r/min 离心 10min，弃上清液；沉淀加入 0.5-1mL MTT，吹打成悬液；37℃下保温 2h；加入 4～5mL 酸化异丙醇，吹打均匀；1000r/min 离心，取上清液酶标仪或分光光度计 570nm 比色，使用酸化异丙醇调零点。注意：MTT 法只能测定细胞相对数和相对活力，不能测定细胞绝对数。

自动细胞计数仪、自动化细胞成像分析系统等仪器也是细胞计数和活力测定常用的仪器。

六、消除细胞污染常用溶液

（一）抗细菌污染试剂

细菌污染是生物实验室细胞培养中常见的污染类型，细菌污染后，通常可以在培养基中加入抗生素做挽救处理。其中最常用的培养基添加抗生素是青霉素-链霉素。青链霉素俗称双抗，其储备液的配制方法如下：将青霉素 G 钠盐和硫酸链霉素溶解在 0.85% NaCl 溶液中，每毫升溶液含 10000 单位青霉素和 10000μg 链霉素。青链霉素推荐工作浓度：青霉素为 50～100U，链霉素为 50～100μg。

庆大霉素（gentamicin）和硫酸卡那霉素也是常用的抗细菌污染药物。庆大霉素（gentamicin），即硫酸庆大霉素，配制时，需要把庆大霉素溶解在 0.85% NaCl 溶液中，终浓度为 10mg/mL。硫酸卡那霉素的配制方法和庆大霉素相同，工作浓度也是 10mg/mL。

如果细胞已经污染，一般建议细胞重新复苏。珍贵细胞可以做以下处理：使用抗生素常用量的5～10倍作冲击处理，用药24～48h后更换常规培养液；另外，如果出现培养用具被打翻、使用了污染的培养液或要培养污染的组织或者冻存细胞污染的情况，可以添加西司他丁钠和亚胺培南（泰能）处理细胞。

（二）抗真菌污染试剂

真菌污染是细胞培养过程中最常见的一种，尤其在梅雨季节进行细胞培养更易污染。真菌污染后，细胞生长变慢，最后由于营养耗尽及毒性作用而使细胞脱落死亡。

两性霉素 B（amphotericin B）是常用的抗真菌污染试剂。其工作浓度为 $250\mu g/mL$，其配制方法为：每毫升溶液添加 $250\mu g$ 两性霉素 B 和 $205\mu g$ 脱氧胆酸钠，在蒸馏水中脱氧胆酸钠是一种增溶剂。此外也可以选择在培养基里添加 $3U/mL$ 的制霉菌素或放线菌素 D。

三抗即青霉素、链霉素和两性霉素 B，也较多地添加于细胞培养基中，以防止细菌和真菌污染。三抗的配制方法：$10000U/mL$ 青霉素、$10000\mu g/mL$ 链霉素和 $25\mu g/mL$ 两性霉素 B，溶解于 0.85% NaCl 溶液。配制好的三抗于 $-20℃$ 保存。

真菌污染后，也可添加 $1mol/L$ 的氢氧化钠或硫酸铜处理细胞。用 10% 的氟康唑氯化钠注射液处理能够有效地去除细胞培养中的真菌污染。也可以加入 Fungin（芬净）来清除。Fungin 是 Pimaricin（那他霉素）新的可溶形式，它是抑制真菌的多烯类化合物，这类化合物通过破坏细胞膜来杀死酵母霉菌和真菌，可以作为一种抗菌剂添加到培养液里。Fungin 没有细胞毒性也不影响细胞代谢。

（三）抗支原体污染试剂

支原体是哺乳动物细胞内最小、最简单的原核生物，是细胞培养物中普遍存在的污染物。保守估计常规细胞培养中支原体污染率为 15%～35%，严重干扰实验结果的可信度。因此，定期进行支原体去除，确保细胞培养体系中无支原体存在才能获得准确有效的实验数据。

消除支原体的方法可分为四种类型：①物理程序，例如热处理或光敏化。如加温处理法：将污染的细胞在 $41℃$ 作用 5～10h，最长不超过 18h，以杀灭支原体，这是一种比较简单的方法，对细胞损伤不大。②化学程序，例如用乙基氯仿洗涤或在含有6-甲基嘌呤脱氧核糖苷的培养基中培养。③免疫程序，例如用特定的抗支原体抗血清处理或补体暴露。④抗生素治疗：将抗生素添加到培养基中似乎很简单且成本低，据报道其功效超过 75%。缺乏细胞壁且不能合成肽聚糖的支原体在理论上不易受青霉素及其类似物等抗生素的影响。四环素类、截短侧耳素、大环内酯和氟喹诺酮类等抗生素可以以相对低的浓度使用，耐药性发展的可能性可以忽略，并且对真核细胞的影响低。可以使用单一药物或同时应用双重治疗的方法。如果有足够的细胞材料，则可以使用不同类别的抗生素进行两次或更多次独立治疗，以最大限度地减少治疗失败的可能性。例如交替使用两种大环内酯类抗生素（大环内酯）和四环素（米诺环素）可有效消除支原体。将大环内酯（BM-cyclin Ⅰ）添加至终浓度为 $10\mu g/mL$，持续 3 天；然后添加四环素二甲胺四环素（BM-cyclin Ⅱ）至终浓度为 $5\mu g/mL$，持续 4 天。治疗周期重复三遍，能够有效去除细胞培养物里的支原体。

泰妙霉素和环丙沙星联合使用可以清除支原体；多肽和赖氨酸、甲硫氨酸的组合试剂能够清除细胞培养中的支原体。

（四）抗黑胶虫污染试剂

黑胶虫污染也是细胞培养中可能遇到的污染类型，黑胶虫与细胞竞争性生长，开始时对细胞并无影响，但当黑胶虫的数量多到一定程度时，细胞生长就会受到影响直至死亡。

早期的黑胶虫污染，一般采用如下方法：用 0.25％胰酶消化，当有少量细胞变圆或脱壁时用血清终止消化，轻轻用培养基或 D-Hanks 液清洗 3 遍（缓慢流过细胞表面），然后吹散细胞，换用培养瓶培养，隔天换液。2 天后重复 1 次，以后每 24～36h 换 1 次液，1 周后，黑色颗粒基本消失，细胞生长正常。也可用麦诺霉素 $10\mu g/mL$ 处理，连续 1 周，需要注意的是，麦诺霉素对细胞有毒性。也有研究者使用环丙沙星（乙基环丙沙星）作用 24h。也可使用新洁尔灭去除黑胶虫，新洁尔灭与水或培养基的比例为 1：4。

一些阳离子抗生素可专门用于清除细胞中细菌、真菌、支原体等微生物，经多项独立试验表明，其对影响细胞培养的各类细菌、真菌、支原体等微生物均有清除的效果，尤其对暴露在空气中的细菌、真菌及其芽孢和孢子抑制时间可长达 7～10 天，多次使用即可清除。阳离子抗生素是一种呈正电性的聚合物，能吸附呈负电性的各类细菌、真菌、支原体等微生物，并能阻碍菌体细胞壁的形成，同时抑制蛋白质和微生物繁殖所需酶的合成，增加细胞膜通透性，使得各类细菌、真菌、支原体等微生物完全丧失繁殖能力，达到彻底清除的目的。

总结与展望

动物细胞培养是生物医学工程常用的实验技术。在细胞培养方面，接管新细胞系、正确和适当地使用细胞系名称、细胞库的建立、显微镜下细胞形态的观察、生长优化、细胞计数、细胞传代培养以及关于如何扩增和存储细胞等过程都需要进行详细的监管。细胞培养过程中使用正确的细胞培养方法对于确保结果一致性和可重复性至关重要。各种生物和化学污染物会对培养中的细胞生长产生不利影响，包括彻底破坏、细胞突变、细胞表型变化到相对轻微的细胞形态或生长速率改变等。有多种方法可以检测和降低细胞培养中生物或微生物污染的风险。在采购和处理此类材料时使用标准做法，避免在细胞培养箱中使用挥发性溶剂，可减少化学污染的发生。细胞冻存及复苏的基本原则是慢冻快融，这样可以最大限度地保存细胞活力。细胞冻存是细胞培养、引种、保种和保证实验顺利进行的重要技术手段。在细胞建株和建系中，及时冻存原始细胞是十分重要的。细胞培养过程中用到的平衡盐溶液、生物缓冲剂、细胞消化和解离试剂、细胞冻存和保存液、细胞计数和活性检测试剂以及细胞污染清除试剂等均对细胞的生长有着重要的影响。

在过去的一个世纪里，细胞培养技术取得了重大进展，但是仍有很多不足之处：细胞密度低，产物浓度低；细胞群体在长时间大规模的培养过程中分泌产物的能力丢失或产物活性降低；细胞代谢和生长动力学检测有待加强。大型化、自动化、精巧化、低成本、高细胞密度、高目的产品产量是动物细胞培养工程未来发展的总方向。

参 考 文 献

楚品品，蒋智勇，勾红潮，宋帅，李淼，李艳，李春玲，蔡汝健. 2018. 动物细胞规模化培养技术现状. 动物医学进展，39：119-123.

李佩珊，张志欢，孙雄，吴显平，张永红，张涛. 2020. 不同酶消化液对大鼠肺微血管内皮细胞分离培养的影响. 北京农学院学报，35（2）：114-117.

王天云，贾岩龙，王小引. 哺乳动物细胞重组蛋白工程. 北京：化学工业出版社，2020.

吴磊，刘莉萍，范卫新. 2007. 不同缓冲液对离体毛囊活性影响的比较研究. 中国麻风皮肤病杂志，23（6）：470-472.

Akiyama Y，Shinose M，Watanabe H，Yamada S，Kanda Y，2019. Cryoprotectant-free cryopreservation of mammalian cells by superflash freezing. Proc Natl Acad Sci，116（16）：7738-7743.

Almeida J L，Hill C R，Cole K D，2011. Authentication of African green monkey cell lines using human short tandem repeat markers. BMC Biotechnol，11：102.

Almeida J L，Hill C R，Cole K D，2014. Mouse cell line authentication. Cytotechnology，66（1）：133-147.

Baust J M，Buehring G C，Campbell L，Elmore E，Harbell J W，Nims R W，Price P，Reid Y A，Simione F，2017. Best practices in cell culture：an overview. In Vitro Cell Dev Biol Anim，53（8）：669-672.

Baust J M，Corwin W L，VanBuskirk R，Baust J G，2015. Biobanking：the future of cell preservation strategies. Adv Exp Med Biol，864：37-53.

Berger B，Berger C，Hecht W，Hellmann A，Rohleder U，Schleenbecker U，Parson W，2014. Validation of two canine STR multiplex-assays following the ISFG recommendations for non-human DNA analysis. Forensic Sci Int Genet，8（1）：90-100.

Bhattacharya S，Das A，2011. Mycoremediation of congo red dye by filamentous fungi. Braz J Microbiol，42（4）：1526-1536.

Campbell L H，Brockbank K G，2010. Cryopreservation of porcine aortic heart valve leaflet-derived myofibroblasts. Biopreserv Biobank，8（4）：211-217.

Debacq-Chainiaux F，Erusalimsky J D，Campisi J，Toussaint O，2009. Protocols to detect senescence-associated beta-galactosidase（SA-betagal）activity，a biomarker of senescent cells in culture and in vivo. Nat Protoc，4（12）：1798-1806.

Frattini A，Fabbri M，Valli R，De Paoli E，Montalbano G，Gribaldo L，Pasquali F，Maserati E，2015. High variability of genomic instability and gene expression profiling in different HeLa clones. Sci Rep，5：15377.

Jean A，Tardy F，Allatif O，Grosjean I，Blanquier B，Gerlier D，2017. Assessing mycoplasma contamination of cell cultures by qPCR using a set of universal primer pairs targeting a 1.5 kb fragment of 16S rRNA genes. PLoS One，12（2）：e0172358.

Kleensang A，Vantangoli M M，Odwin-DaCosta S，Andersen M E，Boekelheide K，Bouhifd M，Fornace A J，Li H H，Livi C B，Madnick S，2016. Genetic variability in a frozen batch of MCF-7 cells invisible in routine authentication affecting cell function. Sci Rep，6：28994.

Kozanoglu I，Boga C，Ozdogu H，Maytalman E，Ovali E，Sozer O，2008. A detachment technique based on the thermophysiologic responses of cultured mesenchymal cells exposed to cold. Cytotherapy，10（7）：686-689.

Kurashina Y，Imashiro C，Hirano M，2019. Enzyme-free release of adhered cells from standard culture dishes using intermittent ultrasonic traveling waves. Commun Biol，2：393

Liang-Chu M M，Yu M，Haverty P M，Koeman J，Ziegle J，Lee M，Bourgon R，Neve R M，2015. Human biosample authentication using the high-throughput，cost-effective SNPtrace（TM）system. PLoS One，10（2）：e0116218.

Lovelock J E，Bishop M W，1959. Prevention of freezing damage to living cells by dimethyl sulphoxide. Nature，183（4672）：1394-1395.

Luong M X，Auerbach J，Crook J M，Daheron L，Hei D，Lomax G，Loring J F，Ludwig T，Schlaeger T M，Smith K P，2011. A call for standardized naming and reporting of human ESC and iPSC lines. Cell Stem Cell，8（4）：357-359.

Masters J R，Thomson J A，Daly-Burns B，Reid Y A，Dirks W G，Packer P，Toji L H，Ohno T，Tanabe H，Arlett C F，2001. Short tandem repeat profiling provides an international reference standard for human cell lines. Proc Natl Acad Sci USA，98（14）：8012-8017.

Miyazaki T，Suemori H，2016. Slow Cooling Cryopreservation Optimized to Human Pluripotent Stem Cells. Adv Exp Med Biol，951：57-65.

Nims R W，Price P J，2017. Best practices for detecting and mitigating the risk of cell culture contaminants. In Vitro Cell Dev Biol Anim，53（10）：872-879.

Pamies D，Bal-Price A，Simeonov A，Tagle D，Allen D，Gerhold D，Yin D，Pistollato F，Inutsuka T，Sullivan K，2017. Good Cell Culture Practice for stem cells and stem-cell-derived models. ALTEX，34（1）：95-132.

Pinney D F，Emerson C P，Jr，1989. 10T1/2 cells：an in vitro model for molecular genetic analysis of mesodermal determination and differentiation. Environ Health Perspect，80：221-227.

Pisal R V，Hrebíková H，Chvátalová J，Kunke D，Filip S，Mokrý J，2016. Detection of Mycoplasma Contamination Directly from Culture Supernatant Using Polymerase Chain Reaction. Folia Biol（Praha），62（5）：203-206.

Price P J，2017. Best practices for media selection for mammalian cells. In Vitro Cell Dev Biol Anim，53（8）：673-681.

Reid Y A，2017. Best practices for naming，receiving，and managing cells in culture. In Vitro Cell Dev Biol Anim，53（9）：761-774.

Reid Y A，2011. Characterization and authentication of cancer cell lines：an overview. Methods Mol Biol，731：35-43.

Rust W，Pollok B，2011. Reaching for consensus on a naming convention for pluripotent cells. Cell Stem Cell，8（6）：607-608.

Sarntivijai S，Ade A S，Athey B D，States D J，2008. A bioinformatics analysis of the cell line nomenclature. Bioinformatics，24（23）：2760-2766.

Scott M A，Nguyen V T，Levi B，James A W，2011. Current methods of adipogenic differentiation of mesenchymal stem cells. Stem Cells Dev，20（10）：1793-1804.

Svalgaard J D，Haastrup E K，Reckzeh K，2016. Low-molecular-weight carbohydrate Pentaisomaltose may replace dimethyl sulfoxide as a safer cryoprotectant for cryopreservation of peripheral blood stem cells. Transfusion，56（5）：1088-1095.

Unger C，Skottman H，Blomberg P，Dilber M S，Hovatta O，2008. Good manufacturing practice and clinical-grade human embryonic stem cell lines. Hum Mol Genet，17（R1）：R48-53.

Uphoff D H G，2011. Detecting mycoplasma contamination in cell cultures by polymerase chain reaction. Methods

Mol Biol，731：93-103.

Volpe D A，2008. Variability in Caco-2 and MDCK cell-based intestinal permeability assays. J Pharm Sci，97（2）：712-725.

Yong K W，Choi J R，Safwani W W K，2016. Biobanking of Human Mesenchymal Stem Cells：Future Strategy to Facilitate Clinical Applications. Adv Exp Med Biol，951：99-110.

（林　艳　董卫华）

第三章
经典动物细胞
培养基

　　动物细胞培养是疫苗研发、生物制药、新药研发、组织器官培养等过程中使用的基本技术，而动物细胞培养基则是动物细胞培养过程中至关重要的一环。培养基的优劣会直接影响细胞培养状态甚至产品表达的产量和质量。动物细胞培养基为细胞的体外培养提供了一个模拟体内生长的营养环境，含有多种营养成分，很多商品化的培养基已经有了固定配方，但因为培养方式不同、培养目的不同、表达的产品不同、选择表达系统的差异等因素，各种培养基之间，配方所含成分仍有很大的差别。

第一节　经典动物细胞培养基

　　在 20 世纪早期，细胞培养用的都是天然培养基，如从动物组织提取到的淋巴液和血浆等。到 20 世纪中期，随着一些营养物质化学合成能力的提高和工业技术的发展，细胞生物学家开发出了人工合成的培养基配方即合成培养基。随着研究范围的逐步拓展，针对不同细胞的营养需求，又增加了不同的营养成分，但相同之处在于都需要与动物血清（最常用的是胎牛血清）一起使用。经典的合成培养基都不含蛋白质、脂类和生长因子以及其他某些细胞维持生长必要的营养成分，需要通过胎牛血清来额外提供这些营养物质，胎牛血清的添加量通常是 5%～10%。

一、经典动物细胞培养基及应用

　　最早开发的基础培养基（minimal essential medium，MEM），其本质为含有盐、氨基酸、维生素和其他必需营养物的等渗混合物。在此基础上，DMEM、IMDM、Ham's F12、RPMI1640 等各种动物细胞培养基被不断开发出来。

目前常用的经典基础培养基的组成各不相同，决定了各种培养基的应用范围也有很大差异，比如实验室常用的 DMEM 细胞培养基支持很多贴壁细胞生长，包括原代的成纤维细胞、神经元、平滑肌细胞以及 HeLa、HEK293 等。DMEM/F12 细胞培养基则可用于支持很多种类的哺乳动物细胞生长，包括 MDCK、胶质细胞、成纤维细胞、人内皮细胞及小鼠成纤维细胞等，也是无血清细胞培养基中常用的基础细胞培养基。其他各类培养基的特点及应用范围参考表 3.1。

表 3.1　经典动物细胞培养基的特点和应用范围

动物细胞培养基名称	特点及应用范围
199 细胞培养基	1950 年由 Morgan、Morton 和 Parker 开发而成,最初用于原代鸡胚成纤维细胞的营养研究。添加适量的血清,可用于各种类型细胞的培养,应用于病毒学研究、疫苗开发生产等。现在常用于非转化细胞和原代移植上皮细胞的培养以及疫苗和病毒的生产
BME 细胞培养基	基础 Eagle 培养基(basal medium Eagle,BME)是由美国生理学家 Harry Eagle 开发的基础培养基。最初是根据 HeLa 细胞和小鼠成纤维 L 细胞所需的最低营养而设计的。包含无机盐、氨基酸和维生素等。后来许多培养基是在它的基础上设计而成
GMEM 细胞培养基	Glasgow(Glasgow's minimum essential medium,GMEM)是 BME 培养基的改良型,添加有 10% 的胰蛋白胨磷酸盐以及 2 倍浓度的氨基酸和维生素,适合培养 BHK 细胞等
MEM 细胞培养基	最低基础培养基(minimal essential medium,MEM)是 Harry Eagle 在 BME 配方基础上改良而成的。有的含 Earle's 平衡盐,有的含 Hanks 平衡盐;通常含有高浓度的氨基酸,可同时用于贴壁细胞和悬浮细胞,例如 HeLa、BHK-21、293、MCF-7 细胞等。MEM 是最基本、适用范围最广的细胞培养基
α-MEM 细胞培养基	是 MEM 培养基的改良型,包括非必需氨基酸、丙酮酸钠、硫辛酸、维生素 B_{12}、生物素和抗坏血酸。可作为 CHO DG44 和其他 DHFR 阴性细胞的选择培养基。也可用于培养角质细胞、原代大鼠星形细胞和人黑色素瘤细胞
DMEM 细胞培养基	Dulbecco 改良的最低基础培养基 DMEM(Dulbecco's modified minimal essential medium)是意大利生理学家 Dulbecco 改良的 Engle 培养基。各种成分含量都有所加倍,可以分为低糖型(1 000mg/L)、高糖型(4 500mg/L)。所培养的是生长快、附着能力稍差的细胞如肿瘤细胞,在克隆培养时用高糖型效果较好。DMEM 最常用,能支持很多贴壁细胞生长,包括原代的成纤维细胞、神经元、HUVECs、平滑肌细胞以及一些细胞系如 HeLa(常用于癌症和信号转导研究)、293(常用于外源蛋白表达)、Cos-7(常用于转染研究)、杂交瘤的骨髓瘤细胞以及 DNA 转染的转化细胞培养等
IMDM 细胞培养基	Iscove 改良 DMEM 培养基(Iscove's modified DMEM,IMEM)是由 Iscove 在 DMEM 基础上改良的。特点是增加了硒,提高了几种氨基酸和胱氨酸的含量,但不含铁。IMDM 可用于杂交瘤细胞的培养,以及用作无血清培养过程中的基础细胞培养基。现在多用于快速生长的高密度细胞,例如 Jurkat、COS-7 和巨噬细胞
RPMI-1640 细胞培养基	RPMI-1640 是针对淋巴细胞培养专门设计的培养基。组成特点是含有平衡盐溶液及 21 种氨基酸、还原剂谷胱甘肽和高浓度维生素(如肌醇、胆碱),还包括生物素、维生素 B_{12} 等 MEM、DMEM 没有包含的成分。RPMI-1640 广泛适于各种正常细胞和肿瘤细胞的培养,也可以用于悬浮细胞培养
Ham's F12 细胞培养基	含微量元素,可在血清含量低时用,适用于克隆化培养。F12 最初设计时用于克隆二倍体的 CHO 细胞,也是无血清细胞培养基中常用的基础细胞培养基

动物细胞培养基名称	特点及应用范围
DMEM/F12 细胞培养基	将 DMEM 和 F12 按照 1∶1 比例混合,混合后营养成分丰富,血清使用量也减少。常在开发无血清细胞培养基时作为基础细胞培养基使用。可用于支持很多种类的哺乳动物细胞生长,包括 MDCK、胶质细胞、成纤维细胞、人内皮细胞及小鼠成纤维细胞
Leibovitz's L-15 细胞培养基	用于培养无 CO_2 环境的细胞。原先的碳酸氢钠缓冲系统被游离碱性氨基酸、磷酸盐和高浓度的半乳糖和丙酮酸钠所替代。无需经常更换培养基。常用于病毒学诊断等密闭培养细胞的场合
McCoy's 5A 细胞培养基	由 Thomas McCoy 最早开发该配方。包含有谷胱甘肽、蛋白胨和高浓度葡萄糖。常用于培养来自正常骨髓、皮肤、牙龈、睾丸、小鼠肾、网膜、肾上腺、肺、脾、大鼠胚胎等的原代细胞

二、经典动物细胞培养基配方

培养基的最终目的是维持动物细胞的体外正常生长,因此各类培养基的成分组成有很大的相似性。但是,由于不同动物细胞生长的胞内微环境的细微差异,比如离子浓度、渗透压、环境 pH 值、细胞生长方式、细胞周期等,因而具体到不同的动物细胞培养基,其成分组成也有差异。但基础成分组成都包括氨基酸、糖类、维生素、无机离子和微量元素等,几种经典动物培养基组成见表 3.2～表 3.5。

表 3.2 几种经典动物细胞培养基无机盐组成　　　　单位:mg/L

成分	MEM	DMEM	IMDM	RPMI1640	F10	F12	McCoys5A	199
$CaCl_2$	200.00	200.00	165.00	—	33.30	33.20	100.00	200.00
KCl	400.00	400.00	330.00	400.00	285.00	223.60	400.00	400.00
$MgSO_4$	98.00	97.67	98.00	48.84	74.60	—	98.00	98.00
NaCl	6800.00	6400.00	4500.00	6000.00	7400.00	7599.00	5100.00	6800.00
$NaHCO_3$	2200.00	3700.00	3024.00	2000.00	1200.00	1176.00	2200.00	2200.00
NaH_2PO_4	140.00	125.00	125.00	—	—	—	580.00	140.00
KNO_3	—	—	0.076	—	—	—	—	—
$NaSeO_3$	—	—	0.017	—	—	—	—	—
$Ca(NO_3)_2$	—	—	—	100.00	—	—	—	—
Na_2HPO_4	—	—	—	—	0.03	0.86	—	—
$MgCl_2$	—	—	—	—	—	57.22	—	—
$Fe(NO_3)_3$	—	0.10	—	—	—	—	—	—
$CuSO_4$	—	—	—	—	0.0025	0.0025	—	—
$FeSO_4$	—	—	—	—	0.083	0.083	—	—
KH_2PO_4	—	—	—	—	83.00	—	—	—

由表 3.2 可以看出各种培养基相似的地方,基本都含有 Ca^{2+}、K^+、Mg^{2+}、Na^+、Cl^-、SO_4^{2-}、CO_3^{2-},因为不同的培养目的和细胞个别添加了 Cu^{2+}、Fe^{3+}、

SeO_3^-、NO^-、PO_4^{3-} 等。

表 3.3 几种经典动物细胞培养基氨基酸组成　　　　　　单位：mg/L

成分	MEM	DMEM	IMDM	RPMI1640	F10	F12	McCoys5A	199
L-精氨酸盐酸盐	126.00	84.00	84.00	200.00	211.00	211.00	42.10	70.00
L-胱氨酸二盐酸盐	31.00	63.00	91.20	65.00	—	—	—	26.00
L-半胱氨酸盐酸盐一水化合物	—				25.00	35.00	31.50	0.10
L-组氨酸盐酸盐一水化合物	42.00	42.00	42.00	15.00	23.00	21.00	21.00	22.00
L-异亮氨酸	52.00	105.00	105.00	50.00	2.60	4.00	39.40	40.00
L-亮氨酸	52.00	105.00	105.00	50.00	13.00	13.00	39.40	60.00
L-赖氨酸盐酸	73.00	146.00	146.00	40.00	29.00	36.50	36.50	70.00
L-甲硫氨酸	15.00	30.00	30.00	15.00	4.50	4.50	15.00	15.00
L-苯丙氨酸	32.00	66.00	66.00	15.00	5.00	5.00	16.50	25.00
L-苏氨酸	48.00	95.00	95.00	20.00	3.60	12.00	17.90	30.00
L-色氨酸	10.00	16.00	16.00	5.00	0.60	2.00	3.10	10.00
L-酪氨酸二钠盐二水化合物	52.00	104.00	104.00	29.00	2.62	7.80	26.20	58.00
L-缬氨酸	46.00	94.00	94.00	20.00	3.50	11.70	17.60	25.00
L-丙氨酸	—		25.00		9.00	8.90	13.90	25.00
L-天冬酰胺	—		25.00	50.00	15.00	15.00	45.00	—
L-天冬氨酸	—		30.00	20.00	13.00	13.00	20.00	30.00
L-谷氨酸	—	—	75.00	20.00	14.70	14.70	22.10	75.00
L-谷氨酰胺	—	584.00	284.00	300.00	146.00	146.00	219.20	100.00
甘氨酸	—	30.00	30.00	10.00	7.50	7.50	7.50	50.00
L-脯氨酸	—	—	40.00	20.00	11.50	34.50	17.30	40.00
L-丝氨酸	—	42.00	42.00	30.00	10.50	10.50	26.30	25.00
L-羟脯氨酸	—	—	—	20.00	—	—	19.70	10.00

表 3.4 几种经典动物细胞培养基维生素组成　　　　　　单位：mg/L

成分	MEM	DMEM	IMDM	RPMI1640	F10	F12	McCoys5A	199
D-泛酸钙	1.00	4.00	4.00	0.25	0.70	0.50	0.20	0.01
氯化胆碱	1.00	4.00	4.00	3.00	0.70	14.00	5.00	0.50
叶酸	1.00	4.00	4.00	1.00	1.30	1.30	10.00	0.01
i-肌醇	2.00	7.20	7.20	35.00	0.50	18.00	36.00	0.05
烟酰胺	1.00	4.00	4.00	1.00	0.60	0.04	0.50	0.025
盐酸吡哆醛	1.00	4.00	4.00	—	—	—	0.50	0.025
盐酸吡哆醇		4.00		1.00	0.20	0.06	0.50	0.025

成分	MEM	DMEM	IMDM	RPMI1640	F10	F12	McCoys5A	199
核黄素	0.10	0.40	0.40	0.20	0.40	0.04	0.20	0.01
盐酸硫胺素	1.00	4.00	4.00	1.00	1.00	0.30	0.20	0.01
生物素	—	—	0.013	0.20	0.024	0.007	0.20	0.01
维生素 B_{12}	—	—	0.013	0.005	1.40	1.40	2.00	—
对氨基苯(甲)酸	—	—	—	1.00	—	—	1.00	0.05
烟酸	—	—	—	—	—	—	0.50	0.025
抗坏血酸	—	—	—	—	—	—	0.50	0.05
α-生育酚磷酸酯二钠盐	—	—	—	—	—	—	—	0.01
钙化醇	—	—	—	—	—	—	—	0.10
维生素 K_3	—	—	—	—	—	—	—	0.01
维生素 A	—	—	—	—	—	—	—	0.14

表 3.5 几种经典动物细胞培养基其他添加成分组成 　　　　　单位：mg/L

成分	MEM	DMEM	IMDM	RPMI1640	F10	F12	McCoys5A	199
D-葡萄糖	1000.00	4500.00	4500.00	2000.00	1100.00	1802.00	3000.00	1000.00
酚红	10.00	15.00	15.00	5.00	1.20	1.20	10.00	20.00
HEPES	—	—	5958.00	—	—	—	5958.00	—
丙酮酸钠	—	—	110.00	—	110.00	110.00	—	—
还原型谷胱甘肽	—	—	—	1.00	—	—	0.50	0.05
次黄嘌呤	—	—	—	—	4.70	4.77	—	0.04
胸腺嘧啶核苷	—	—	—	—	0.70	0.70	—	—
硫辛酸	—	—	—	—	0.20	0.21	—	—
亚油酸	—	—	—	—	—	0.08	—	—
腐胺	—	—	—	—	—	0.16	—	—
蛋白胨	—	—	—	—	—	—	600.00	—
胸腺嘧啶	—	—	—	—	—	—	—	0.30
腺嘌呤硫酸盐	—	—	—	—	—	—	—	10.00
5′-三磷酸腺苷二钠	—	—	—	—	—	—	—	0.20
胆石醇	—	—	—	—	—	—	—	0.20
2-脱氧-D-核糖	—	—	—	—	—	—	—	0.50
5′-腺嘌呤核苷酸二钠盐	—	—	—	—	—	—	—	0.20
盐酸鸟嘌呤	—	—	—	—	—	—	—	0.30
核糖	—	—	—	—	—	—	—	0.50
醋酸钠	—	—	—	—	—	—	—	50.00

续表

成分	MEM	DMEM	IMDM	RPMI1640	F10	F12	McCoys5A	199
吐温 80	—	—	—	—	—	—	—	20.00
尿嘧啶	—	—	—	—	—	—	—	0.30
黄嘌呤钠	—	—	—	—	—	—	—	0.34

目前很多培养基都已经商业化了，并且有不同的形式，如粉末或液体、大包装或小包装。液体形式分为 10 倍浓缩液、2 倍浓缩液和工作溶液等。有些培养基不含酚红，有些不含钙离子和镁离子。细胞培养可根据实验具体要求选择不同的培养基。

第二节　动物细胞培养基制备

一、液体细胞培养基的制备

液体细胞培养基（liquid cell culture medium）的配制受到众多因素的影响，如血清的供体、试剂的来源、培养基成分的优化、配制的方法、仪器设备的规模、操作者的专业程度、实验室或厂房的生物等级等。基本步骤包括成分称取、试剂溶解、混合定容、pH 值调整、渗透压调整、灭菌分装、质量检验等几步。基本流程如图 3.1 所示。

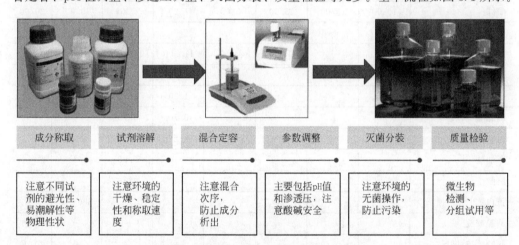

成分称取	试剂溶解	混合定容	参数调整	灭菌分装	质量检验
注意不同试剂的避光性、易潮解性等物理性状	注意环境的干燥、稳定性和称取速度	注意混合次序，防止成分析出	主要包括pH值和渗透压，注意酸碱安全	注意环境的无菌操作，防止污染	微生物检测、分组试用等

图 3.1　液体细胞培养基制备的基本流程

以下以 DMEM 培养基为例，其配方见下表 3.6，欲配制 10L DMEM 培养基，流程如下。

表 3.6　DMEM 细胞培养基成分及配方

序号	化合物名称	含量/(mg/L)	序号	化合物名称	含量/(mg/L)
1	无水氯化钙	265.00	3	氯化钾	400.00
2	九水硝酸铁	0.10	4	无水硫酸镁	97.67

续表

序号	化合物名称	含量/(mg/L)	序号	化合物名称	含量/(mg/L)
5	氯化钠	6400.00	20	L-色氨酸	16.00
6	无水磷酸二氢钠	109.00	21	L-酪氨酸	72.00
7	丁二酸	75.00	22	L-缬氨酸	6000.00
8	丁二酸钠	100.00	23	D-泛酸钙	2000.00
9	L-盐酸精氨酸	84.00	24	酒石酸胆碱	1.00
10	L-盐酸胱氨酸	63.00	25	叶酸	4.00
11	甘氨酸	30.00	26	肌醇	7.20
12	L-盐酸组氨酸	42.00	27	烟酰胺	4.00
13	L-异亮氨酸	105.00	28	核黄素	0.40
14	L-亮氨酸	105.00	29	盐酸硫胺	4.00
15	L-盐酸赖氨酸	146.00	30	盐酸吡哆辛	4.00
16	L-甲硫氨酸	30.00	31	葡萄糖	1000.00
17	L-苯丙氨酸	66.00	32	丙酮酸钠	110.00
18	L-丝氨酸	42.00	33	酚红	9.30
19	L-苏氨酸	95.00			

1. 成分称取

根据上表计算 10L DMEM 培养基中各个组分的含量，最低值为硝酸铁（九水），10L 称取量为 1mg，不需要配制浓缩液，各类试剂以十分之一电子天平、千分之一电子天平均可直接称取。

在称取过程中首先要根据需要培养的细胞种类、细胞培养方式、细胞培养目的等各项因素确定需配制培养基的总量，再依照各个配制成分的浓度，计算出各个成分需要称取的量。然后根据需要称取试剂的精确位数选用不同级别的电子天平，对于哺乳动物细胞培养基的配制，通常需要至少三个级别的电子天平，分别是十分之一电子天平、千分之一电子天平、百万分之一电子天平。最后按照配方数值称取各种试剂。

同时也需要注意，每种不同试剂的物理性状如避光性、易潮解性、放热性、挥发性、易燃性等，以及不同试剂的毒性皆不同，应尽量在避免试剂喷洒、挥发、潮解及环境粉尘等污染的前提下，增加对操作者的保护。此外，若配制培养基总量较小的话，部分试剂称取时需要精确到千分之一、万分之一，甚至是百万分之一位，在这种情况下，即使使用了百万分之一级的电子天平，也会因为人为因素或环境因素产生较大的误差，因而建议适时配制浓缩液。

2. 试剂溶解

DMEM 培养基的成分至少分成两部分溶解，一部分是以氨基酸类、维生素类为代表的碱助溶试剂，另一部分是以无机盐类为代表的酸助溶试剂。

试剂溶解可以采用不同的方法。根据溶解流程分为整体溶解、部分溶解、单独溶解。根据溶解方式分为常温溶解、加热溶解、酸碱助溶。

根据溶解流程分类。第一种为整体溶解，这种方法操作上最为简便，适用于50L、100L等大体积培养基配制。试剂溶解时，取少于总体积的溶剂，按照配方顺序逐个加入试剂，并边加入边搅拌助溶。第二种为部分溶解，这种方法操作上略微烦琐，适用于10L、20L等体积培养基配制。试剂溶解时，根据试剂的溶解性分为酸助溶、碱助溶、加热助溶、脂溶性等几类，每类以适量溶剂溶解，碱助溶类可首先加入 $NaHCO_3$、Na_2HPO_4 等试剂，再加入氨基酸、维生素类；酸助溶类可首先加入 NaH_2PO_4 等试剂，再加入无机盐类；对于脂类，因其水溶性特别差，可以无水乙醇溶解，然后滴加在葡萄糖或 KCl 上，待自然风干后加入；加热助溶主要指的是柠檬酸铁、七水硫酸亚铁试剂，可使用加热搅拌仪在 60℃ 下逐渐溶解；最后将各部分试剂混合在一起，注意控制总体积不要超过要求。第三种为单独溶解，这种方法操作上最为烦琐，但使用起来有连续性，适用于 1L、5L 等体积培养基的短期多次配制。因配制总体积比较小，故而配方中很多试剂，诸如维生素类、部分无机盐类、脂类、一些微量元素以及腐胺、甘油等大多需要精确到万分之一甚至百万分之一位称取，若短时间内会多次配制，建议可以每种试剂依照浓度配制一定体积的浓缩液，低温避光保存，用时按比例加取即可。注意储存时间不可过久，尤其是易分解、需避光保存类试剂。

根据溶解方式分类。常温溶解是指在室温下进行的溶解过程，适用于绝大多数试剂。加热溶解主要指的琼脂、棉籽水解物、柠檬酸铁、七水硫酸亚铁等试剂。酸碱助溶根据不同试剂的溶解特性，比如大多数氨基酸类、维生素类以及腐胺等适用于碱性助溶；而无机盐类、微量元素等则适用于酸助溶。需要指出，酸碱助溶可以通过加入适量饱和的 HCl 或 NaOH 达到目的，但极有可能提高最终的渗透压，因此要慎重加取，可采用一些具备酸性或碱性的配方试剂如 $NaHCO_3$、Na_2HPO_4、NaH_2PO_4 等达到酸碱助溶的目的。

最后在溶解过程中，个别试剂因属性不同有不同的注意事项。有些试剂极易潮解如氯化胆碱、氯化镍、氯化锌等，应注意环境的干燥性和称取速度。有些试剂本身含有的水分易挥发如五水硫酸铜、四水氯化亚锰、七水硫酸亚铁等，应注意尽量在封闭环境中称取。有些试剂呈粉尘状，如酪氨酸二钠盐、金精三羧酸、酵母等，操作剧烈易致其飞散操作时应注意动作尽量轻柔。有的试剂有特殊的气味或对身体有害如亮氨酸、异亮氨酸、亚硒酸钠等，因此操作时应戴上口罩并束发规范进行。另外，一些精密电子天平的读数对环境要求较高，空调的振动、搅拌仪的搅动，甚至是人员走动都会导致读数闪烁，因此建议在专门的配制室配制试剂，减少人员流动，称量台面也尽量减少其他不必要的操作。

3. 混合定容

因 DMEM 培养基分成两部分溶解，一部分为酸性，另一部分为碱性。而无机盐在碱性条件下极易发生沉淀或浑浊，因此建议在混合前，应尽量将 pH 先调至近中性，再缓慢注入试剂。

混合定容在配制体积比较大如 50L、100L 时容易出现较大误差。对于大体积溶液配制，定容时应该注意中间盛装容器漂洗液的加入。此外，反复倾倒后，应该静置一段时间，以使容器内壁上的试剂流下。

4. 参数调整

参数调整包括 pH 值调整和渗透压调整。

DMEM 培养基的 pH 近中性，可调至 $6.60 \sim 7.20$ 之间，渗透压大致波动于 $274 \sim 302 \mathrm{mOsmol/kg}\ H_2O$ 之间。

溶液的 pH 值可以使用酸度计进行测定。酸度计应符合国家有关规定。为了保证酸度计的测定精度和测定结果的可信性，酸度计必须定期标定，此外测定前，也应采用一些标准缓冲液先校正仪器。采用矫正好的 pH 仪，用 1mol/L 的盐酸或 1mol/L NaOH 把培养基调节到所配培养基需要的数值。

渗透压调整采用冰点渗透压仪进行测定，首先取超纯水调节冰点渗透压仪读数至零点，然后采用厂家配备的标准溶液校正仪器（注意应根据文献或经验预测待测样品的大致渗透压范围，使之处于两种渗透压标准溶液之间），之后依据仪器操作要求测定待测样品的冰点下降值。最后采用矫正好的冰点渗透压仪，按操作规程测出渗透压，根据不同的培养基，计算 NaCl 加入量，调整渗透压到所配培养基需要的数值。

5. 灭菌分装

灭菌方式有高压蒸汽灭菌、滤膜抽滤灭菌、紫外灭菌等多种方式。

高压蒸汽灭菌，高热可以灭活几乎一切微生物，包括细菌繁殖体、真菌、病毒和细菌芽孢。按配方上要求的温度、压力组合进行高压蒸汽灭菌。但如果灭菌的温度太高，营养成分会被破坏，培养基中的糖、氨基酸会使培养基的颜色变深。

滤膜抽滤灭菌较多采用 $0.2\mu m$ 或 $0.1\mu m$ 的滤膜抽滤灭菌。整个操作流程均在无菌操作台内进行。

紫外灭菌多用于物体表面灭菌，用于超净工作台、生物安全柜、实验记录本、配制室，也可以用于水及其他液体的灭菌。可以灭活细菌繁殖体、芽孢、分枝杆菌、冠状病毒、真菌、立克次体和衣原体等。需要注意通常照射时间需要达到 30min，如果室温低于 20℃或高于 40℃，相对湿度大于 60%，应适当延长照射时间。此外因紫外线对核酸和蛋白质的破坏作用，紫外线灭菌时应避免直射人体，以免引起损伤。

6. 质量检验

灭菌分装后，取出配制好的 DMEM 500mL，根据《中华人民共和国药典》（2020 年版）和《中华人民共和国化工行业标准》进行微生物检测，并随机选取两个实验组进行培养基的试用，观察细胞生长状态。

二、干粉细胞培养基的制备

干粉细胞培养基（dry powder cell culture medium）可以克服液体细胞培养基容

易变质、运输和储存不便等弊端。其基本制备步骤包括分组原料称取、原料干燥、粉末化处理、分装保存等。

1. 分组原料称取

将所有原料按照维生素、氨基酸、无机盐及其他化合物等类别进行分组称量，称量过程在无菌室中以不同的数量级天平进行。

2. 原料干燥

原料即使是固体也需要进行干燥，尤其是称取量比较大的试剂，干燥温度会因为原料的不同有所差别，一般无机盐类原料可在 100～110℃ 条件下进行真空干燥，而氨基酸类、维生素类及其他化合物类则在 50～60℃ 条件下进行真空干燥。

3. 粉末化处理

将干燥后的培养基原料进行粉末化的方法有多种，专利记载的至少有混合球磨、锤式粉碎、针磨生产等几种方式。国内大部分企业采用的是球磨方式，粉末化处理时加入钢珠，可以根据原料的含量调整加入钢珠的数目和大小，此法工艺简单、成本低，产量高，具体流程可参考本书第四章第三节。球磨法的一个弊端是在球磨过程中产生的热量无法及时有效散出，易致原料变质或结块，而锤式粉碎法则可以完全保证原料粉碎过程中的温度控制及粉碎后的粒度大小，不会有结块的现象。而针磨生产采用的小型针磨设备，可以达到大型球磨机的产能，节约了成本和生产时间。

4. 分装保存

制得的成品经抽样质检后，在无菌室以耐高温的复合膜分装后于 5℃ 干燥避光保存。

5. 质量检验

根据《中华人民共和国国家药典》（2020 年版）和《中华人民共和国化工行业标准》进行微生物检测，并随机选取两个实验组进行培养基的试用，观察细胞生长状态。

总结与展望

哺乳动物细胞培养基主要成分组成包括氨基酸、糖类、维生素、无机离子和微量元素等。经典的动物细胞培养基包括 MEM、DMEM、IMDM、Ham's F12、RPMI 1640 等十多种细胞培养基。在细胞培养时，应根据细胞系、实验目的、实验具体要求等选择不同的培养基。液体细胞培养基基本的配制流程包括试剂称取、试剂溶解、混合定容、pH 值调整、渗透压调整、灭菌分装、质量检验等。干粉细胞培养基制备步骤包括分组称取、原料干燥、粉末化处理、分装保存等。其中粉末化处理可以根据生产目的和条件选择不同的方式。因为液体和干粉培养基各自物理性状的不同和配制过程的差异，因此在实际使用过程中也各有优缺点，因此实际配制中也应根据不同的要求、配制环境、实验目的等进行配制方法的选择。

随着细胞培养的广泛应用，对高质量的动物细胞培养基的需求显得越来越迫切。

目前的经典培养基还存在许多不足，如需要添加血清、有些成分容易降解等。因此研发无血清培养基以及进一步提高细胞培养基的质量，是经典培养基未来发展的方向。

参 考 文 献

楚品品，蒋智勇，勾红潮，宋帅，李淼，李艳，李春玲，蔡汝健，2018.动物细胞规模化培养技术现状.动物医学进展，39（2）：119-123.

陈文庆，王建超，罗海春.无血清动物细胞培养基干粉、液体培养基及其制备方法.CN 200910265976.0.

方美华，徐俊杰，王炳华，王克勤，叶争，邱俊.一种粉末型动物细胞培养基的制备方法.CN 1049246C.

国家药典委员会，2020.中华人民共和国药典（2020年版），北京：中国医药科技出版社.

美国食品与药品监督管理局，1993.药品质量控制微生物实验室检查指南，Ⅳ无菌检验.

孙鹏科，陈文庆，周劲松，赵洪磊.一种粉末型细胞培养基的锤式生产方法.CN 109486742.

王天云，2020.哺乳动物细胞重组蛋白工程，北京：化学工业出版社.

杨学义，刘飞，向双云，周珍辉，2011.哺乳动物细胞无血清培养基研究进展.动物医学进展.32（2）：69-72.

Budge J D，Knight T J，Povey J，Roobol J，Brown I R，Singh G，Dean A，Turner S，Jaques C M，Young R J，Racher A J，Smales C M，2020. Engineering of Chinese hamster ovary cell lipid metabolism results in an expanded ER and enhanced recombinant biotherapeutic protein production. Metab Eng，57：203-216.

Chen P，Harcum S W，2005. Effects of amino acid additions on ammonium stressed CHO cells. J Biotechnol，117：277-286.

Gallo-Ramírez L E，Nikolay A，Genzel Y，Reichl U，2015. Bioreactor concepts for cell culture-based viral vaccine production. Expert Rev Vaccines，14：1181-1195.

Znang H Y，Wand C，Jia RW，Wang F，Wand Y W，Wang Z H，Chen X，Wang X L，Gui J G，2019. Ejection of cell laden RPMI-1640 culture edium by electrohydrodynamic method. Biomed Microdevices，21：64.

Kafilzadeh F，Karami Shabankareh H，Soltani L，2012. Effect of various concentrations of Minimal Essential Medium vitamins（MEM vitamins）on development of sheep oocytes during in-vitro maturation. Iran J Reprod Med，10：93-98.

Karengera E，Durocher Y，De Crescenzo G，Henry O，2018. Concomitant reduction of lactate and ammonia accumulation in fed-batch cultures：impact on glycoprotein production and quality. Biotechnol Prog，34：494-504

Kishishita S，Katayama S，Kodaira K，Takagi Y，Matsuda H，Okamoto H，Takuma S，Hirashima C，Aoyagi H，2015. Optimization of chemically defined feed media for monoclonal antibody production in Chinese hamster ovary cells. J Biosci Bioeng，120：78-84.

Krizhanovskii C，Kristinsson H，Elksnis A，Wang X，Gavali H，Bergsten P，Scharfmann R，Welsh N，2017. EndoC-betaH1 cells display increased sensitivity to sodium palmitate when cultured in DMEM/F12 medium. Islets，9（3）：43-48.

Merati Z，Farshad A，Farzinpour A，Rostamzadeh J，Sharafi M，2020. Evaluation of pentoxifylline and Basal Medium Eagle supplemented to diluent on cryopreserved goat spermatozoa. Reprod Domest Anim，DOI：10. 1111/rda. 13774.

Price P J，2017. Best practices for media selection for mammalian cells. In Vitro Cell Dev Biol Anim，53：673-681.

Rouiller Y，Périlleux A，Collet N，Jordan M，Stettler M，Broly H，2013. A high-throughput media design approach for high performance mammalian fed-batch cultures. MAbs，5（3）：501-511.

Stuible M，Burlacu A，Perret S，Brochu D，Paul-Roc B，Baardsnes J，Loignon M，Grazzini E，Durocher Y，2018. Optimization of a high-cell-density polyethylenimine transfection method for rapid protein production in

CHO-EBNA1 cells. J Biotechnol，281：39-47.

Yao T，Asayama Y，2017. Animal-cell culture media：History，characteristics，and current Issues . Reprod Med Biol，16：99-117.

Yang Z，Xiao H R，2013. Culture Conditions and Types of Growth Media for Mammalian Cells. Biomedical Tissue Culture，http：//dx. doi. org/10. 5772/52301.

（赵春澎　张俊河）

第四章
低血清动物细胞培养基

　　培养基的发展，由天然培养基发展为合成培养基，但传统的合成培养基需要添加5%～10%的血清才能维持细胞正常生长、增殖和其他生理、生化状态。无血清培养基个性化强，很难为每个细胞系研发出无血清培养基，能否有一种添加少量血清就能满足细胞生长、增殖的培养基，既满足传统需要添加较多血清培养基的要求，同时又能降低血清用量。低血清培养基就是处于传统培养基和无血清培养基之间的一类培养基，这类培养基只需要添加少量血清就能维持细胞正常生长和增殖，目前已经有多种这类培养基。

第一节　低血清动物细胞培养基的概念及应用

一、低血清动物细胞培养基的概念及特点

　　低血清培养基（low serum medium）又称为减血清培养基（reduced serum medium），是指比传统培养基添加浓度低的血清就能维持细胞正常生长的一类培养基。传统的培养基一般要加5%～10%血清，低血清培养基仅添加1%～2%左右的血清，就可以维持细胞正常生长和增殖。

　　与传统的血清培养基相比，低血清培养细胞具有以下优点：①安全性更强，在低血清培养基中，由于血清浓度降低，可以在一定程度上降低由血清带来的病毒、支原体等潜在的风险；②降低成本，提高产品质量，在细胞培养阶段可使血清含量降低到

2%～5%左右，显著降低培养液成本。以 Gibco 公司的产品计算，按照 5%血清进行细胞培养，每 500mL 细胞培养基就可以降低费用约 1600 元，如果计算低血清中无血清替代物的成本，节约费用保守估计在 1000 元左右（表 4.1）。同时由于血清替代物补充有蛋白质、脂类、无机盐等化合物，细胞更易培养，生长速度快、形态健壮、活力更强。③用于干细胞培养，Montzka 等发现，低血清培养基用于人骨髓间充质干细胞培养优于常规培养基，用 Panserin 401 加 2% FBS 和生长因子获得最佳增殖效果。仅含 2%胎牛血清或仅含生长因子的 Panserin 401 培养基，细胞不能增殖，说明 2%胎牛血清与生长因子联合应用的必要性。用 Panserin 401 培养基加入 2% FBS 和生长因子，可以有效地分离和扩增松质骨髓中的 hMSC。④Hartmann 等发现当 SW-480 细胞在低血清培养基（Advanced DMEM/F-12 加 1%血清）或无血清培养基中生长时，其形态未见变化。GC/MS 分析色谱图显示 SW-480 细胞在低血清培养基中，细胞生长的细胞代谢与正常血清培养基相同，苯甲醛、十二酸甲酯、癸-1-醇存在于两种培养基中。

表 4.1 降低血清费用节约计算

10% FBS 培养基	费用/元	5% FBS 培养基	费用/元
500mL 培养基[①]	400	500mL 培养基	400
50mL FBS[②]	2539.00	25mL FBS	1269.5
合计	2939.00	合计	1669.5

①以 Gibco 公司的 Fetal Bovine Serum, qualified, Australia（货号：10099141C）计算。
②以 Gibco 公司的 DMEM, high glucose, no glutamine（货号：11960069）计算。

低血清培养细胞虽然有一些优点，但也存在以下缺点：①细胞培养条件更难控制，低血清由于需要补充一些其他支持细胞生长、增殖、贴壁等的物质，细胞个性化强，因此更难控制。②影响细胞贴壁等特性，血清浓度的降低会导致血清中利于细胞贴壁的物质降低，从而影响细胞正常贴壁生长。③影响细胞活性和蛋白质表达。Rashid 等发现，Opti-MEM 低血清培养基影响 A549 人肺上皮细胞形态、细胞活性及氯离子胞内通道蛋白 1（chloride intracellular channel protein 1）、蛋白酶体 α2-亚单位（proteasome subunit alpha type 2）和热休克 70 kDa 蛋白 5（heat shock 70 kDa protein 5）的表达。

二、低血清动物细胞培养基的应用

（一）BHK21 细胞培养

低血清培养基目前主要应用于生产疫苗细胞的培养，如 BHK21 细胞（ATCC 保藏号为 CCL-10）。培养方式为 MEM 培养基加 10%胎牛血清，37℃，0.25%胰酶和 0.03%EDTA 消化细胞，细胞分种比例为 1∶2～1∶10，每周 1～2 次细胞传代。目前已经可以使用 2%～3%低浓度血清进行 BHK21 细胞培养，细胞培养状态更好，更利于细胞的贴壁和生长，有助于 BHK21 大规模培养并降低生产成本。Giirhan 等发现血清是启动 BHK 细胞生长周期所必需的，添加一些膜保护剂，如聚乙烯吡咯烷酮

（polyvinylpyrrolidone）或维生素（氯化胆碱）到生长培养基中，血清浓度可以降低到 2%。但在 BHK21 低血清培养基进行转瓶培养工艺中，细胞的培养特性会有所改变，主要表现在细胞贴壁状态和细胞的生长状态，如降低血清后细胞更易漂浮，以及细胞生长代谢旺盛而引起的细胞培养液更易变酸，对细胞培养和传代效果造成影响，但这些都可以通过改变及控制细胞培养条件加以改善。

（二）Vero 细胞培养

Vero 细胞是成年非洲绿猴肾细胞（ATCC 保藏号为 CCL-81），为上皮细胞，贴壁依赖型生长，可用于病毒增殖，如脊髓灰质炎、狂犬病毒、乙脑病毒等，传统培养方式为的 MEM 培养基加 10% 胎牛血清，37℃，0.25% 胰酶和 0.03% EDTA 消化细胞，细胞分种比例为 1:4，传代期间，每周更换培养液 2~3 次。Vero 细胞经较低浓度的血清（可降低到 3%~5%）适应传代后，可适应低血清浓度而良好的生长，细胞的生长状态和生长速度没有明显影响。

（三）原代细胞培养

Engelmann 等开发了用于角膜内皮细胞的低血清培养基，他们发现在基础培养基 F99（Ham's F12 和 M199 的 1:1 混合）中添加抗坏血酸、胰岛素、硒、转铁蛋白、脂质和成纤维细胞生长因子可使血清含量降低至 2%。为确保在贴壁时维持典型的内皮细胞形态，血清含量应为 5%。

（四）其他细胞

目前低血清培养基已经应用到各种细胞的培养基，如 Art-20、A549、MDBK、COS-7、MRC-5、Jurkat、SP2、PK-15 等各类细胞的培养。

第二节　常见低血清培养基的成分、配方及制备

一、低血清动物细胞培养基成分及作用

目前有多种类型的低血清动物细胞培养基，如低血清 DMEM/F12 培养基、低血清 DMEM 培养基、低血清 MEM 培养基、低血清 RPMI 1640 培养基等，和常规的培养基相比，低血清动物细胞培养基添加了一些血清替代物，添加的成分主要有以下几类：

（一）蛋白质类

低血清培养基中往往添加白蛋白、转铁蛋白、胰岛素等，胰岛素可促进糖和氨基酸的转运，提高合成代谢而降低分解代谢，刺激细胞生长。白蛋白作为细胞的营养物质，也是激素、脂类等物质的转运载体，还有调节 pH 值和维持渗透压的作用；转铁蛋白能结合铁离子，减少铁离子的毒性并提高其细胞利用率。

（二）无机盐类

硫酸锌、偏钒酸铵、硫酸铜、氯化亚锰、亚硒酸钠、磷酸一氢钠等无机盐对维持细胞膜的渗透压，对营养物质通过细胞膜起着重要的调节作用。王建华等发明的细胞培养用血清替代物的无机盐中主要包括 Na^+、HPO_4^{2-}、HCO_3^- 等离子，其中磷是构成 DNA 和 RNA 的重要元素，HCO_3^- 起调节 pH 的作用。偏钒酸铵和 Zn、Cu、Se 等元素为细胞补充微量元素，是细胞生长和代谢中许多重要酶的辅酶，在低血清时可增加细胞的代谢功能，维持细胞的活性。

（三）其他成分

如乙醇胺、丙酮酸钠、抗坏血酸磷酸酯、谷胱甘肽等。谷胱甘肽具有抗氧化作用和整合解毒作用，还参与生物转化，从而分解机体内有害的物质，增加细胞活性。抗坏血酸磷酸酯以辅酶形式参与生物催化剂-酶系的活动，以及参与细胞的蛋白质代谢、脂肪代谢和糖代谢等重要生命活动。丙酮酸钠能快速进入细胞代谢并且对培养基起到稳定的作用，乙醇胺是磷脂酰乙醇胺的前体分子，磷脂酰乙醇胺在细胞增殖分裂中起重要作用，因此添加乙醇胺能够促进细胞的合成与增殖。

二、低血清动物细胞培养基种类及配方

（一）低血清 MEM 培养基配方

低血清 MEM 培养基是一种广泛应用的基础培养基，可用于低血清条件下培养哺乳动物细胞。与经典的 MEM 相比，在不改变细胞生长速度和形态的情况下，血清的添加量可减少 $50\%\sim90\%$，在 DMEM/F-12 中成功培养的细胞无需进行驯化使其适应，包括 PK-15、MDCK、Vero、WI-38 和 HepG-2 等细胞。低血清 MEM 配方见表 4.2，与常规 MEM 培养基相比，低血清 MEM 培养基添加了以下成分以降低血清浓度：乙醇胺、谷胱甘肽、抗坏血酸、胰岛素、转铁蛋白、牛血清白蛋白、亚硒酸钠、偏钒酸铵、硫酸铜、氯化锰（表 4.2）。

表 4.2　低血清 MEM 培养基成分　　　　单位：mg/L

成分	浓度	成分	浓度
L-甘氨酸	7.5	L-异亮氨酸	52.0
L-丙氨酸	8.9	L-亮氨酸	52.0
L-盐酸精氨酸	126.0	左旋抗坏血酸-2-磷酸酯	2.5
L-天冬酰胺	13.2	氯化胆碱	1.0
L-天冬氨酸	13.3	右旋泛酸钙	1.0
L-二盐酸半胱氨酸	31.0	叶酸	1.0
L-谷氨酸	14.7	无水氯化钙	200.0
L-一水盐酸组氨酸	42.0	无水硫酸镁	97.67

成分	浓度	成分	浓度
氯化钾	400.0	L-缬氨酸	46.0
牛血清白蛋白	400.0	烟酰胺	1.0
重组人胰岛素	10.0	盐酸吡哆辛	1.0
偏钒酸铵	3.0	核黄素	0.1
硫酸铜	0.00125	盐酸硫铵	1.0
右旋葡萄糖	1000.0	肌醇	2.0
氨基乙醇	1.9	碳酸氢钠	2200.0
L-盐酸赖氨酸	72.5	氯化钠	6800.0
L-甲硫氨酸	15.0	一水磷酸氢二钠	140.0
L-苯丙氨酸	32.0	人转铁蛋白	7.5
L-脯氨酸	11.5	谷胱甘肽(还原型)	1.0
L-丝氨酸	10.5	氯化亚锰	5.0
L-苏氨酸	48.0	亚硒酸钠	0.005
L-色氨酸	10.0	酚红	10.0
L-酪氨酸二钠盐	52.0	丙酮酸钠	110.0

（二）低血清 RPMI 1640 培养基

低血清 RPMI 1640 培养基是一种广泛使用的基础培养基，它能够在较低的胎牛血清支持哺乳动物细胞生长。与经典的 RPMI 1640 相比，在不改变生长速度和形态的情况下，血清的添加量可减少 50%～90%，在低血清 RPMI 1640 培养基成功培养的细胞无需进行驯化适应，如 Sp2、Vero、Raji、Daudi 和 Jurkat 等细胞。低血清RPMI1640 培养基添加有乙醇胺、谷胱甘肽、抗坏血酸、胰岛素、转铁蛋白、富含脂类的牛血清白蛋白、微量元素亚硒酸钠、偏钒酸铵、硫酸铜和氯化锰（表 4.3）。

表 4.3　低血清 RPMI 1640 培养基成分

成分	浓度/(mg/L)	成分	浓度/(mg/L)
L-甘氨酸	10.0	右旋泛酸钙	0.25
L-丙氨酸	8.9	叶酸	1.0
L-精氨酸	200.0	烟酰胺	1.0
L-天冬酰胺	50.0	四水硝酸钙	100.0
L-天冬氨酸	20.0	无水硫酸镁	48.84
L-半胱氨酸	65.0	氯化钾	400.0
L-谷氨酸	20.0	碳酸氢钠	2000.0
L-组氨酸	15.0	牛血清白蛋白	400.0
L-羟脯氨酸	20.0	偏钒酸铵	3.0×10^{-4}
L-异亮氨酸	50.0	硫酸铜	0.00125
左旋抗坏血酸-2-磷酸	2.5	右旋葡萄糖	2000.0
生物素	0.2	氨基乙醇	1.9
氯化胆碱	3.0	谷胱甘肽	1.0

续表

成分	浓度/(mg/L)	成分	浓度/(mg/L)
L-亮氨酸	50.0	盐酸硫铵	1.0
L-赖氨酸	40.0	维生素 B_{12}	0.005
L-甲硫氨酸	15.0	肌醇	35.0
L-苯丙氨酸	15.0	氯化钠	6000.0
L-脯氨酸	20.0	磷酸氢钠	800.0
L-丝氨酸	30.0	七水硫酸锌	0.874
L-苏氨酸	20.0	重组人胰岛素	10.0
L-色氨酸	5.0	人转铁蛋白	7.5
L-酪氨酸二钠盐	29.0	氯化亚锰	5.0×10^{-5}
L-缬氨酸	20.0	亚硒酸钠	0.005
对氨基苯甲酸	1.0	酚红	5.0
盐酸吡哆辛	1.0	丙酮酸钠	110.0
核黄素(维生素 B_2)	0.2		

（三）低血清 DMEM/F-12 培养基

低血清 DMEM/F-12 培养基是一种广泛使用的基础培养基。与经典的 DMEM/F-12 相比，在不改变生长速度和形态的情况下，血清的添加量可减少 $50\%\sim90\%$，在低血清 DMEM/F-12 培养基培养的细胞无须进行驯化适应，如 MRC-5、SP2、Vero、WI-38 及 Jurkat 等细胞。低血清 DMEM/F-12 添加了以下成分：乙醇胺、谷胱甘肽、抗坏血酸、胰岛素、转铁蛋白、富含脂类的牛血清白蛋白、微量元素亚硒酸钠、偏钒酸铵、硫酸铜以及氯化锰。许多细胞系无须适应这种培养基，但必须为每个细胞系优化 FBS 浓度（表 4.4）。

表 4.4 低血清 DMEM/F-12 培养基成分

成分	浓度/(mg/L)	成分	浓度/(mg/L)
甘氨酸	18.75	L-甲硫氨酸	17.24
丙氨酸	4.45	L-苯丙氨酸	35.48
L-精氨酸盐酸盐	147.5	L-脯氨酸	17.25
L-一水天冬酰胺	7.5	L-丝氨酸	26.25
L-天冬氨酸	6.65	L-苏氨酸	53.45
L-一水盐酸半胱氨酸	17.56	L-色氨酸	9.02
L-二盐酸胱氨酸	31.29	L-酪氨酸二钠盐二水合物	55.79
L-谷氨酸	7.35	L-异亮氨酸	54.47
L-盐酸组氨酸	31.48	左旋抗坏血酸-2-磷酸	2.5
L-亮氨酸	59.05	生物素	0.0035
L-盐酸赖氨酸盐	91.25	氯化胆碱	8.98

续表

成分	浓度/（mg/L）	成分	浓度/（mg/L）
右旋泛酸钙	2.24	核黄素	0.219
叶酸	2.65	盐酸硫铵	2.17
烟酰胺	2.02	维生素 B_{12}	0.68
氯化钙	116.6	肌醇	12.6
五水硫酸铜	0.0013	七水硫酸锌	0.864
九水硝酸铁	0.05	氯化钾	311.8
七水硫酸亚铁	0.417	碳酸氢钠	2438.0
无水氯化镁	28.64	氯化钠	6995.5
无水硫酸镁	48.84	磷酸氢二钠	71.02
牛血清白蛋白	400.0	磷酸二氢钠	62.5
谷胱甘肽	1.0	重组人胰岛素	10.0
偏钒酸铵	3.0E-4	人转铁蛋白	7.5
D-葡萄糖	3151.0	氯化亚锰	5.0E-5
氨基乙醇	1.9	亚硒酸钠	0.005
次黄嘌呤钠	2.39	硫辛酸	0.105
亚油酸	0.042	二盐酸腐胺	0.081
L-缬氨酸	52.85	丙酮酸钠	110.0
盐酸吡哆醇	2.0	胸苷	0.365

（四）低血清 DMEM 培养基

低血清 DMEM 培养基是一种广泛使用的基础培养基。与经典的 DMEM 相比，低血清 DMEM 培养基不影响细胞的生长速度和形态，还可以减少血清的添加量50％～90％，并且细胞无须进行驯化适应。低血清 DMEM 培养基适合 MDBK、HepG2、COS-7、A549、MDCK、WI-38、Vero 等细胞的生长。低血清 DMEM 添加的成分与低血清 DMEM/F12 培养基相同（表 4.5）。减血清 DMEM 需要补充1％～5％胎牛血清，必须为每个细胞系优化 FBS 浓度，以获得最大的血清减低率（表4.5）。

表 4.5　低血清 DMEM 培养基成分

成分	浓度/（mg/L）	成分	浓度/（mg/L）
甘氨酸	37.5	L-谷氨酸	14.7
L-丙氨酸	8.9	L-一水盐酸组氨酸	42.0
L-盐酸精氨酸	84.0	L-异亮氨酸	105.0
L-天冬酰胺	13.2	L-亮氨酸	105.0
L-天冬氨酸	13.3	氯化胆碱	4.0
L-二盐酸半胱氨酸	63.0	右旋泛酸钙	4.0

续表

成分	浓度/(mg/L)	成分	浓度/(mg/L)
叶酸	4.0	L-色氨酸	16.0
烟酰胺	4.0	L-酪氨酸二钠盐	104.0
无水氯化钙	200.0	L-缬氨酸	94.0
九水硝酸铁	0.1	左旋抗坏血酸-2-磷酸	2.5
无水硫酸镁	97.67	盐酸吡哆辛	4.0
重组人胰岛素	10.0	核黄素	0.4
牛血清白蛋白	400.0	硫胺素盐酸盐	4.0
偏钒酸铵	3.0E-4	肌醇	7.2
硫酸铜	0.00125	氯化钾	400.0
右旋葡萄糖	4500.0	碳酸氢钠	3700.0
乙醇胺	1.9	氯化钠	6400.0
谷胱甘肽(还原型)	1.0	一水磷酸氢二钠	125.0
L-盐酸赖氨酸	146.0	人转铁蛋白	7.5
L-甲硫氨酸	30.0	氯化亚锰	5.0E-5
L-苯丙氨酸	66.0	亚硒酸钠	0.005
L-脯氨酸	11.5	酚红	15.0
L-丝氨酸	52.5	丙酮酸钠	110.0
L-苏氨酸	95.0		

（五）BHK-21 细胞低血清培养基

BHK-21 细胞是叙利亚幼年仓鼠肾成纤维细胞（baby hamster syrian kidney），1961 年建株。原始的细胞株是成纤维细胞，贴壁依赖型。1963 年获得单细胞克隆细胞。后经无数次传代后细胞可悬浮生长，它广泛用于增殖各种病毒，生产兽用疫苗。最常用的是 BHK-21 的一个亚克隆细胞，即克隆 13 或 C13。

传统的 BHK-21 细胞培养方式为在 DMEM 培养基中添加 8％～10％小牛血清，血清用量大、成本高；传统生成伪狂犬病疫苗半成品滴度在 7.0～8.0 之间，且在冷冻条件下毒价下降较快，保存时间短，较难获得符合疫苗标准的半成品。有学者发明了一种用于 BHK-21 细胞培养及相应病毒生产的低血清培养基，其成分主要有氨基酸类，包括甘氨酸、L-丙氨酸、L-精氨酸盐酸盐、L-天冬酰胺、L-天冬氨酸、L-二盐酸半胱氨酸、L-半胱氨酸、L-谷氨酸、L-谷氨酰胺、L-组氨酸盐酸一水合物、L-异亮氨酸、L-亮氨酸、L-赖氨酸盐酸盐、L-甲硫氨酸、L-苯丙氨酸、L-脯氨酸、L-丝氨酸、L-苏氨酸、L-色氨酸、L-酪氨酸二钠盐、L-缬氨酸；蛋白质类包括牛血清白蛋白、牛转铁蛋白、重组人胰岛素；微量元素包括偏钒酸铵、硫酸铜、二氯化锰、亚硒酸钠；维生素类包括抗坏血酸磷酸酯、氯化胆碱、D-泛酸钙、叶酸、烟酰胺、盐酸吡哆素、核黄素、盐酸硫胺素、肌醇、生物素、维生素 B_2；无机盐包括无水氯化钙、九水硝酸铁、无水硫酸镁、氯化钾、氯化钠、一水磷酸氢二钠；其他成分包括 D-葡萄糖、乙醇胺、还原型谷胱甘肽、酚红、丙酮酸钠、胸苷、腺嘌呤、次黄嘌呤钠、亚油酸、硫辛酸、腐胺。

此培养基用于 BHK-21 细胞生产伪狂犬病疫苗阶段，不再需要添加 10％血清，进一步降低血清用量，仍可保持细胞良好的生长状态，提高病毒滴度，半成品毒价降低幅度小，延长半成品保存时间。

（六）Vero 细胞低血清培养基

Vero 细胞系是从非洲绿猴的肾脏上皮细胞中分离并培养的。"Vero"取自"Verda Reno"（绿色的肾脏）的简写。Vero 细胞是世界卫生组织和中国生物制品规程认可的病毒疫苗生成细胞系，生产的病毒疫苗主要包括狂犬病疫苗、脊髓灰质炎疫苗、流感疫苗、乙型脑炎疫苗、出血热疫苗和手足口病疫苗等。传统的 Vero 细胞培养方式为 MEM 培养基加 10％小牛血清，血清用量大、成本高，血清降低会出现细胞生长慢、细胞死亡等情况。有学者发明了一种用于 Vero 细胞低血清培养的培养基，其成分主要有氨基酸类，包括甘氨酸、L-丙氨酸、L-精氨酸盐酸盐、L-天冬酰胺、L-天冬氨酸、L-二盐酸半胱氨酸、L-半胱氨酸、L-谷氨酸、L-谷氨酰胺、L-组氨酸盐酸一水合物、L-异亮氨酸、L-亮氨酸、L-赖氨酸盐酸盐、L-甲硫氨酸、L-苯丙氨酸、L-脯氨酸、L-丝氨酸、L-苏氨酸、L-色氨酸、L-酪氨酸二钠盐、L-缬氨酸；蛋白质类包括全组分白蛋白、水解乳蛋白、牛转铁蛋白、重组人胰岛素；维生素类包括抗坏血酸磷酸酯、氯化胆碱、D-泛酸钙、叶酸、烟酰胺、盐酸吡哆素、核黄素、盐酸硫胺素、肌醇、生物素、维生素 B_{12}、i-肌醇；无机盐包括无水氯化钙、无水硫酸镁、氯化钾、碳酸氢钠、氯化钠、一水磷酸氢二钠、无水磷酸氢二钠、无水硫酸铜、九水硝酸铁、七水合硫酸亚铁、无水氯化镁、七水硫酸锌；其他成分包括 D-葡萄糖、乙醇胺、丙酮酸钠、亚油酸、硫辛酸、酚红、腐胺、亚硒酸钠、腺嘌呤、血清素盐酸盐、金精三羧酸、果糖、海藻糖、胸腺嘧啶核苷。

此培养基用于 Vero 细胞生产猪流行性腹泻疫苗维持阶段，不需添加 10％血清，在进一步降低血清用量，降低成本的同时能够保持细胞良好的生长状态，提升细胞的培养效果。

第三节　低血清动物细胞培养基制备

低血清动物细胞培养基与常规培养基制备方法类似，以低血清 MEM 培养基为例加以说明，步骤如下：

一、液体细胞培养基的配制

（一）制备浓缩液

制备 10 倍氨基酸浓缩液：按照表 4.1 的配方称取氨基酸，配制成 10 倍氨基酸溶液；

制备 100 倍维生素浓缩液：按照表 4.1 的配方称取维生素，配制成 100 倍维生素浓缩液；

制备 1000 倍微量元素浓缩液：按照表 4.1 的配方称取微量元素，配制成 1000 倍微量元素浓缩液。

（二）制备溶液

1. 制备 1 倍碳水化合物：按照表 4.1 的配方称取无机盐，配制成 1 倍碳水化合物溶液。

2. 制备 1 倍无机盐：按照表 4.1 的配方称取无机盐，配制成 1 倍无机盐溶液。

3. 制备 1 倍蛋白质溶液：按照表 4.1 的配方称取蛋白质，配制成 1 倍蛋白质溶液。

4. 将上述成分按照 1 倍的用量加入含有 800mL 水的 1L 的烧杯中，混匀，再加入去离子水定容至 1L。

5. 用 5mol/L 的 HCl 或 5mol/L 的 NaOH 调节 pH 至 7.2。

6. 用 NaCl 调节渗透压至 295mOsm/L。

7. 用 0.22μm 或 0.1μm 的过滤膜除菌。

将制备好的低血清培养基储存在 4℃。

二、干粉细胞培养基的配制

（一）配制溶液

将叶酸、烟酰胺、盐酸吡哆素、核黄素、盐酸硫胺素、肌醇以及无机盐包括无水氯化钙、无水硫酸镁、氯化钾、碳酸氢钠、氯化钠、一水磷酸氢二钠、偏钒酸铵、氯化亚锰、硫酸铜、亚硒酸钠、氨基乙醇溶解到 800mL 水中，定容到 1000mL，配成溶液。

（二）烘干

将上述制得的溶液与 D-葡萄糖混合后烘干。

（三）球磨

将上述烘干后的制剂与下列成分混合：甘氨酸、L-丙氨酸、L-精氨酸盐酸盐、L-天冬酰胺、L-天冬氨酸、L-二盐酸半胱氨酸、L-半胱氨酸、L-谷氨酸、L-谷氨酰胺、L-组氨酸盐酸一水合物、L-异亮氨酸、L-亮氨酸、L-赖氨酸盐酸盐、L-甲硫氨酸、L-苯丙氨酸、L-脯氨酸、L-丝氨酸、L-苏氨酸、L-色氨酸、L-酪氨酸二钠盐、L-缬氨酸；氯化胆碱、抗坏血酸磷酸酯、D-泛酸钙、无水氯化钙、无水硫酸镁、氯化钾、碳酸氢钠、氯化钠、牛血清白蛋白、人转铁蛋白、重组人胰岛素、丙酮酸钠、还原谷胱甘肽；

与步骤（二）中烘干的混合料在三维立体混合机进行混合 45min，混匀后球磨，烘干温度为 40℃，烘干时间 5h，球磨时间 2h，过 100 目筛。

（四）封装、保存

取过筛部分制得干粉培养基，然后封装，4℃避光保存。

总结与展望

低血清培养基是一类可维持细胞正常生长，比常规培养基添加血清浓度低的一类培养基，与常规培养基相比，具有成本低、安全性高、细胞形态受影响小等优点。目前已应用在疫苗、原代细胞、干细胞等多种细胞的培养。和常规培养基相比较，减血清培养基添加有血清替代物，如一些蛋白质类、无机盐类及其他成分，能够支持细胞在低浓度血清下正常生长。已经有多种低血清培养基，如低血清 MEM 培养基、低血清 RPMI 1640 培养基、低血清 DMEM/F12 培养基、低血清 DMEM 培养基、低血清 BHK-21 细胞培养基、低血清 Vero 细胞培养基等，用于各类细胞的培养。低血清培养基的制备方法同常规培养基的制备。

低血清培养基虽然有优点并且得到了广泛应用，但其个性化较强。此外，虽然降低血清能够降低成本，但存在的少量血清仍然会导致潜在的支原体、病毒污染及下游蛋白质的纯化困难等问题。未来将研究适应多种细胞的低血清培养基，以解决低血清培养基的个性化问题。

参 考 文 献

房圆瑗，齐智，刘海英，巩俊廷. 一种用于 BHK-21 细胞培养及相应病毒生产的低血清培养基，申请号：201910900397.2.

齐智，孟丹丹，刘海英，巩俊廷. 一种用于 Vero 细胞低血清培养的培养基，申请号：201910901419.7.

齐智，孟丹丹，刘海英，房圆瑗. 一种用于 Vero 细胞培养及相应病毒生产的低血清培养基申请号：201910900405.3.

齐智，明恒磊，孟双有，成芳硕，孟丹丹，信健，房圆瑗，牛欣桐，朱宁. 一种具有广泛适应性的低血清细胞培养基及其制备方法，申请号：201611266239.9.

王建华，杨献军，林钟超. 一种细胞培养用血清替代物及其制备方法、细胞培养用血清替代组合物、细胞培养基，申请号：201910286580.8.

王天云，贾岩龙，王小引 等，2020. 哺乳动物细胞重组蛋白工程，北京：化学工业出版社.

袁十义. 一种适合 Vero 细胞生长的低血清培养基，申请号：201810183168.9.

Autieri M V, Carbone C M, 2001. Overexpression of allograft inflammatory factor-1 promotes proliferation of vascular smooth muscle cells by cell cycle deregulation. Arterioscler Thromb Vasc Biol, 21: 1421-1426.

Baraniya D, Naginyte M, Chen T, Albandar J M, Chialastri S M, Devine D A, Marsh P D, Al-Hebshi N N, 2020. Modeling normal and dysbiotic subgingival microbiomes: effect of nutrients. J Dent Res, 99: 695-702.

Montzka K, Führmann T, Wöltje M, Brook G A, 2010. Expansion of human bone marrow-derived mesenchymal stromal cells: serum-reduced medium is better than conventional medium. Cytotherapy, 12: 587-592.

Rashid M U, Coombs K M, 2019. Serum-reduced Media Impacts on Cell Viability and Protein Expression in Human Lung Epithelial Cells. J Cell Physiol，234：7718-7724.

Gürhan S I，Ozdural N，1990. Serial cultivation of suspended BHK 21/13 cells in serum-reduced and serum-free medium supplemented with various membrane protective agents. Cytotechnology，3：89-93.

Melzig M F，Fickel J，Savoly B S，Vogel U，Zipper J，1993. Properties of AtT-20 cells in serum-reduced medium. In Vitro Cell Dev Biol Anim，29A：439-442.

Michelle Hartmann1，Dunja Zimmermann1，Jürgen Nolte，2008. Changes of the Metabolism of the Colon Cancer Cell Line SW-480 Under Serum-Free and Serum-Reduced Growth Conditions. In Vitro Cell Dev Biol Anim，44：458-463.

Engelmann K，Friedl P，1995. Growth of human corneal endothelial cells in a serum-reduced medium. Cornea，14：62-70.

（王天云　郭　潇）

第五章
昆虫细胞培养基

昆虫细胞培养是一种通过昆虫杆状病毒基因工程技术表达外源基因和培养病毒的生物学技术方法。昆虫细胞培养基决定着昆虫细胞的生长、增殖，以及病毒和蛋白质产物的最终产量。传统的昆虫细胞培养基在使用过程中，需要添加一定量的动物血清，以满足昆虫细胞生长的需求。添加血清替代物，以及使用开发出的无需添加动物血清的各种无血清培养基，则可以克服因添加血清带来的弊端。

第一节　昆虫细胞的种类、培养及应用

一、昆虫细胞的种类

昆虫种类占自然界生物种类的五分之四以上，据统计，已发现含毒素的昆虫种类就有 700 多种。而昆虫细胞（insect cell）是来自昆虫的一类真核细胞。通过培养制造宿主的病毒作为病毒类昆虫杀虫剂，也可以用于某些药用蛋白的生产。

早在 2009 年，各国学者们就已经先后从 100 多种昆虫及其组织中筛选构建了 500 多株昆虫细胞系。而我国目前仅有 20 余株昆虫细胞系。从昆虫种类来源来看，它们多数来自鳞翅目和双翅目；从组织来源来看，它们可来自卵巢、胚胎、血液、上皮等。在众多昆虫细胞系中，尤以来自卵巢组织和胚胎组织的昆虫细胞系最多，如来源于卵巢组织的 Sf21 昆虫卵巢细胞系，来源于胚胎组织的 G-Olig2 细胞系；相对而言，来自神经组织、内分泌系统等的昆虫细胞系极少或未见报道。卵巢组织和胚胎组

织来源的昆虫细胞系最多，主要原因是其干细胞含量较高，这些干细胞从组织学发生上来看是一类未分化的细胞，以其构建细胞系要比用成熟细胞容易得多。

经过对国内外多家生物公司的调研，发现目前各国都已建立众多不同种类的昆虫细胞系，针对昆虫细胞表达技术和系统也都在不断研发。但迄今为止，包括研究和应用最多的昆虫细胞系主要有两种，分别是草地贪叶蛾（*Spodoptera frugiperda*）卵巢细胞系 Sf21 和粉纹夜蛾（*Trichop lusiani*）胚胎细胞系 BTI-Tn5B1-4（商品名 High Five）。

二、昆虫细胞的培养

（一）昆虫细胞培养的营养环境

为了保证和维持昆虫细胞体外培养时正常的生长和增殖，其体外培养环境必须尽量接近体内生存微环境。从营养成分角度看，昆虫细胞体外培养环境中通常必需包含碳水化合物、氨基酸、无机盐、维生素、微量元素以及部分细胞保护剂。其中碳水化合物诸如葡萄糖、蔗糖、果糖等主要是细胞生长时能量的主要来源和物质代谢合成中碳元素的主要供体，此外诸如蔗糖等也可以对渗透压产生一定的影响。氨基酸则是细胞蛋白质合成过程中必不可少的原料，与大多数哺乳动物不同，昆虫细胞的蛋白质合成中赖氨酸、色氨酸、甲硫氨酸、苯丙氨酸、缬氨酸、亮氨酸、异亮氨酸、苏氨酸、精氨酸、组氨酸、酪氨酸、半胱氨酸、丝氨酸、脯氨酸等 14 种氨基酸必需从外界补充。由于谷氨酰胺可以为核苷酸的合成提供碳元素，因此谷氨酰胺的含量对于昆虫细胞的生长尤为重要。无机盐含量的改变会影响渗透压，昆虫细胞培养基中无机盐的含量通常较高。维生素和微量元素作为很多体内化学反应的辅酶和辅基，可以保证细胞内各个化学反应的顺利发生。此外，维生素类物质还可以促进体外培养时昆虫细胞的生长、增殖以及细胞的贴附作用。微量元素有助于增加目的产物的产量，并促进病毒的感染和复制。添加甲基纤维素、Pluronic F-68 等主要是为了保证昆虫细胞悬浮培养时，免受因搅拌、通气等机械操作产生的气泡和剪切应力的损伤，并降低细胞培养时的结团现象。

（二）昆虫细胞培养的方式

昆虫细胞大规模培养的方式可以大致根据培养过程分为贴壁细胞培养和悬浮细胞培养两类。贴壁细胞培养主要以滚瓶培养和微载体培养为主，滚瓶培养是将滚瓶放在滚瓶仪器上，设置一定的转速，随着瓶子的转动，培养基中的细胞贴在壁上，细胞可以不必始终浸在培养液中，有利于提高细胞呼吸和物质交换效率。微载体培养是以微小颗粒作为细胞贴附的载体，大量的微载体可以提供足够的贴附面积，由于载体小，比重轻，在低速搅拌时即可使细胞随着微载体悬浮在培养液内，最终细胞在载体表面形成一个细胞单层。悬浮细胞培养则常用转瓶培养、气升发酵罐培养、灌注培养等。转瓶培养应用转瓶和转瓶机，细胞培养时将转瓶放在转瓶机上，由转瓶机带动桨叶转动，使培养基液体混合，使培养由静态变为动态，是一种简化的生物反应器，不但适合悬浮细胞培养，也可用于贴壁细胞培养中的微载体培养。气升发酵罐培养有气升环流式、鼓泡式、空气喷射式等，利用空气喷嘴喷出高速的空气来搅拌细胞悬液进行培养，这种培养方式相较于机械搅拌式，培养基中的剪切作用小，且在同样的能耗下，其氧传递能力比机械搅拌式通气发酵罐要高的多，可广泛用于大规模生产单细胞蛋白质，但不适用于高黏度或含大量固体的培养液。灌注培养是指将细胞接种后进行培养，一方面新鲜的培养基不断加入，另一方面又将培养基连续不断地取出，但细胞留在反应器内，使细胞处于一种不断的营养更新和补充状态。

因为在昆虫细胞培养中，很多时候的细胞来源是未分化的组织细胞，因此经过驯化以后，同一细胞系有时候既可以贴壁生长也可以悬浮生长。对于一些小规模的培养扩增和研究，多采用转瓶的培养方式，对于大规模的工业化生产或制备，则主要应用气升式反应器。伴随着生物技术的发展，昆虫细胞培养方式也是多种多样。

（三）昆虫细胞培养的环境条件

昆虫细胞不同于哺乳动物细胞的培养条件。昆虫细胞生长的温度一般在 $20\sim30℃$ 之间，最适培养温度为 $27℃\pm1℃$ ，而大部分鳞翅目昆虫细胞在 $25\sim30℃$ 之间生长最佳。在此范围内，温度升高能加速细胞繁殖，在哺乳动物细胞最适的 $37℃$ ，却会引起昆虫细胞生长抑制和细胞死亡。温度降低，其代谢速度降低，生长速度减慢，但细胞生长的维持时间会延长，但若温度太低，细胞会因为胞质结冰而引起死亡，可以通过加入适量 DMSO 或甘油等细胞保护剂使冰点下降，此法也可用于细胞保存。此外，和哺乳动物细胞相似，氧是细胞生存必需的条件之一，但不需要 CO_2 ，因此只需要在恒温培养箱中进行培养即可。此外应注意光对昆虫细胞生长的影响较大，培养过程中应尽量避免日光直接照射。同温度一样，昆虫细胞培养时的 pH 值对细胞的增殖和病毒或重组蛋白的生产均会产生很大的影响，对于大部分鳞翅类昆虫细胞系，在 pH $6.0\sim6.4$ 范围内生长良好。对于鳞翅类昆虫细胞系，培养基配制时的渗透压调整在 $345\sim380$ mOsmol/kg H_2O 更适于昆虫细胞增殖。

（四）昆虫细胞培养的基本过程

昆虫细胞培养的过程和哺乳动物细胞相似。经历细胞复苏、细胞贴壁、细胞增殖、细胞传代、细胞冻存等基本步骤。下边以 Sf9 细胞为例简述其基本过程。

1. 细胞复苏

取出一支冻存 Sf9 细胞的冻存管，迅速置于 $37℃$ 水浴，前后摇动促进其融化，当冻存管的内容物几乎完全融化时，将冻存管浸入 70% 乙醇中，消毒外壁。吸取冻存管中细胞悬液至含 10mL 昆虫细胞培养基的 15mL 离心管中，1000r/min，离心5min。弃上清液，以 1mL 培养基悬浮细胞，转移至装有 10mL 培养基的 10cm 培养皿中，前后左右轻轻晃动使细胞均匀分布于培养皿中。标记好细胞种类和日期、培养人等信息，置于 $27℃$ 恒温培养箱中培养，待细胞贴壁后更换培养基。每隔 $2\sim3$ 天更换培养基并进行细胞计数，当细胞密度达到 $2 \times 10^6 \sim 3 \times 10^6$ 个细胞/mL 时进行传代。

2. 细胞传代

吸取并弃去原有培养基，加入 2mL PBS 清洗两遍，最后吸净培养皿中的 PBS。加入 2mL 左右含 10% 胎牛血清的昆虫细胞完全培养基。用移液枪吹打悬浮细胞，将适量细胞移至一个含有新鲜昆虫完全培养基的新培养皿中，使终密度达到 $4 \times 10^5 \sim 5 \times 10^5$ 个细胞/mL，或者倒出适当体积的细胞悬液，代之以新鲜培养基继续培养。

3. 细胞冻存

计数呈对数生长的培养细胞，弃去原有培养基，加入 2mL PBS 清洗两次，最后吸净培养皿中的 PBS，加入 2mL 含 10% 胎牛血清的昆虫完全培养基。转移细胞至 15mL 的离心管中，1000r/min，离心 5min。向离心管中加入适量含 10% 胎牛血清的完全培养基，以 $1 \times 10^7 \sim 2 \times 10^7$ 个细胞/mL 的密度重悬细胞。加入等体积含 10% 胎牛血清和 20% DMSO 的完全培养基，将细胞置于冰浴中。吸出 1mL 细胞悬液移入带螺口盖的无菌冻存管中，于 4℃ 保存 30min，然后于 −80℃ 过夜。第二天将冻结的冻存管移至液氮罐中长期保存并做好记录。

三、昆虫细胞培养的应用

（一）医学基础和疾病机制研究

昆虫细胞培养在基础医学研究、病因学研究等方面中广泛应用。根据人类基因组和昆虫基因组的差别，利用昆虫细胞研究人类疾病基因的发生机制、遗传特性、表达差异等，可以为人类疾病的发生研究建立模型。应用昆虫细胞针对细胞凋亡、细胞周期调控、肿瘤细胞发生等开展的研究，为某些临床疾病的发生机制和治疗方案提供了重要的实验理论基础。

（二）生物制药和药学领域

在生物制药领域，尤其是基因工程领域，利用不同的表达系统来生产不同的目的重组蛋白药物越来越受到重视。和其他表达系统相比较，昆虫细胞表达系统因其表达量高、操作安全性高、操作相对简便而倍受关注，已被广泛应用于重组蛋白药物的生产。根据人类和昆虫基因表达的反应性差异，利用昆虫细胞可以检测各类药物的药理学、毒理学、药物动力学等，为药物进入临床试验奠定重要基础。

（三）其他领域

在其他研究领域，昆虫细胞培养对昆虫病理学、昆虫病毒学的研究很有意义。而很多昆虫其本身就携带了大量的致病因素，因此对其病毒学的研究促进了寄生虫学以及流行病学的研究。

第二节　昆虫细胞培养基

一、昆虫细胞经典培养基

（一）昆虫细胞培养基的发展

昆虫细胞培养基的发展同其他哺乳类动物细胞培养基的发展历程是相似的。都经历了至少三个阶段：天然培养基、合成培养基和无血清培养基。天然培养基最初是直接采用的动物体液如淋巴液，或从动物的某些组织中提取到的一些成分作为培养基。合成培养基的成分大部分是已知的但大多不含蛋白质、脂类和生长因子等营养成分，因此使用时需要添加动物血清。无血清培养基是在基础培养基中加入一些血清替代物如转铁蛋白、胰岛素、促生长因子等，保证细胞在不添加血清的情况下可以较好的生长和表达。

昆虫细胞培养基诞生于 20 世纪 60 年代，最初采用的昆虫细胞血淋巴。昆虫细胞合成培养基主要是在精确分析了昆虫血淋巴化学成分的基础上形成和发展起来的。如 Wyatt 经过分析家蚕血淋巴成分后，开发了一种由 21 种氨基酸、5 种无机盐、3 种有机酸，以及果糖、海藻糖、葡萄糖所组成的基础培养基，并对 pH 值和渗透压做出了适当调整。Grace 在 Wyatt 的昆虫培养基基础上又加入了 9 种水溶性的 B 族维生素，从而改进了 Wyatt 的培养液，并首次建立了无脊椎动物的细胞系桉蚕蛾卵巢细胞系。经过几十年的发展，目前已经商品化的昆虫培养基主要有三种：Grace's 培养基、IPL41 培养基和 TC100 培养基。它们的成分基本相似，包括碳水化合物类、氨基酸类、无机盐类和维生素类等，使用时均需要补充 5％～10％的动物血清。最初也有用血淋巴作为培养基补充物的，但经过在不断使用过程中的观察和筛选，现在血清已成为首选的添加物。当然，血清作为天然的培养基来源，含有各种支持细胞生长的物质，但成分复杂，易造成支原体污染等。

（二）几种经典的昆虫细胞培养基

1. Grace's 培养基（Grace's Insect Cell Culture Medium）

最初设计 Grace's 昆虫细胞培养基的目的是维持澳大利亚白星橙天蚕蛾（*Antherea eucalypti*）细胞的生长，是对 Wyatt 培养基的一个改良，目的是使其成分更接近 Antherea 血淋巴。此基本培养基已可以用于培养各种昆虫细胞，比如多种鳞翅类以及一些双翅类昆虫细胞。Grace's 昆虫细胞培养基作为基础培养基，用于培养 Sf9 细胞系和 Sf21 细胞系，也用于其他鳞翅类昆虫细胞系的生长和维持。

Grace's 培养基是无血清培养基，使用时需要补充血清，从而为细胞提供必要的营养因子。添加 5％～10％胎牛血清后，Grace's 昆虫细胞培养基可以用于培养多种昆虫细胞。

具体配比见表 5.1。

表 5.1　Grace's 昆虫培养基及其制备方法

成分种类	成分	含量/(mg/L)	成分	含量/(mg/L)
氨基酸类	甘氨酸	650.0	L-赖氨酸盐酸盐	625.0
	L-丙氨酸	225.0	L-甲硫氨酸	50.0
	L-精氨酸盐酸盐	700.0	L-苯丙氨酸	150.0
	L-天冬酰胺	350.0	L-脯氨酸	350.0
	L-天冬氨酸	350.0	L-丝氨酸	550.0
	L-半胱氨酸二盐酸盐	28.68	L-苏氨酸	175.0
	L-谷氨酸	600.0	L-色氨酸	100.0
	L-谷氨酰胺	600.0	L-酪氨酸二钠盐	62.14
	L-组氨酸	2500.0	L-缬氨酸	100.0
	L-异亮氨酸	50.0	β-丙氨酸	200.0
	L-亮氨酸	75.0		
维生素类	生物素	0.01	对氨基苯甲酸	0.02
	氯化胆碱	0.2	盐酸吡哆醇	0.02
	D-泛酸钙	0.02	核黄素	0.02
	叶酸		盐酸硫胺素	0.02
	烟酸	0.02	i-肌醇	0.02
无机盐类	无水氯化钙	500.0	氯化钾	2800.0
	无水氯化镁	1070.0	碳酸氢钠	350.0
	无水硫酸镁	1358.0	一水磷酸二氢钠	1013.0
其他成分	α-酮戊二酸	370.0	苹果酸(羟基丁二酸)	670.0
	D-果糖	400.0	琥珀酸(丁二酸)	60.0
	D-葡萄糖	700.0	蔗糖	26680.0
	富马酸(反丁烯二酸)	55.0	酵母水解物	3330.0
	乳白蛋白水解物	3303.0		

2. IPL41 培养基

IPL41 昆虫培养基用于大规模扩增草地贪夜蛾细胞系，也常用于通过杆状病毒表达系统进行蛋白质表达。IPL41 培养基是由美国农业部昆虫病理实验室 Weiss 等人开发的，是对原始 IPL 的改良，主要是向基础培养基 IPL 中添加了胎牛血清和胰蛋白胨磷酸盐肉汤（tryptose phosphate broth，TPB）两种成分，从而达到了 IPL-21AE（Ⅲ）细胞系体外大规模连续培养的目的。目前，此培养基主要用于鳞翅类衍生细胞的培养和维护以及这些细胞系的病毒扩增，也用于粉纹夜蛾细胞的杆状病毒重组蛋白表达。具体配比如下表 5.2。

表 5.2　IPL41 昆虫培养基及其制备方法

成分种类	成分	含量/(mg/L)	成分	含量/(mg/L)
氨基酸类	甘氨酸	200.000	L-赖氨酸盐酸盐	700.000
	L-羟基脯氨酸	800.000	L-甲硫氨酸	1000.000
	L-盐酸精氨酸	800.000	L-苯丙氨酸	1000.000
	L-天冬酰胺	1300.000	L-脯氨酸	500.000
	L-天冬氨酸	1300.000	L-丝氨酸	200.000
	L-半胱氨酸二盐酸盐	130.340	L-苏氨酸	200.000
	L-谷氨酸	1500.000	L-色氨酸	100.000
	L-组氨酸盐酸盐	247.950	L-酪氨酸二钠盐	360.400
	L-异亮氨酸	750.000	L-缬氨酸	500.000
	L-亮氨酸	250.000	β-丙氨酸	300.000
维生素类	氯化胆碱	20.000	盐酸吡哆辛	0.400
	氰钴胺	0.240	核黄素	0.080
	D-生物素	0.160	盐酸硫胺素	0.080
	D-泛酸	0.008	肌醇	0.400
	叶酸	0.080	p-氨基苯甲酸	0.320
	烟酸	0.160		
无机盐类	二水氯化钙	662.000	钼酸四水合铵	0.040
	六水氯化钴	0.050	氯化钾	1200.000
	二水氯化铜	0.200	碳酸氢钠	350.000
	七水硫酸亚铁	0.550	磷酸二氢钠	1008.700
	无水硫酸镁	918.100	氯化锌	0.040
	四水氯化锰	0.020		
其他成分	D-葡萄糖	2500.000	丁二酸	4.800
	富马酸	4.400	蔗糖	1650.000
	L-苹果酸	53.600	α-酮戊二酸	29.600
	麦芽糖	1000.000		

3. TC100 培养基

　　TC100 昆虫培养基是一种完全合成培养基，是对 Grace's 培养基的改良。目的是优化草地贪夜蛾核型多角体病毒毒粒的产生。培养基的成分中去掉了蔗糖、果糖和几种三羧酸循环的中间产物，不需要添加昆虫血淋巴，补充了胰蛋白胨、胎牛血清。这种培养基支持鳞翅类细胞系的生长，如草地贪夜蛾。具体配比如下表 5.3。

表 5.3　TC100 昆虫培养基及其制备方法

成分种类	成分	含量/(mg/L)	成分	含量/(mg/L)
氨基酸类	甘氨酸	650.00	L-赖氨酸盐酸盐	630.00
	L-丙氨酸	225.00	L-甲硫氨酸	50.00
	L-精氨酸碱	550.00	L-苯丙氨酸	150.00
	L-水合天冬酰胺	391.97	L-脯氨酸	350.00
	L-天冬氨酸	350.00	L-丝氨酸	550.00
	L-半胱氨酸	20.00	L-苏氨酸	180.00
	L-谷氨酰胺	600.00	L-色氨酸	100.00
	L-谷氨酸	650.00	L-酪氨酸二钠盐	55.00
	L-水合组氨酸盐酸盐	3400.00	L-缬氨酸	100.00
	L-异亮氨酸	50.00	L-亮氨酸	75.00
维生素类	p-氨基苯甲酸	0.02	盐酸吡哆醇	0.02
	D-生物素	0.01	核黄素	0.02
	D-泛酸钙	0.11	盐酸硫胺素	0.02
	叶酸	0.02	维生素 B_{12}	0.01
	肌醇	0.02	烟酸	0.02
无机盐类	二水氯化钙	1298.11	氯化钾	2900.00
	六水氯化镁	2282.59	九水磷酸二氢钠	970.00
	无水硫酸镁	1781.00		
其他成分	D-葡萄糖	1000.00	胰蛋白胨	2600.00

二、昆虫细胞无血清培养基

（一）昆虫细胞无血清培养基及其添加物

对无血清细胞培养的相关研究最早可追溯到上世纪中叶，当时有学者提出以人工配制的某些成分代替天然提取物，这一设想为后续的细胞培养指明了研究方向。经过学者多年的不懈探索，现在已经发现很多血清替代品。其中蛋白胨是非常常见的一种，它是由植物或动物组织经酵母细胞酶或化学消化产生的含有低聚肽、多肽、维生素和氨基酸等组分的复杂混合物。已知蛋白胨水解物具有类似血清的保护作用，如其水解产生的生长因子和蛋白酶抑制剂，具有抗凋亡作用，有利于培养细胞的生长；另外如果培养基制备过程中使用了纯度较低的氨基酸原料，蛋白胨水解物可以补充氨基酸的不足；此外，蛋白胨水解后产生的蛋白质具有胶体性质，这有利于悬浮细胞培养时抵抗剪切力对细胞的损伤。

Wilkie 等在 1980 年开发了 CD 培养基，这是一种更加理想化的培养基。这类培养基中所有成分的种类和含量都是已知明确的，它既不含动物蛋白成分，也不含动植物水解成分，是一种真正意义的无蛋白培养基。取而代之的是一些已知结构与功能的小分子化合物，如短肽。因为成分的明确性，它更有利于细胞代谢组学的研究。Wilkie 等研发出了第一个含有酵母水解液的用于 Sf 细胞系的生长和感染的无血清昆虫细胞培养基。酵母膏是从自溶酵母中超滤出来的一种酵母抽提物，具备血清的各类生物学功能。含有 B 族维生素和一些生物活性肽，这些成分对维持昆虫细胞的生长尤为重要。1981 年，Weiss 等开发了一种适合大规模培养的无血清基础培养基 IPL-41，在 Pluronic F-68 中添加了 4g/L 酵母和乳化的脂质混合物，用以支持 Sf9 细胞的培养。之后又陆续开发了以酵母、蛋黄、乳清蛋白或 Ex-cell 为补充的培养基 IPL-41 和 CDM，IPL-41 和 CDM 可以支持 Sf9、Sf21、Tn-386 和 SL-2 细胞的体外生长。1993 年，诞生了由 Schlaeger 等开发的可维持 High Five 细胞高效生长的无血清培养基——SF-1。1995 年，尤其适于 Sf9 细胞培养的无血清培养基——KDM-10 由 Öhman 等研发成功。其中 SF-1 培养基含有一种动物组织的酶消化物——普里米酮（primatone），它在没有血清补充时，可以通过延迟 Sf9 和 High Five 细胞的凋亡来延长细胞增殖稳定期。但是，需要注意的是，普里米酮是一种动物来源的成分。动物来源的成分诸如血清的弊端，如前所述。这种弊端就使无动物源培养基的研发成了迫切的需求。

在过去的二十年时间里，已经有许多专门为 Sf 和 Tn 细胞开发的商业化培养基。比如来自赛默飞（Thermo Scientific）的 Sf-900 Ⅱ、Sf-900 Ⅲ（减少蛋白胨）、Express Five™ SFM 培养基和 HyQ SFX-Insect and HYQ CCM3 培养基，来自龙沙（Lonza）的 Insect-XPRESS 培养基。已知目前大多数市售的昆虫细胞培养基均不含血清，也不含蛋白质或动物来源成分，但是会含酵母或大豆水解物。这些培养基因为含有细胞生长所需的基本成分，经过研发者改进后大多能够支持细胞高密度生长和蛋白质高效表达，但因商业化运作的需求通常价格非常昂贵。同时因为细胞生长的个体化需求差异，培养基通常会加入不同细胞系特异性和个性化的一些成分。昆虫细胞培养基研发通常是针对一个独特的细胞系，或者是一个窄谱的细胞系（如 Sf 细胞系）。虽然各个鳞翅目昆虫细胞系的培养条件不完全一样，但因种属一致而存在很大的相似性。因此鳞翅目细胞在非特异性培养基中仍能存活，但是为了达到高密度生长和高效度表达的目的，通常需要开发适应其各自生理和代谢特点的特定培养基，即个性化培养基。如 Sf9 细胞能够在为 High Five 细胞开发的培养基中生长，但副产物的产量更高。相反，在为 Sf9 细胞开发的培养基（例如 Sf900 II）中培养的 High Five 细胞生长速度降低，副产物产量高，基因产物产量降低。因此，个性化培养基的研发将会成为一个新的方向。

（二）昆虫细胞无血清培养基

目前已经研发出相关的昆虫细胞无血清培养基，如王天云等研发的"一种昆虫细胞培养基及其制备方法（201911207739.9）"。其成分包括氨基酸、维生素、无机盐、碳源、脂类物质和功能添加剂，培养细胞密度和存活率、蛋白质表达量均较高，适合重组蛋白和疫苗的研发。其成分主要有氨基酸类、维生素类、脂类、碳源类物质，其中，氨基酸类包括甘氨酸、丙氨酸、精氨酸盐酸盐、天冬酰胺、天冬氨酸、半胱氨酸、谷氨酸、谷氨酰胺、组氨酸、异亮氨酸、亮氨酸赖氨酸盐酸盐、甲硫氨酸、苯丙氨酸、脯氨酸、丝氨酸、苏氨酸、色氨酸、酪氨酸二钠盐、缬氨酸、β-丙氨酸。维生素类包括维生素 H、D-泛酸钙、叶酸、烟酸、对氨基苯甲酸、维生素 B_6、维生素 B_2、维生素 B_1、i-肌醇、硫辛酸、维生素 B_{12}、烟酰胺、维生素 C、维生素 E、氯化胆碱。脂类物质包括亚麻酸、孕酮、花生四烯酸、亚油酸、胆固醇。无机盐类包括 KCl、$NaHCO_3$、$MgCl_2$、NaH_2PO_4、$MgSO_4$、$CaCl_2$。碳源类物质包括富马酸、D-葡萄糖、海藻糖、琥珀酸、果糖、α-酮戊二酸、蔗糖。此外还有部分其他类添加物如酵母提取物、丙酸钠、Kolliphor 188、腐胺、柠檬酸铁、丙酮酸钠、抗坏血酸磷酸酯镁、次黄嘌呤、乙醇胺、棉籽水解物、柠檬酸钠。

有学者研发的昆虫无血清培养基，其成分主要有氨基酸类、维生素类、无机盐类等，其中氨基酸类包括甘氨酸、精氨酸、天冬酰胺、天冬氨酸、谷氨酸、谷氨酰胺、组氨酸、异亮氨酸、亮氨酸、赖氨酸、甲硫氨酸、苯丙氨酸、脯氨酸、丝氨酸、苏氨酸、酪氨酸、缬氨酸。维生素类包括生物素、泛酸、叶酸、烟酸、维生素 B_6、核黄素、维生素 B_1、维生素 B_{12}、氯化胆碱。无机盐类包括氯化钙、氯化钠、磷酸二氢钠、氯化钾、氯化铜、氯化锰、氯化锌、硫酸镁、硫酸亚铁、钼酸铵、氯化钴、氯化镍。其他成分有酵母粉、脂质乳化剂和蛋白水解物。

总结与展望

昆虫种群庞大，种类繁多，由于昆虫的生理学特性以及毒理学研究、病毒学研究进展，使得利用昆虫细胞表达活性蛋白质或进行基础医学研究越来越受到重视。由于昆虫细胞与哺乳动物细胞生物特性的差异，昆虫细胞在培养过程中与哺乳动物细胞存在许多差异，从营养成分上看，昆虫细胞所需要的必需氨基酸更多，无机盐浓度也更高。细胞培养环境方面，昆虫细胞不需要哺乳动物细胞培养所必需的二氧化碳，只需要提供一个较低的环境温度和 pH 环境，但却需要一个较高的渗透压环境维持细胞的正常生长和增殖。类似哺乳动物细胞，昆虫细胞的培养也有贴壁细胞培养和悬浮细胞培养两种主要方式。

昆虫细胞培养基经历了天然培养基、合成培养基和无血清培养基三个阶段。天然培养基来源于动物体液或组织提取物，来源有限且受到动物伦理学制约。合成培养基使用过程中需要添加一定含量的动物血清，存在很多弊端。无血清培养基则是以转铁蛋白、胰岛素、促生长因子等替代了血清，避免了添加血清带来的各种弊端。未来，仍需要继续研发高质量的无血清无蛋白化学成分明确的昆虫细胞培养基，以满足昆虫细胞在生物、医药等方面的应用。

参 考 文 献

成浩. 一种昆虫细胞无血清培养基及其制备工艺. CN110564670 A.
方美华，徐俊杰，王炳华，王克勤，叶争，邱俊. 一种粉末型动物细胞培养基的制备方法. CN 93112550. 2.

国家海洋局科技司，辽宁省海洋局，严宏谟，1998.海洋大辞典.沈阳：辽宁人民出版社.

王家敏，马桂兰，冯玉萍，马伟，马祺，马忠仁，乔自林，2019.昆虫细胞无血清培养基的研究.甘肃畜牧兽医，
    11：44-46.

王天云，赵春鹏，林艳，米春柳，杨献军.一种昆虫细胞培养基及其制备方法.CN 201911207739.9.

徐俊杰，徐斌.一种粉末型动物细胞培养基的制备方法.CN 200410018493.8.

张佑红，朱雄伟，陈燕，2006.昆虫细胞培养及其应用进展.武汉工程大学学报，03：20-24.

Arif B，Pavlik L，2013. Insect cell culture：Virus replication and applications in biotechnology. J Invertebr Pathol，
    S1：38-41.

Chan L C，Reid S，2016. Development of serum-free media for lepidopteran insect cell lines. Baculovirus and Insect
    Cell Expression Protocols. Methods Mol Biol，1350：161-196.

Ikonomou L，Schneider Y J，Agathos S N，2011. Insect cells as factories for biomanufacturing. Biotechnol Adv，
    30：1140-1157.

Jeong D E，So Y，Park S Y，Park S H，Choi S K，2018. Random knock-in expression system for high yield pro-
    duction of heterologous protein in Bacillus subtilis. J Biotechnol，266：50-58.

Rieffel S，Roest S，Klopp J，Carnal S，Marti S，Gerhartz B，Shrestha B，2014. Insect cell culture in reagent
    bottles. MethodsX，1：155-161.

Shirk P D，Furlong R B，2016. Insect cell transformation vectors that support high level expression and promoter
    assessment in insect cell culture. Plasmid，83：12-9.

Smagghe G，Goodman C L，Stanley D，2009. Insect cell culture and applications to research and pest manage-
    ment. In Vitro Cell Dev Biol Anim，45：93-105.

Stolt-Bergner P，Benda C，Bergbrede T，Besir H，Celie P H N，Chang C，Drechsel D，Fischer A，Geerlof A，
    Giabbai B，van den Heuvel J，Huber G，Knecht W，Lehner A，Lemaitre R，Nordén K，Pardee G，Racke I，
    Remans K，Sander A，Scholz J，Stadnik M，Storici P，2018. Baculovirus-driven protein expression in insect
    cells：A benchmarking study. J Struct Biol，203：71-80.

Targovnik A M，Arregui M B，Bracco L F，Urtasun N，Baieli M F，Segura M M，Simonella M A，Fogar M，
    Wolman F J，Cascone O，Miranda M V，2016. Insect larvae：a new platform to produce commercial recombi-
    nant proteins. Curr Pharm Biotechnol，17：431-438.

Targovnik A，Villaverde M S，Arregui M B，Fogar M，Taboga O，Glikin G C，Finocchiaro L M E，Cascone
    O，Miranda M V，2014. Expression and purification of recombinant feline interferon in baculovirus-insect larvae
    system. Process Biochem，49：917-926.

Weiss S A，Whitford W G，Gorfien S F，Godwin G P，1995. Insect cell-culture techniques in serum-containing
    medium. Methods Mol Biol，39：65-78.

（赵春澎　张俊河）

第六章
CHO细胞培养基

CHO 细胞具有良好的基因组背景特征，并且在悬浮培养中具有相对较快的生长速度和较高的蛋白质表达产量，因此被用作重组蛋白药物生产的主要细胞系。目前促进 CHO 细胞生长和提高蛋白质表达产量的方式有细胞系的构建、培养基和培养工艺的优化。其中，细胞培养基在工业化生物制药过程中起着至关重要的作用。在过去的几十年中，工业用 CHO 细胞培养基已经从包含动物或植物来源成分演变为化学成分明确的培养基，以减少引入不确定因子的可能性，并减少由原材料的差异性造成的不稳定性。

第一节　CHO 细胞的种类、培养和应用

CHO 细胞包括多种谱系，例如 CHO-K1、CHO-DXB11（或 DUKX）、CHO-DG44 和 CHO-S。1956 年，Theodore Puck 博士从中国仓鼠卵巢细胞中分离出永生化的成纤维细胞，这是最原始的 CHO 细胞系。随后分离出了新的亚克隆并通过诱变或基因敲除分离出多种谱系（见图 6.1）。

一、CHO 细胞的种类

1. CHO-K1

CHO-K1 是 1957 年 Puck 从原始 CHO 细胞系的一个亚克隆中分离出来的，该细胞株需要在含脯氨酸的培养基中生长。1970 年左右，由 Puck 和 Kao 的实验室将原始

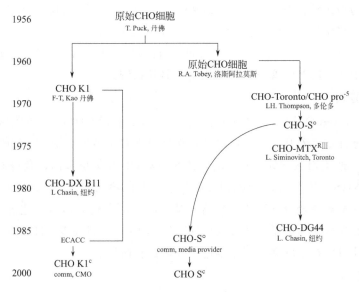

图 6.1 CHO 细胞谱系

CHO 细胞系的一个亚克隆存放于美国菌种保藏中心（American Type Culture Collection，ATCC）（编号为 CCL-61）。CHO-K1 的一个亚克隆在 1985 年被分离，并保存于欧洲标准细胞收藏中心（European Collection of Cell Cultures，ECACC）（编号为85051005），并被制药公司和 CMO 公司用作重组蛋白的表达。最原始的 CHO-K1 细胞是贴壁培养的，并需要添加血清，由于血清批次间差异性问题，及后来病毒安全性问题，无血清悬浮培养成为趋势。Lonza 公司从 ECACC 获得 CHO-K1 驯化到适应悬浮无血清培养后，建立了 CHOK1SV 细胞株，并广泛应用于谷氨酰胺合成酶（GS）表达平台。Merck 公司（原 SAFC）也是从 ECACC 获得 CHO-K1 细胞株，并悬浮驯化至化学成分明确的培养基中，形成了 CHOZN® CHO-K1 细胞株。基于CHO-K1 细胞的表达平台多采用 GS 筛选系统和/或抗生素筛选系统。采用 GS 筛选系统的平台可在转入目的蛋白质基因的同时转入 GS 基因，在筛选阶段采用不含谷氨酰胺的培养基进行筛选。但由于 CHO-K1 细胞具有内源 GS 基因，因此，在筛选时往往需要添加 MSX 甚至与一定量的抗生素同时筛选，以提高筛选效率。此外，由于内源 GS 基因的存在，筛选出的高表达克隆往往稳定性较差，需要进行充分的稳定性评估后，方可用于后期的工艺开发及规模化生产。而单独采用抗生素进行筛选的平台，因筛选效率较低，多用于研究阶段。目前多个已经上市的治疗性蛋白质是基于CHO-K1 细胞开发生产的。

2. CHOK1SV/GS-KO

GS-KO Lonza 在其 CHOK1SV 细胞的基础上，与 Cellectis 合作并利用后者的归巢核酸内切酶技术将 CHOK1SV 细胞中 GS 的双等位基因完全敲除，于 2012 年推出了 CHOK1SV GS-KO 细胞株。由于内源性的 GS 基因被完全敲除，大大提高了筛选效率，缩短了稳定细胞株的开发周期（相比 CHOK1SV 系统缩短了 6 周），同时提升了最终克隆的稳定性。基于 GS-KO 细胞的 GSXceed 表达平台除包括宿主细胞株外，还包括相应的质粒及 V8 培养基系统。GSXceed 已经在全球用于多个产品的开发，并向多国授权（Lonza 一代 CHOK1SV 未向中国授权）。由于 V8 培养基系统相对复杂，多数 CHOK1SV/GS-KO 客户并未采用其培养基系统。

3. CHOZN

GS Merck（原 SAFC）于 2006 年通过 ECACC 获得 CHO-K1 细胞株，并将其驯化至化学成分确定培养基中，然后进行亚克隆建立 CHOZN CHOK1 细胞系。在此细胞系基础上，通过 ZFN（锌指核酸酶）技术敲除 GS 双等位基因，获得 GS 缺陷型细胞株 CHOZNGS，并于 2012 年推向市场。整个平台除细胞株外，还包括质粒、克隆构建阶段用的培养基及流加工艺平台培养基。通过平台化的培养工艺进行细胞筛选，可将稳定细胞株构建及上游工艺开发周期缩短到 18 周。目前以 CHOZNGS 作为宿主细胞的多个项目已在全球多个国家推进到临床试验阶段。

4. CHO-S

CHO-S 基于原始的 CHO 细胞系，1973 年 Thompson 实验室分离了一株可用于悬浮培养的 CHO 细胞，并将此细胞命名为 CHO-S。虽然都来源于最原始的 CHO 细胞系，但从细胞历史分枝上看，CHO-S 和 CHO-K1 分属于不同的代系。此细胞系在 20 世纪 80 年代后期提供给当时的 Gibco 公司，后者将此细胞驯化至 CDCHO 培养基中，建库并以 CHO-S 名称进行推广。因其能在无血清培养基中悬浮生长，并支持高密度培养，在早期常被用作瞬时表达宿主细胞。此后，建立相应的 GMP 细胞库，并支持商业化授权开发。

5. CHO-DXB11

1980 年，哥伦比亚大学的 Urlaub 和 Chasin 将 CHO-K1 化学诱变产生了 CHO-DXB11（又名 DUK-XB11）。CHO-DXB11 细胞的双等位基因中，一个二氢叶酸还原酶（DHFR）基因被敲除，另一个 DHFR 基因仅包含一个错义突变（T137R），这使得此细胞不能有效还原叶酸而合成次黄嘌呤（H）和胸苷（T）。在表达外源重组蛋白时，将外源的 DHFR 基因和目标蛋白质基因同时转染细胞，并通过缺乏 H、T 的培养基进行筛选。由于 DHFR 基因可以通过重组重排进行基因扩增，在适当的 MTX 压力下，可以通过 DHFR 基因的扩增同时获得目标蛋白质基因的扩增，从而获得更高更稳定表达的细胞株。在早期 CHO 细胞培养时通常需要加入血清，因此，在当时的细胞筛选说明书里面经常会看到用透析血清来避免引入 H、T 或其他核酸代谢底物。此外，需要指出的是，CHO 细胞平台上第一个被批准上市的 tPA 就是采用 DXB11 作为宿主细胞，并且此宿主细胞被 Genentech 用于后续多个商业化产品生产。当与 DHFR 基因的功能性拷贝作为选择标记共转染时，DHFR 的缺乏使稳定的转基因导入成为可能。

6. CHO-DG44

CHO-DG44 由于 DXB11 细胞中仅有一个等位基因被敲除，在长期传代过程中，会发生低概率的突变使宿主细胞重新恢复 DHFR 基因活性，造成筛选压力下降甚至导致重组蛋白表达量下降。因此，获得一个双等位 DHFR 基因完全敲除的宿主细胞成为一个需求。1983 年，Urlaub 等人通过诱变不同的 CHO 细胞起始种群敲除了两个 DHFR 等位基因，从而产生了 CHO-DG44 谱系。虽然和 DXB11 都属于 DHFR 基因缺陷型，但从谱系分枝来看，CHO-DG44 和 CHO-S 更为接近。因为 CHO-DG44 细胞完全缺失了 DHFR 基因的活性，并且可以在无血清培养基中悬浮培养，使得筛选和加压过程变得更加有效。目前多家公司及 CDMO 企业采用此细胞作为平台进行治疗性蛋白质的开发，已经有多个产品进入临床及上市阶段。

7. 其他

除了上述在工业界应用较多的细胞系外，还有其他一些 CHO 细胞系也在应用。

如在欧洲应用比较多的 Selexis 公司 SURE CHO-M 细胞株，其源于 ECACC CHO-K1 细胞系，并经驯化后获得，Selexis 表达平台同时运用 MARs 元件来提升筛选效率和目标蛋白质表达量，运用 CHO-M 的多个项目已经推进到临床试验阶段并有一个分子获得批准上市。

尽管可以通过不同途径获得用于研究的 CHO 细胞，特别是在科研院所不同实验室之间的交流时常发生，但最终如果想走向商业化应用，就要求所采用的宿主细胞必须有清晰的历史背景信息，并且尽可能地确保记录所有传代培养过程中采用的关键原材料信息，以确保细胞株的安全性。

此外，需要注意的是，尽管在研发阶段很多细胞株可以免费（或极低费用）使用，但一旦需要进入商业化（临床试验）阶段，均须支付商业化生产许可费用。

二、CHO 细胞的应用

自第一个在 CHO 细胞生产的重组蛋白药物——人组织型纤溶酶原激活剂（human tissue plamnipen activator，t-PA）成功以来，CHO 细胞已经成为重组蛋白药物的主要表达系统，包括单克隆抗体、生长因子、激素、血液因子、干扰素和酶。目前生产的重组蛋白药物有近 70% 是在 CHO 细胞中制造的。

对比其他的表达系统，CHO 细胞更适合用于重组蛋白（抗体）药物的生产。CHO 细胞大规模培养技术及其生物反应器工程可广泛应用于抗体、基因重组蛋白质药物、病毒疫苗等生物技术产品的研究开发和工业化生产。2017 年最畅销的生物试剂阿达木单抗是由 CHO 细胞生产的，它能够通过对抗肿瘤坏死因子-α 来治疗类风湿关节炎，其带来的市场销售价值近 180 亿美元/年。

通过几十年的发展，CHO 细胞已成为生物技术药物最重要的表达或生产系统，成为了基因工程和生物制药的重要工具。而相应的发酵工艺的提高，也类似芯片中的摩尔定律，在短短几十年间，已经从最初的每升毫克级的体积产量提高到了目前的十克级体积产量水平。

第二节　CHO 细胞培养基

一、CHO 细胞经典培养基

最早成功开发并用于培养动物细胞的培养基通常由血浆、血清或组织提取物组成。这些成分复杂、不明确的性质会导致不稳定性，增加污染的风险，且无法阐明维持细胞在培养基中生长所需的特定营养成分的最小值。为此，许多学者试图通过分析细胞和血清成分，确定维持生长所需的关键成分，开发无血清、化学成分明确的细胞培养基。

CHO 培养基成分通常为 Ham's F-12K 添加 10% FBS，血清是一种高度复杂的液体，含有大量的营养物质、激素、生长因子、载体蛋白和代谢产物，用来维持细胞的生长。Ham's F12 是一种完全由人工合成的、化学成分明确的培养基，可以维持 CHO 细胞的生长，该培养基适用于单细胞培养和扩增，但不适合高密度细胞（大于 10^5 个/mL）的生长。通过将 Ham's F12 和 Dulbecco 混合，并添加激素、生长因子和转铁蛋白，形成了一个新的配方 DMEM/F12。

二、CHO 细胞无血清培养基

在 DMEM/F12 基础上，鉴定出了在化学成分明确的培养基中替代血清所必需的四种关键添加剂：胰岛素（insulin）、转铁蛋白（transferrin）、乙醇胺（ethanolamine）和硒（selenium）。这四种添加剂结合在一起形成了一种补充剂 ITES，并在早期无血清培养基中取代血清。此外，通过将 DMEM/F12 与 RPMI1640 混合，进一步改进现有培养基。将这两种配方的混合物以及 ITES 补充剂混合，产生了非常有效和广泛应用的基础培养基 RDF 及 eRDF（enriched RDF）。有学者进一步分析了微量元素在早期无血清细胞培养基中的作用，并证明了在化学成分明确的无蛋白质培养基中锌可作为胰岛素替代物，表 6.1 为 eRDF 培养基配方的成分。

表 6.1　eRDF 培养基配方的成分

成分种类	成分	含量/(mg/L)	成分	含量/(mg/L)
氨基酸	甘氨酸	42.8	L-亮氨酸	165.3
	L-丙氨酸	6.68	L-赖氨酸盐酸盐	197.2
	L-一水天冬酰胺	94.5	L-脯氨酸	55.2
	L-半胱氨酸盐酸盐一水合物	105.4	L-丝氨酸	85.1
	L-谷氨酸	39.7	L-苏氨酸	110.8
	L-羟脯氨酸	31.5	L-色氨酸	18.4
	L-异亮氨酸	157.4	L-缬氨酸	109

续表

成分种类	成分	含量/(mg/L)	成分	含量/(mg/L)
维生素	生物素	0.1	盐酸吡哆醛	1
	氯化胆碱	12.29	盐酸吡哆醇	0.51
	D-泛酸钙	1.24	核黄素	0.21
	叶酸	1.81	盐酸硫胺素	1.59
	烟酰胺	1.47	维生素 B$_{12}$	0.34
	对氨基苯甲酸	0.51		
	DL-α-硫辛酸	0.0516		
	肌醇	46.85		
无机盐	二水合氯化钙	108.77	碳酸氢钠	1050
	无水硫酸镁	66.22	氯化钠	6424
	氯化钾	373	磷酸氢二钠十二水合物	6593
多胺	腐胺二盐酸盐	0.04		
生长因子	脂肪酸		亚油酸	0.02103
微量元素	五水合硫酸铜	0.000749	七水硫酸锌	0.23
	七水硫酸亚铁	0.222		
其他成分	HEPEs	1190	酚红	5
	D-(＋)-葡萄糖	3423	丙酮酸钠	110
	次黄嘌呤	1.02	胸苷	5.72
	L-谷胱甘肽	0.49		

自此以来，无血清细胞培养基的发展和优化一直在继续，旨在生产出支持更高的细胞密度、活力和重组蛋白效价的培养基。麻省理工学院和明尼苏达大学的研究小组率先使用细胞生长和养分利用的化学计量分析，根据营养需求设计基础和补料培养基配方，从而避免关键营养物质耗尽，同时尽量减少有毒代谢废物的积累。其他学者也进一步优化 CHO 细胞培养基和工艺参数，特别是针对单克隆抗体和其他重组蛋白的商业化生产，使细胞密度和蛋白质表达量显著增加，滴度甚至可达到 10g/L 以上。此外，几家国外公司开发和优化了专门用于重组 CHO 制造过程的基础和补料培养基组合。这些商用培养基的配方通常是专有的，尽管这些培养基关于细胞生长、蛋白质表达、代谢物概况、营养成分和利用率的可用数据非常有限，一些研究人员对这些产品进行了比较和基准测试。其中许多供应商还提供培养基开发和优化的服务。此外，MilliporeSigma 在其网站上提供了一个非常广泛和可搜索的知识库"Media Expert"，其中包含所有细胞培养基成分的详细信息。

（一）CHO 细胞培养基的关键成分

所有的细胞培养基都需要相似的基本营养物质，这些营养物质是维持生命和细胞生长所必需的。水、碳源、氮源、磷酸盐、氨基酸、脂肪酸、维生素、微量元素和无机盐都是根据细胞的化学组成，即达到所需细胞密度的计算量以及对营养物质消耗率的了解，以便补充关键成分以维持和延长细胞活力。已经开发了许多不同细胞类型的培养基，包括微生物细胞培养基、植物细胞培养基、昆虫细胞培养基和哺乳动物细胞培养基。这些不同的培养基在基本营养成分方面可能大体相似，本节主要侧重于无血清、化学成分明确的专门用于 CHO 细胞培养的培养基。

1. 水

哺乳动物细胞对水中的杂质高度敏感，这些杂质可能包括微量元素、细菌、内毒素（来自细菌细胞膜）、微量有机物和微粒。为防止这些杂质污染细胞培养基，或由于离子和微量元素浓度变化使细胞培养性能不一致，细胞培养基中建议使用高纯度水。用于产生无污染水的典型净水系统包括蒸馏/去离子、微滤和反渗透。水的纯度通常以导电性或电阻（$>18\mathrm{M\Omega \cdot cm}$）以及低有机碳含量（$\leqslant 5\times 10^{-9}$）来衡量，并且应不含内毒素。在许多情况下，会使用注射用水（water for injection，WFI），因为它容易获得、高度纯化且不含内毒素。许多市面上可买到的专为细胞培养而设计的瓶装水产品符合这些规范，并且保证不含支原体（支原体会污染哺乳动物细胞培养基）。

2. 能源

在大多数培养基配方中，尤其是用于 CHO 细胞培养的化学成分明确的培养基中，葡萄糖是主要的能量和碳源。CHO 细胞通过糖酵解将葡萄糖转化为丙酮酸，并在 Krebs 循环中进一步氧化丙酮酸，1mol 葡萄糖产生相当于 30mol ATP 的能量。由于参与葡萄糖代谢通量的酶的活性和效率相对较高，特别是在无血清培养基中，CHO 细胞在葡萄糖浓度低于 3mmol/L（0.540g/L）的葡萄糖限制培养基中能保持较高的活力。已经证明，只要葡萄糖浓度保持在 1.22mmol/L（0.220g/L）以上，细胞比生长速率、细胞 ATP 浓度和氨基酸代谢率不会随着培养基中葡萄糖浓度的降低而以统计上显著的方式降低，表明葡萄糖在这个浓度以上细胞生长速率不受限制。然而，在单克隆抗体生产中由于 CHO 细胞的快速生长和营养消耗，培养基中的葡萄糖水平通常被控制在更高的水平，即使在一些限制葡萄糖的培养基中也是如此。

在典型的 CHO 细胞培养基中，葡萄糖是主要的碳源，消耗葡萄糖通常会导致丙酮酸的积累和乳酸浓度的增加。在哺乳动物细胞培养中，高浓度的乳酸可抑制细胞生长。有学者在研究中观察到，在细胞培养早期，培养基中葡萄糖浓度对乳酸生成率没有显著影响，而在后期，高浓度的葡萄糖会导致乳酸积累增加。代谢通量分析表明，在指数期，CHO 细胞通过有氧糖酵解产生能量，并在不考虑氧气浓度的情况下产生乳酸，而处于稳定期的细胞主要进行氧化磷酸化并消耗乳酸。这些研究促进了培养基中利用较低或有限葡萄糖浓度策略的开发。同时，为了进一步减少葡萄糖水解产生的代谢物的影响，一些其他能源已被评估为葡萄糖在培养基中的替代物。

半乳糖是一种重要的碳源，可用于 CHO 细胞培养基中。与葡萄糖一样，半乳糖在糖酵解过程中转化为丙酮酸。半乳糖代谢通量的分析表明，在含有葡萄糖和半乳糖的培养基中，CHO 细胞倾向于首先使用葡萄糖，然后再消耗半乳糖。这种代谢变化可导致乳酸产量降低和乳酸消耗增加，从而减缓细胞活力的下降速度。然而，在培养基中用半乳糖完全替代葡萄糖会导致细胞生长量减少和活力下降，尽管乳酸和氨的浓度控制良好。培养基中半乳糖的存在也会影响与糖基化相关基因的表达。据报道，在 CHO 细胞培养过程中，通过调节补料半乳糖、尿苷和氯化锰三种成分的浓度，可以调节抗体半乳糖基化水平。添加半乳糖也可能通过两种不同的机制影响抗体唾液酸化。由于半乳糖残基是抗体 N-聚糖唾液酸化的靶点，增加半乳糖基化可通过提供额外的唾液酸化位点增加潜在的唾液酸化水平。然而，唾液酸酶基因表达谱和细胞内酶活性研究表明，添加半乳糖可增加去糖基化。

在 CHO 细胞培养基中，其他己糖也被用作葡萄糖的替代物，包括果糖、甘露糖等。在培养基中用甘露糖代替葡萄糖可以通过加速细胞生长和减少乳酸积累来提高单位体积生产率，而不会改变产品质量。但是，含有高浓度甘露糖的培养基也能抑制细胞内 α-甘露糖苷酶，从而增加产品中甘露糖糖基化的比例，进而提高抗体依赖性细胞介导的细胞毒性（ADCC）和抗体在人体内的清除率。与半乳糖和甘露糖一样，果糖也可以用来控制乳酸的积累，减缓细胞活力下降的速度。然而，研究表明，葡萄糖被果糖完全取代的培养基会导致细胞生长速度和滴度下降。

除了葡萄糖和其他己糖外，谷氨酰胺也是 CHO 细胞培养的主要能量来源。谷氨酰胺通过分解代谢后，以 α-酮戊二酸的形式进入 Krebs 循环。谷氨酰胺是 CHO 细胞培养中的一种必需营养素，缺乏谷氨酰胺往往会使指数生长期的开始时间推迟。对于谷氨酰胺合成酶基因敲除（CHO-GS）的 CHO 细胞株，可以使用不含谷氨酰胺的培养基来筛选转染细胞。然而，据报道，在基础培养基中补充谷氨酰胺可以提高细胞活力，减少乳酸产生，提高抗体生产力，即使在转染后产生丰富谷氨酰胺合成酶的 CHO-GS 细胞中也是如此。在谷氨酰胺分解过程中，谷氨酰胺通常转化为谷氨酸，因此，在培养基中能产生游离氨。培养基中高浓度的氨可能会降低细胞生长速度，增加糖型的异质性，并影响其他氨基酸的消耗率，从而对细胞培养产生显著影响。因此，设计了一些培养基优化的方法用来取代谷氨酰胺或降低谷氨酰胺浓度。其中一种方法是在培养基中用谷氨酰胺基二肽（包括丙氨酰-谷氨酰胺和甘氨酰-谷氨酰胺）代替谷氨酰胺，以降低谷氨酰胺的代谢率并控制氨的释放。目前，这项技术在商业上的名称为 Glutamax（ThermoFisher），通常用于 CHO 细胞培养。

为了减少谷氨酰胺代谢产生的氨积累，谷氨酰胺分解的主要中间体谷氨酸可以作为 CHO 细胞培养基的替代能源。Altamirano 等人报道在 CHO 细胞培养基中用相同浓度的谷氨酸代替谷氨酰胺可以降低生产阶段氨和乳酸的产生率，从而提高细胞的生长速度和滴度。此外，在基于谷氨酸钠的培养基中优化葡萄糖浓度已被证明可以提高葡萄糖和氮源的利用效率，同时可降低丙氨酸和乳酸的产生率。

丙酮酸钠是另一种能量来源，可以代替谷氨酰胺，用在 CHO 细胞培养基中可减少氨的积累。研究表明，在 CHO 细胞培养基中用丙酮酸代替谷氨酰胺对细胞生长没有显著影响（至少 19 代内），也不需要任何适应步骤来维持细胞生长速度。由于丙酮酸是乳酸生成的中间产物，也是丙氨酸脱氨的产物，添加丙酮酸可限制 CHO 细胞培养过程中乳酸耗尽时丙氨酸的消耗，从而减少丙氨酸代谢产生的氨。

3. 氨基酸

氨基酸是 CHO 细胞培养基中的关键成分，尤其是在化学成分明确的培养基中。研究表明，细胞培养基中氨基酸组成的微小变化可改变生长曲线和滴度，也可显著影响产物糖基化模式。利用代谢通量分析优化培养基中的氨基酸浓度，可使峰值细胞密度提高 50% 以上，效价提高 25% 以上。在一个更全面的研究中，Torkashvand 等人开发了一个工作流程，利用 Plackett-Burman 实验优化细胞培养基中的氨基酸浓度，确定影响细胞生长和效价的关键氨基酸，并用响应面法分析这些氨基酸的二元效应。使用这种方法，在不改变产品质量的情况下，效价提高了 70%。除了提高效价和峰值细胞密度外，特定浓度的选定氨基酸可能对生物反应器中生长的细胞具有保护作用。某些氨基酸已被证明可以消除或减轻氨和 CO_2 分压以及高渗透压产生的一些负面影响。一些早期报告表明，某些氨基酸也能起信号分子的作用，降低哺乳动物细胞的凋亡率。因此，在培养基设计中应认真确定氨基酸浓度。

一般来说，氨基酸可分为非必需氨基酸和必需氨基酸，非必需氨基酸可由哺乳动物细胞合成；必需氨基酸是细胞无法合成的，必须作为细胞培养基的组分提供。对多种浓度氨基酸的响应面分析表明，非必需氨基酸和必需氨基酸对 CHO 细胞的生长有统计上的显著影响。此外，优化培养基配方中非必需氨基酸和必需氨基酸的相对浓度已被证明可以提高重组单克隆抗体的生产力。

必需氨基酸包括组氨酸、异亮氨酸、亮氨酸、赖氨酸、甲硫氨酸、苯丙氨酸、苏氨酸、色氨酸和缬氨酸。在大多数情况下，所有必需氨基酸都需要在细胞培养基中添加，而且许多必需氨基酸在 CHO 细胞培养过程中以相对较高的速率消耗。因此，在 CHO 细胞培养基中，必需氨基酸通常以高浓度供应。

缺乏亮氨酸、异亮氨酸、缬氨酸或苯丙氨酸可使转运系统 L（transport system L）的活性增加 1～4 倍，并增加转运系统 L 相关氨基酸的摄取率，随后这些氨基酸将以更快的速度消耗。因此，亮氨酸、异亮氨酸、缬氨酸和苯丙氨酸的供应浓度应高于通过代谢通量或"组学"分析计算得出的浓度，并应在细胞培养期间仔细监测。

在培养基研究中发现色氨酸是一个限制因素。补充色氨酸已被证明可以提高细胞效价和细胞密度峰值。然而，在培养基溶液中，色氨酸可以被光照氧化并转化为四氢戊氧基啉、5-羟基色氨酸、N-甲酰尿氨酸或其他氧化产物，最终可能降低细胞生长。改变培养基配方，例如色氨酸、铜离子和锰离子浓度的增加，以及半胱氨酸浓度的降低，都可以减少色氨酸的光诱导氧化。在培养基储存和加工过程中，防止强光照射仍然是防止色氨酸降解和氧化的最佳方法。

在培养基中加入苏氨酸可以保护细胞免受各种压力的影响。已经证明在氨、溶解的二氧化碳或渗透压较高的环境中，苏氨酸可以促进细胞生长和生产力。通过这种机制，苏氨酸和其他氨基酸可以间接影响重组产物的唾液酸化模式。

培养基中高浓度的赖氨酸和组氨酸可以有效地减少最终产品的酸性物质，而不影响生产率。高浓度的赖氨酸和组氨酸也被证明在指数阶段可以轻微降低细胞生长速度，同时在生产过程的后期可提高细胞活力。然而，高浓度的赖氨酸可能对碱性羧肽酶有抑制作用，导致 C 端赖氨酸变异增加。因此，赖氨酸和组氨酸的浓度可根据具体的产品要求而改变。

非必需氨基酸包括丙氨酸、精氨酸、天冬酰胺、天冬氨酸、半胱氨酸、谷氨酸、谷氨酰胺、甘氨酸、脯氨酸、丝氨酸和酪氨酸。尽管哺乳动物细胞在培养过程中可以合成非必需氨基酸，但大多数细胞培养基仍然含有大部分或全部这些氨基酸，以维持细胞生长和蛋白质表达。事实上，大多数非必需氨基酸对细胞培养有重要影响。

在大多数培养基中，丙氨酸的初始浓度相对较低。研究表明，在细胞培养过程中，细胞倾向于以非常慢的速度消耗丙氨酸，或者从其他氨基酸中产生丙氨酸。培养基中含有足够的乳酸时，丙氨酸生成率与氨基酸浓度呈正相关。除非丙氨酸浓度超过 3mmol/L，否则丙氨酸的积累对细胞生长几乎没有直接的抑制作用。然而，在乳酸和丙酮酸较少的条件下，丙氨酸倾向于转化为丙酮酸，并通过谷氨酸降解将游离氨释放到培养基中，从而会增加培养基中氨的浓度。

精氨酸在抗体生产过程中被 CHO 细胞以相对较高的速率消耗。精氨酸不足可使指数期的 CHO 细胞循环阻滞于 G0 或 G1 期。培养基中过量的精氨酸可有效降低产物中酸性物质的比例。然而，与赖氨酸不同，高精氨酸浓度可抑制细胞生长并降低细胞活力。此外，精氨酸浓度的增加已证明可使 C 端赖氨酸变体的数量增加一倍，从而增加抗体产物的异质性。

天冬酰胺和天冬氨酸是细胞培养基中重要的非必需氨基酸，在关键代谢途径中起重要作用。与其他氨基酸相比，CHO 细胞倾向于以相对较高的速率消耗天冬酰胺和天门冬氨酸，尤其是在指数生长期。这两种氨基酸与葡萄糖、谷氨酰胺和谷氨酸一样，对补充三羧酸循环和能量代谢非常重要。天冬氨酸和天冬酰胺作为氨的供体和受体，通过转氨酶反应在谷氨酰胺和谷氨酸之间转化，同时产生谷氨酸和草酰乙酸。

在没有天冬酰胺的情况下，CHO 细胞可通过较高的天冬氨酸、谷氨酸、丝氨酸、谷氨酰胺和精氨酸的转化率来补偿，甚至可能以更高的速率消耗整个细胞内的氨基酸；由此导致的氨基酸可用性降低可能会对蛋白质合成或整体基因表达产生负面影响。事实上，培养基中天冬酰胺和天冬氨酸的限制已被证明不利于 CHO 单克隆抗体的生产。例如，生长阶段的天冬酰胺缺乏是使丝氨酸在抗体产物的肽序列中随机错配的主要原因。此外，天冬酰胺在抑制 DNA 损伤和细胞凋亡方面起着重要作用。培养基中天冬酰胺的浓度也可用于控制产物半乳糖基化糖基形式的分布。低浓度的天冬酰胺可降低氨生成和细胞内 pH 值，进而提高 β-1,4-半乳糖基转移酶的活性和表达，最终导致从 G0F 向 G1F/G2F 转变，在补料培养基中增加天冬酰胺的浓度可以提高最终效价，但乳酸和氨的含量也会增加。通过增加进料培养基中天冬酰胺和谷氨酰胺的比例可以降低氨的浓度。

半胱氨酸是唯一一种含巯基的氨基酸，在单克隆抗体生产中是一种特殊的非必需氨基酸。半胱氨酸残基上巯基间的二硫键支持 CHO 细胞结构蛋白和重组抗体产物的三级和四级结构的折叠。半胱氨酸限制对 CHO 细胞的生长是致命的和不可逆的，可能导致细胞活力在 3 天内下降到 40％ 以下。生产培养基中半胱氨酸浓度下降到

0.1mmol/L 以下会导致产生单克隆抗体的滴度损失 40%。同时，半胱氨酸浓度大于 1mmol/L 时可能对哺乳动物细胞产生毒性，可能是由脂质过氧化和羟基自由基的形成引起的，在铜离子的存在下会进一步加速毒性的产生。在哺乳动物体内，半胱氨酸含量由肝脏调节。在 CHO 细胞中，没有这种调节机制，因此，细胞培养过程中，培养基中半胱氨酸的浓度调控应该被仔细设计。

甘氨酸被 CHO 细胞以相对缓慢的速度消耗，并且不是大多数培养基优化工作中需要研究的主要成分。在 CHO 细胞中，甘氨酸是胸腺嘧啶生物合成的副产物。然而，对于 DHFR 缺乏的 CHO-DG44 细胞株，阻断胸腺嘧啶的新生物合成可导致甘氨酸缺乏。因此，需要仔细设计基于 DG44 的 CHO 细胞株培养基中甘氨酸的浓度，尤其是在包括氨甲蝶呤（methotrexate，MTX）（一种阻止叶酸还原的叶酸类似物）的培养基中。

丝氨酸是 CHO 细胞消耗量居第二位的氨基酸，也是 CHO 细胞一碳单位代谢的主要供体。培养基中 CHO 细胞消耗的丝氨酸 70% 以上转化为甘氨酸，最终有助于胸腺嘧啶的合成。丝氨酸具有重要作用，培养基中存在低浓度的丝氨酸（1mmol/L）时对细胞生长几乎没有影响。然而，若培养基中丝氨酸耗竭则会产生负面影响，包括增加天冬酰胺的消耗、丙氨酸的产生、乳酸的产生和氨的产生，从而最终抑制细胞的生长。考虑到高消耗率和耗竭的不利影响，在培养基中丝氨酸通常以相对较高的浓度供应。事实上，一些研究已经证明，在培养基中添加丝氨酸可以提高滴度、增加比峰值细胞密度。

酪氨酸是 CHO 细胞培养中影响单抗产量的关键氨基酸。低酪氨酸浓度会干扰蛋白质翻译，并将比生产率降低到几乎为零。酪氨酸饥饿与苯丙氨酸在酪氨酸残基中错误掺入程度呈正相关，从而产生产物序列变异。在培养基中将酪氨酸维持在 1mmol/L 以上的浓度可有效地消除酪氨酸位点的错配。然而，酪氨酸是一种可溶性较差的氨基酸，这使得在细胞培养基中使用高浓度酪氨酸变得复杂。

总之，大多数氨基酸在培养基中保持在特定浓度范围内对 CHO 细胞培养非常重要。因此，补料培养基通常设计为含有高浓度氨基酸的培养基。然而，与其他培养基组分相比，一些氨基酸的溶解度和稳定性相对较低。为了提高氨基酸的溶解度，许多补料培养基都设计在相对较高的 pH 值下。为了保持氨基酸的稳定性，培养基需要避光储存。最近发现一些氨基酸替代物有更好的溶解性和稳定性。例如，可以用磷酸酪氨酸二钠盐或含有酪氨酸的二肽代替酪氨酸（可溶性最小的氨基酸）以提高溶解度。半胱氨酸是最不稳定的氨基酸之一，在中性 pH 下可氧化为胱氨酸。胱氨酸的低溶解度降低了半胱氨酸在培养基中的表观溶解度。最近，一种高度可溶和稳定的半胱氨酸衍生物 S-磺基半胱氨酸被报道为 CHO 细胞培养基中半胱氨酸的替代物和抗氧化剂。此外，小肽已被评估为某些氨基酸的替代品，以提供更好的稳定性和培养条件。

4. 脂质

脂质是生物膜的主要成分，也可以作为哺乳动物细胞的能量来源和信号分子。它们是内质网和高尔基体（负责蛋白质合成、折叠、翻译后修饰和分泌的细胞器）的关键组成部分。一般来说，CHO 细胞能够自行合成脂类。重组 CHO 细胞能在无脂培养基中适应和生长，且细胞增殖速率和产物活性无明显下降。然而，在无血清培养基中补充脂质已被证明有益于细胞活力和产物糖基化。事实上，脂质和脂质前体对 CHO 细胞生长的影响可能因所提供的脂质或前体的类型而有很大的不同。因此，在培养基中选择的脂质补充剂可以对细胞生长产生显著影响。

磷脂是大多数哺乳动物细胞膜的主要成分。无论无血清培养基中是否存在生长因子，外源性补充磷脂，如磷脂酸和溶血磷脂酸，已被证明可以刺激 CHO 细胞生长。胆碱和乙醇胺作为磷脂的主要成分，对细胞生长的促进作用与混合脂质相当。因此，许多著名的商业培养基，包括 DMEM 和 RPMI-1640，都已补充了胆碱。

脂肪酸和胆固醇在培养基中不易溶解或不稳定。作为替代品，脂肪酸和胆固醇的不同前体和类似物在培养基中更稳定、更易溶解，已被证明有助于促进细胞生长。同时，在同一项研究中表明在培养基中添加少量酒精可在不影响细胞生长的情况下增加脂质溶解度。尽管脂肪酸在培养基中有重要作用，但脂肪酸的浓度应保持在相对较低的水平，因为高浓度的脂肪酸可能会对 CHO 细胞造成脂肪毒性。

5. 维生素

在信号级联以及酶抑制和激活中起到辅酶、修复基团或辅助因子的作用。维生素的高还原能力可以保护细胞免受氧化自由基的侵害。尽管需要的维生素量较少，但维生素是细胞培养基的基本成分，特别是在化学成分明确的培养基中。许多商业培养基含有 B 族维生素及其衍生物，包括生物素、叶酸、肌醇、烟酰胺、胆碱、4-氨基苯甲酸、泛酸、吡哆醇、核黄素、硫胺和钴胺素。在 CHO 细胞培养中，添加维生素可将单抗的体积产量提高 3 倍。然而，并非所有培养基中包含的维生素对细胞生长都有显著的作用。例如，在促进细胞生长和生产力方面，仅补充叶酸、钴胺素、生物素、4-氨基苯甲酸与提高培养基中所有维生素的浓度一样有效。许多维生素易受热、强光和长期在空气中暴露的影响。特别是在 CHO 细胞培养基常用的维生素中，抗坏血酸和生育酚对空气氧化敏感；硫胺、核黄素、钴胺素和抗坏血酸对光敏感，硫胺素和泛酸对热敏感。因此，在培养基储存过程中，避免光照和高温是至关重要的。

6. 微量元素

细胞培养基中微量元素的有效浓度通常非常低，在许多情况下，可能低于标准分析仪器的检测阈值。虽添加量极少，但微量元素的重要性极高。许多微量元素在调节代谢途径和某些酶和信号分子的活性中起着关键作用。

在 CHO 细胞培养中，铜离子缺乏可导致乳酸脱氢酶和其他线粒体氧化酶的下调，从而导致与溶解氧浓度无关的组织毒性缺氧。因此，相对较高的铜离子浓度可使 CHO 细胞的乳酸代谢从净乳酸生产转移到净乳酸消耗，从而促进细胞生长和滴度。然而，铜离子浓度高也可增加抗体产物基本变体的相对数量。因此，CHO 细胞培养基中的铜离子浓度应根据培养性能和产品质量进行优化。

铁被广泛认为是化学成分明确培养基的必需成分。铁通过血红素、线粒体氧化途径和其他重要酶在氧转移中起着至关重要的作用。然而，游离铁，尤其是游离铁离子，即使是微量的存在也会导致高氧化应激。培养基中可加入铁载体或螯合剂，以尽量减少毒性，并改善细胞对铁的摄取。转铁蛋白是一种非常有效的铁载体，可以显著影响铁的摄取。在含血清培养基中，转铁蛋白通常作为血清的一种成分存在，而在无血清培养基中，可以添加重组转铁蛋白以改善铁的稳定性和摄取。小分子螯合剂，如托酚酮、柠檬酸盐和亚硒酸盐作为较便宜的转铁蛋白替代品也被使用。在铁和柠檬酸盐的最佳比例下，亚硒酸盐可通过提高铁的摄取量来促进 CHO 细胞在缺铁培养基中的生长，并且可以提供与托酚酮相当的效果，而单独使用不添加亚硒酸盐的柠檬酸盐离子没有显示出同样的效果。但是，后来的研究表明硫酸亚铁和柠檬酸钠的结合可以提高转化效率和滴度。

在化学成分明确的无蛋白质 CHO 细胞培养基中，锌是影响 mAb 产量最重要的微量元素之一。在商业化、化学成分明确的培养基中补充锌可使单克隆抗体的产量提高 1.2 倍。此外，在 CHO 细胞中添加锌可导致应激蛋白功能的诱导，进而减少细胞凋亡。

除上述主要微量元素外，其他元素也会影响细胞生长、生产力和产品质量。在细胞培养基中，这些微量元素浓度大多低于 $5\mu mol/L$。众所周知，锰、钼、硒和钒是细胞培养所必需的，因此大多数培养基中都含有锰。其他微量元素，包括锗、铷、锆、钴、镍、锡和铬，可能是某些哺乳动物细胞所需要的或具有一定功能的，因此也包含在某些培养基中。CHO 细胞培养基中所选微量元素的主要功能见表 6.2。

表 6.2 微量元素在 CHO 无血清培养基中的作用

微量元素	功能	浓度
铜	支持线粒体氧化酶,调节乳酸的消耗	$0.8\sim 100\mu mol/L$
铁	影响产物糖基化的多相性,支持细胞生长和健康	$10\sim 110\mu mol/L$
锌	提高 mAb 生产率,减少细胞凋亡进程	$3\sim 60\mu mol/L$
锰	改善半乳糖基化并减少产品的唾液酸化	$0.4\sim 40\mu mol/L$
钼	增加生理活性物质的产生	$0.001\sim 0.1\mu mol/L$
硒	促进铁的输送,保护细胞免受氧化应激和自由基的侵害	$0.005\sim 0.5\mu mol/L$
钒	模拟胰岛素或胰岛素类似物的代谢功能,并促进细胞生长	$0.1\sim 70\mu mol/L$
钴	增加产物的 N-聚糖半乳糖基化和末端蛋白质糖基化,提高化学限定介质的生产率	$0\sim 50\mu mol/L$

尽管在 CHO 细胞培养基中微量元素至关重要，但大多数微量元素在相对较高的浓度下会对 CHO 细胞产生毒性。由于存在杂质或制造不当（如培养基粉末、其他原材料存在杂质或细胞培养容器含有某些微量元素），如果这些微量元素在培养基中的浓度处于临界值，则可能导致性能变化或对细胞产生毒性。

7. 盐

盐在 CHO 细胞培养基中起着重要的化学和生物学作用，包括维持细胞膜电位、渗透压和缓冲作用。通常，添加到 CHO 培养基中的物质包括钠离子、钾离子、镁离子、钙离子、氯化物、磷酸盐、碳酸盐、硫酸盐和硝酸盐。

所有哺乳动物细胞利用钠离子和钾离子梯度产生跨膜电位，支持信号传递以及营养和离子富集。在许多常用的 CHO 细胞培养基中，钠钾离子的比例约为 20：1～40：1。同时，低钠钾比（6：1～8：1）或相对较高的钾浓度的培养基有利于提高 CHO 细胞的生存能力和生产力。

培养基中钙离子和镁离子的浓度通常分别设计为约 1～3mmol/L 和 0.2～1mmol/L。在 CHO 细胞中钙离子和镁离子的缺乏已被证明可通过 B 族 I 型清道夫受体触发凋亡，而细胞内钙离子超载也可能导致细胞凋亡。

磷酸盐是信号级联、能量传递和许多细胞成分（如核酸）形成过程中的重要阴离子。在进料培养基中添加磷酸盐已被证明有利于保持细胞活力和活细胞密度。在接种扩张培养期间，已证明对长期缺磷的适应会导致能源产生的替代途径。

除了它们的生理效用外，还利用盐控制培养基的渗透压。Ozturk 和 Palsson 报道，将渗透压从 290mOsm/kg 增加到 435mOsm/kg 会降低杂交瘤细胞系的细胞生长，但使比生产力增加了两倍以上，从而产生了相似的最终抗体浓度。对于 CHO 细胞，随着培养基渗透压在 316～450mOsm/kg 之间上升，比细胞生长速率呈线性下降趋势。然而，在 CHO 细胞培养过程中，渗透压逐渐增加到 450mOsm/kg 左右也被证明显著提高了比生产率和抗体的产生。因此，在设计细胞培养基时，应考虑最终渗透压以保证细胞培养基的稳定性。

8. 生长因子

生长因子通常是肽类、小蛋白质和激素，是影响细胞生长、增殖、恢复和分化的信号分子。早期研究表明，生长因子是细胞培养基中不可缺少的一部分，没有生长因子，细胞生长可能会受到显著抑制甚至停止。在许多早期培养基中，生长因子以血清的形式提供。然而，在无血清培养基中，没有提供通常存在于血清中的广泛的生长因子，只提供少量的特定生长因子，使培养基配方的总体复杂性最小化。

胰岛素及其类似物是无血清培养基中应用最广泛的生长因子之一。研究表明，与缺乏生长因子的培养基相比，低至 50ng/mL 的微量胰岛素可使滴度提高 3～4 倍。在分批培养中，1 μg/mL 胰岛素即可改善 CHO 细胞的健康状况，并抑制凋亡标记物如 ICE、Bcl-2 和 Bax。胰岛素类似物，包括胰岛素生长因子 1（IGF-1）和 LONG R^3（Repligen，SAFC）在无血清培养基中可更好地改善 CHO 细胞活力，并且所需浓度低于胰岛素。

除了外源性胰岛素和胰岛素类似物外，在转录组和免疫化学水平上发现了 8 种 CHO 细胞自分泌生长因子。包括脑源性神经营养因子（BDNF）、成纤维细胞生长因子 8（FGF8）、生长调节 α 蛋白（CXCL1）、肝细胞生长因子（HGF）、肝癌衍生生长因子（HDGF）、白血病抑制因子（LIF）、巨噬细胞集落刺激因子 1（CSF1）和血管内皮生长因子 C（VEGFC）。研究表明，添加一种或多种生长因子 FGF8、HGF 和 VEGFC 可促进无血清培养基中的细胞增殖。

然而，为了将培养基的复杂性、可变性和成本降至最低，应避免供应对细胞生长和生产力几乎没有影响的生长因子。生长因子的一个可能替代品是小分子抗氧化螯合剂金精三羧酸（ATA），它被证明通过作用于 IGF-1 受体（与溶血磷脂酸结合）以类似于胰岛素的方式促进 CHO 细胞的生长。因此，ATA 被证明在某些培养基中作为胰岛素或胰岛素类似物更稳定、成本更低的替代品是可以的。

9. 多胺

多胺是哺乳动物细胞中普遍存在的分子，在 DNA 合成和转录、核糖体功能、离子通道调节和细胞信号传导等多种代谢过程中起着关键作用。在哺乳动物细胞中，多胺是由鸟氨酸合成的，鸟氨酸是尿素循环中的一种代谢的中间产物。在培养基中添加多胺对维持和加速 CHO 细胞生长至关重要。

通常在 CHO 细胞培养基中补充外源多胺，包括腐胺、亚精胺和精胺。腐胺是精胺和亚精胺合成的前体，而精胺和亚精胺在细胞中是相互转化的。研究表明，这三种多胺都能提高细胞的生长速度和活力，而精胺可能是三者中最有效的。许多 CHO 细胞培养基含有几种不同的多胺。同时，多胺分解代谢可产生氧化物、醛类、丙烯醛和氨，从而抑制细胞生长，最终影响细胞活力。因此，在细胞培养基中补充多胺应控制在细胞毒性限度以下。

10. 非营养成分

在 CHO 细胞培养基中，还有一些非营养成分，为细胞提供了更稳定的物理或化学环境。这些成分可能包括缓冲剂、表面活性剂和消泡剂，可以对细胞生长和生产力产生显著影响。

缓冲液是细胞培养基的重要组成部分。虽然氨基酸和多价离子可以提供一定的缓冲能力，但细胞培养基仍然需要很强的缓冲试剂，以满足在 CHO 细胞培养中维持 pH 值稳定的挑战。许多传统的细胞培养基，如 DMEM 和 RPMI-1640，采用碳酸盐缓冲系统（CO_2/$NaHCO_3$）作为主要的缓冲源。然而，为了提高 pH 稳定性，细胞培养基中还含有有机两性离子缓冲剂（如 HEPES），可在 pH 值为 7.2～7.4 时提供较强的缓冲能力。此外，培养基中的磷酸盐离子也是提供缓冲能力的主要来源。

Pluronic F-68 是培养基中常见的一种表面活性剂，通过降低泡沫层中细胞的浓度，可以保护细胞免受气泡破裂引起的机械应力的影响。研究表明，在培养基中添加 0.03g/L Pluronic F-68 可将发泡层中的细胞浓度降低至仅为培养基中细胞浓度的 30%。Pluronic F-68 可通过一种或多种机制保护细胞，包括在细胞膜上形成保护层，从而降低疏水性，稳定生物反应器中细胞培养基顶部的泡沫层，或通过并入细胞膜并强化细胞膜。一般而言，人们普遍认为 Pluronic F-68 可显著提高细胞生长、细胞活力、生产力和糖基化。然而，CHO 细胞可内化 Pluronic F-68 并在溶酶体中将其降解。因此，除了在基础培养基中加入 Pluronic F-68 外，可能还需要作为补料培养基的一种成分继续补充这种表面活性剂，以保持细胞培养中所需的浓度。此外，Pluronic F-68 批号的变化已被证明会影响细胞生长和生产力状况，尤其是在大规模生产活动中更是如此。有研究者报道了一个基于摇瓶的缩小模型，为 Pluronic F-68 的质量控制和验证提供了一个高通量的解决方案。

消泡剂是具有低表面黏度的强疏水性表面活性剂，通常添加到细胞培养基中可以控制和减少发泡。这对于保护细胞免受由发泡引起的机械剪切是必要的，并防止生物反应器潜在的"起泡"和排气过滤器堵塞从而导致超压。消泡剂可直接添加到生产培养基中或在生产过程中根据需要添加。消泡剂可以是油基（有机）或硅酮基，根据消泡机理可分为快消泡剂和慢消泡剂。快消泡剂通常是水悬浮液或乳状液，其中的颗粒或液体滴在乳液中进入泡沫泡膜以打破气泡。油基消泡剂在防止和消除泡沫方面的作用更慢。在 CHO 细胞培养物中的硅酮基消泡剂，如消泡剂 C（SigmaAldrich），通常作为硅酮聚合物的水悬浮液提供，由于其消泡效率高、毒性低，因此被广泛使用。

应注意的是，通常添加表面活性剂（包括 Pluronic F-68 和消泡剂）会降低生物反应器环境中的氧传递，从而导致体积溶氧系数较低。消泡剂已被证明会降低生物反应器中的流体力学和传质特性，尤其是在氧转移方面。此外，相对高浓度的消泡剂可能对细胞有毒，并加速细胞死亡。因此，应谨慎控制消泡剂的添加量，并将其保持在细胞培养所需的最低浓度。

（二）重组蛋白表达生长培养基的优化

一种满足大规模工业化生产的细胞培养基，不仅包含细胞生长和蛋白质表达所需的所有营养物质，而且还需要在细胞密度、活力、代谢、产品质量、安全性和知识产权方面进行优化。一个理想的细胞培养基应该能够为一个给定的过程或产品最佳地解决这些问题，同时支持高蛋白滴度和比生产力。基于这些要求，哺乳动物细胞培养基的优化是一个极其复杂且资源密集的过程，需要大量的实验来优化培养基组分的浓度，以满足培养基最终配方和性能的许多期望属性。

1. 工业应用优化培养基的设计要素

工业细胞培养过程要求培养基能够适应大规模生产和制备。因此，应针对影响可制造性的属性对干粉和液体培养基配方进行优化，如组分溶解度、培养基过滤、灭菌、储存稳定性、培养基制备可扩展性和原材料一致性（批次间变化最小）。补料分批过程的培养基优化工作通常集中在营养补料的开发上，以提高生长和生产率。然而，对于工业应用而言，可制造性属性和工程问题（如制备时间、剪切保护和泡沫减少）同样重要。

与"分批"过程相反，即细胞在单一培养基中生长直到营养物质耗尽，"补料"过程至少包括两种培养基：支持初始生长的基本培养基和一种或多种补料培养基。补料培养基可以在规定的时间间隔内，或在随后的过程中连续添加，以补充耗尽的营养物质，支持固定相生长和蛋白质表达。在最简单的形式中，补料培养基仅提供葡萄糖（细胞生长所需的主要碳源）。更常见的是，补料培养基类似于基础培养基的浓缩版，相对于基础培养基的某些成分，浓缩度高达 15 倍。补料培养基可根据分批培养实验的数据进行设计，这些数据可确定养分消耗量和消耗率。营养分为基础培养基和补料培养基，以便在不达到溶解度限制或抑制浓度的情况下，以最佳水平将营养物质提供给细胞。某些营养物质，如葡萄糖，可以单独补料，以便更精确地控制培养基中葡萄糖的浓度，并防止不必要的代谢物（如乳酸）的积累。

在工业环境中，在细胞系发育的早期阶段（例如转染和单细胞克隆）使用不同的培养基（不是以后用于接种培养和基础生产的培养基）可能不可取。预先使用已针对敏感步骤（如转染或克隆）优化的商用培养基，但可能需要较长的时间适应更丰富的基础和补料分批培养基配方。适应的步骤会延长项目的时间，使细胞承受额外的压力，可能导致选择不稳定的亚群。理想的细胞培养方法是利用单一的培养基，从转染、克隆到生产基础培养基，几乎不需要适应，而且克隆和基础培养基（补充生长因子等）之间只有很小的差别。

如前所述，大多数现代细胞培养生产过程使用化学成分明确的、无血清和无动物成分的培养基。这解决了由血清或动物成分引起的微生物或病毒制剂的潜在污染问题，以及不明确的培养基成分（如水解产物）的一致性和再现性问题。虽然化学成分明确的培养基已经使用了一段时间，而且许多有效的配方也很容易获得，但是通常需要对培养基进行进一步优化，以开发出一种针对特定克隆的有效的、高滴度的工艺。生长、代谢物和营养物质消耗情况在单个转染的克隆中可能会有所不同。因此，优化工作的目的是提高滴度，并保持所需的营养水平，优化微量元素、盐和渗透压，最大限度地减少代谢副产物的积累，防止细胞凋亡和活力丧失，避免细胞聚集或结团。

可制造性是工业细胞培养过程优化培养基的一个重要特性。哺乳动物细胞培养基非常复杂，通常包含50多种成分。在工业环境中，这种复杂性使得确保可扩展和可复制的培养基制备具有挑战性，从小规模的工艺开发到大规模的临床和商业制造，都能提供一致的性能。因此，现在通常的做法是制备碾磨和混合的"预混"干粉配方，并包含所有或大部分成分。根据制造商不同，可使用不同类型的铣削设备进行铣削，如球磨机、销磨机。预混粉末可小规模和大规模地重复生产，易于运输，具有可接受的保质期，并且通常只需要在使用前用水重新配制，然后再进行 pH 调整和过滤除菌。液体培养基配方或浓缩液也可由培养基制造商提供，但这些制剂或浓缩液的运输成本较高，保质期较短。

对于干粉配方，由于某些成分的溶解度限制，可能需要将整个配方分成多个预混合粉末。通常，由 1~2 种预混粉末组成的培养基是最理想的，以尽量减少培养基制备的复杂性。附加成分也可以单独添加或以补充剂的形式添加，这取决于该成分在溶解度、稳定性和灭菌要求方面的属性。培养基配方的优化应考虑原材料可用性（双源或多源）、溶解度、渗透压、可扩展性、室温下的稳定性、干粉成分的润湿性以及最终研磨和混合的干粉或重组液体培养基的一致性。某些粉末制造工艺，如 Gibco Advanced Granulation Technology（ThermoFisher），通过使用 pH 值和渗透压已调整的培养基粉末，并且只需要在使用前用水重新组合和过滤除菌。另外，Millipore Sigma 已开发出一种培养基粉末压制技术，可用于优化颗粒尺寸，以改善培养基处理和溶解，并尽量减少粉尘的形成。然而，在制造环境中，所有培养基粉末和组分的多个供应商至关重要，以降低潜在的供应链问题。使用专有粉末配方可能会限制单一供应商的采购。

保证培养基中某些成分的稳定性和溶解性具有重要作用。养分有效性和氧化还原平衡的变化可能是由培养基成分的降解或沉淀引起的。液体培养基通常需要低温保存，并在储存期间进行避光保护，以防止光敏或不耐热组分失效。几种氨基酸，包括谷氨酰胺、酪氨酸和半胱氨酸具有稳定性和/或溶解度的问题，限制了在培养基中以必要浓度提供这些成分的能力。此外，某些生长因子，包括胰岛素和胰岛素样生长因子，以及许多维生素，在液体培养基中可能不稳定。培养基在设计时需要克服这些限制，包括不稳定成分，如谷氨酰胺和生长因子，在使用前以单独的补充形式添加，并作为补料培养基的一部分持续供应，以避免耗尽。氨基酸也能以小肽或二肽的形式提供，以提高稳定性和溶解度，在培养基中须提供更高浓度的氨基酸。

渗透压是培养基设计中的一个主要问题。所有离子，包括盐、氨基酸、缓冲剂和脂肪酸，都能影响渗透压。高渗透压（＞450mOsm/kg）可导致细胞生长、滴度和细胞活力下降，细胞大小和倍增时间增加。在 450mOsm/kg 以下，增加渗透压对细胞生长的直接影响有限。事实上，在生产阶段，较高的渗透压（高达约 400mOsm/kg）可使效价提高 20％以上。然而，将渗透压增加到 450mOsm/kg 也会导致氨和乳酸的产量更高，从而间接影响培养性能。因此，用于在 CHO 细胞中表达重组蛋白生产的培养基通常设计为相对较低的渗透压（250～350mOsm/kg），而补料培养基在生产过程的后期须增加渗透压。

工程设计也是一个关键的方面。细胞因机械搅拌、喷射和发泡产生的剪切应力而受损。在化学成分明确的无血清培养基中尤其明显，这可能是因为其蛋白质含量总体较低。因此，在生物反应器中，泡沫的产生是生物反应器中的一个重要问题，原因有多种。除了对细胞活力和生产力的负面影响外，严重的情况下，泡沫可能会导致排气过滤器堵塞、过度加压和污染，从而对工艺造成灾难性的后果。如前所述（多胺部分），保护性聚合物和表面活性剂（如 Pluronic F-68 和消泡剂），通常包含在化学成分明确的培养基中，以减少剪切相关损伤并控制发泡。优化培养基中的 Pluronic 和消泡剂浓度有助于最大限度地减少剪切和泡沫引起的损害，同时最大限度地减少对生物反应器环境中氧转移和体积溶氧传递系数的负面影响。

培养基制备过程中对病毒的控制是另一个重要的问题。灭活方法包括采用紫外线（UV）照射、伽马辐射、热、极端 pH 值或溶剂/洗涤剂暴露。对于化学成分明确的培养基，超滤和短时高温（high temperature short time，HTST）处理已被用来降低病毒引入的风险。HTST 虽然有效，但会导致细胞培养基中形成沉淀或不溶性颗粒。研究表明，在基本培养基配方中调整钙盐和无机磷酸盐浓度可显著减少热处理引起的沉淀量。

2. CHO 培养基优化的实验方法

一旦确定了所需细胞培养基的关键设计元素，就可以采取几种不同的和潜在的互补的方法来优化培养基。基本上，培养基中每个成分的比浓度应根据细胞系的利用率以及它对效价、生长和产品质量的影响进行优化。还必须考虑多个培养基成分之间的相互作用，这可能会使使用简单的单次单因子（one-factor-at-a-time，OFAT）方法的优化工作复杂化。

前面描述的许多必需的介质成分，包括葡萄糖、氨基酸、维生素、脂类和脂肪酸，在细胞生长过程中以化学计量方式消耗，因为它们要么被转化为生物量和重组产品，要么被用作能源。因此，可以通过分析废细胞培养基并计算每种成分的比利用率，对这些营养物质进行化学计量优化。已开发出哺乳动物细胞生长和单克隆抗体表达的化学计量模型，并成功地用于优化细胞培养基和补料中葡萄糖、谷氨酰胺和氨基酸浓度，从而显著提高细胞密度和产品滴度。虽然最初是为杂交瘤培养而开发的，但这种化学计量模型也被应用于重组 γ-干扰素表达的 CHO 细胞过程，从而改善了最终产品的生长、生产和糖基化，减少了代谢副产物在培养基中的积累。这些研究表明化学计量模型在培养基优化中的普遍适用性。

虽然基于消耗和消耗率的化学计量营养平衡可能是培养基优化的有效方法，但它不能够深入观察和了解通过复杂细胞代谢途径的营养物质流动。另一方面，代谢通量分析（metabolic flux analysis，MFA）旨在通过测量细胞培养生长和生产阶段中各个途径的营养物质和代谢中间体的流量率，来解释构成细胞代谢的主要途径和生化反应。物质平衡反应很难应用于复杂的细胞代谢系统，在复杂的细胞代谢系统中会发生大量反应，包括一些流量很低的反应，这些反应可能难以量化。在这种情况下，可以将整体分析简化为仅包含最重要且特征最明确的途径，并且具有可解释大部分葡萄糖和氨基酸代谢以及转化为生物量和产品的可测量的通量。

前面提到的化学计量分析定义了动物细胞生长和蛋白质表达所涉及的关键代谢和营养需求，并最终将化学计量模型应用于 CHO 细胞培养过程，为 CHO 细胞 MFA 的未来开发和应用开辟了道路。MFA 已被用于模拟 CHO 细胞的中心代谢，并已应用于 CHO 细胞培养过程，以深入了解葡萄糖和氮的利用以及乳酸的消耗。最近的研究已经为 CHO 细胞建立了非常完整的代谢模型，使用计算机模拟模型来预测改良营养条件下的细胞反应，从而更轻松地进行培养基和工艺开发。

3. 高通量 CHO 细胞培养基优化实验设计与应用

由于细胞培养基非常复杂，在许多情况下含有的成分超过 50 种，因此，培养基配方的优化非常具有挑战性。单次单因子的培养基优化方法对于这种复杂的公式来说是非常耗费人力和资源的。这种方法一次只改变一种成分的浓度，同时保持所有其他成分的浓度不变，因此这种工作将需要大量的培养皿和大量的工作时间来完成。此外，该方法无法识别成分之间的相互作用，因此，在培养基优化方面的潜力有限。

统计实验设计（DoE）的使用已被证明可通过一次评估多个组分及其相互作用，减少必要的实验规模和数量以及观察培养基之间复杂的相互作用来简化和改进这项工作。存在许多不同的统计设计，每种都有其独特的优势。设计范围从大型全因子设计（在所有可能的组合中，在两个或多个级别上评估多个因子）到分数因子设计（仅对组合的子集进行评估），到更复杂的模型，如 Plackett-Burman（PB）、Central Composite 和 Box-Behnken，这些模型可以识别主要影响以及一些相互作用，同时减少了所需的总体实验数量。PB 设计在筛选大量因素的同时对最小化实验数量非常有效。然而，结果可能会被双因素相互作用所混淆，因此，一旦确定了关键因素和主要影响因素，就需要使用不同的设计来进一步优化。在 CHO 细胞培养基开发中使用统计 DoE 的早期示例是利用 PB 样式筛选设计来开发配方，以改善无血清培养基中的生长和重组蛋白表达。由于这些早期的努力，统计设计的使用已经成为细胞培养基优化的常规方法，结合 PB 型设计初步筛选主要影响和相互作用的成分，在随后的实验中，采用集中复合或定制设计来确定最佳配方。

培养基混合是另一种用于简化复杂细胞培养基成分的方法，同时也可用于评估单个成分及其相互作用。通过这种方法，以不同的比例混合总体成分或将不同浓度的特定组分以产生更多的培养基"混合物"，然后可以筛选其对细胞生长和重组蛋白表达的影响。如前所述，这种方法在开发哺乳动物细胞培养基的早期工作中被使用，并创造出重要的突破性配方，如 DMEM/F12 和 RDF。培养基混合仍然用于优化研究，以尽量减少因使用成分而引起的溶解度、渗透压和 pH 值等变化的问题。可对混合培养基进行评估和直接比较，以确定混合配方，该配方比任何母体培养基都有改进，或者在不同混合物中的相对浓度对培养性能有显著影响的特定配方。此外，统计实验设计和分析也可以应用于培养基混合实验，以预测在所测试的培养基混合物组中的最佳配方。这些方法已成功用于优化 CHO 细胞培养基中的氨基酸、己糖和其他组分浓度，并已用于培养基优化的市售试剂盒的开发。

哺乳动物细胞培养基的成功优化需要能够同时运行和评估大量培养容器的能力。摇瓶可替换为较小规模的振动容器，如 50 mL 锥形管或孔板，以尽量减少所需的摇瓶空间，也可以与自动液体处理配对，以尽量减少与取样和补料相关的人工劳动。由 BioProcessors 公司开发的 SimCell 微型生物反应器系统包含一组 600 μL 的生物反应器，可以使多达 1000 个反应器并联运行，进行非常大的细胞培养实验，以优化培养基和参数。该系统通过与 Amgen 合作进行了评估，显示了 5L 系统的可比性和可扩展性，该平台最终被 Novo Nordisk 收购。最近，全自动、小规模生物反应器，通过内部叶轮、气体供应、pH 和溶解氧控制以及在线细胞计数，实现了细胞培养过程的高通量优化。这些类型的技术是非常有用和有价值的工具，极大地提高了研究人员正确和彻底地评估和优化复杂培养基配方的能力。

三、CHO 细胞培养基开发的新进展

现代方法的 CHO 细胞培养基发展已利用新的或现有的技术来推动提高性能，通过直接解决细胞代谢、基因组成和信号通路等问题，这些问题可以抑制生长和生产力，甚至可以通过凋亡等机制导致的细胞过早死亡。新技术可以支持生物反应器的自动化和无菌采样，以及通过过程分析技术（process analytic technology，PAT），如电容和拉曼光谱，进行实时分析和诊断，PAT 方法允许反馈回路调整以开发培养基成分。"多组学"技术的进步，结合来自基因组学、表观基因组学、转录组学、蛋白质组学、代谢组学和其他分析的数据，使我们能够对代谢及其控制有一个完整的了

解。最近在培养基设计方面取得进展的其他驱动因素包括使用高通量细胞培养设备和方法来解读和控制产品质量，特别是在生物类似物的产品质量匹配，以及需要长期保持高细胞密度以实现连续加工方面。解决这些问题需要开发高度定制的培养基，针对特定的细胞系和过程进行优化以最大限度地提高细胞生产力。

近年来，灌注技术越来越多地应用于种子培养（N-1）和/或生产阶段生物反应器，以提高细胞生长和生产力，提高生物反应器的使用效率，并降低制造成本。通过不断去除含有有毒代谢副产物的培养基，同时，以合理的速率不断地补加新鲜培养基，如果灌注培养基设计得当，灌注过程可以消除营养物质消耗和生长抑制的问题。与常规的分批或补料分批过程不同，在有细胞去除的情况下，灌注过程中的活细胞密度可高达 2000～3500 万个/mL，而无细胞去除的情况下，则可达到 2 亿个/mL。因此，灌注培养基需要经过特殊设计，以支持非常高的细胞密度和生长速度。

尽管在 CHO 细胞培养中用于重组蛋白表达的各种灌注操作之间存在差异，包括 N-1 灌注、浓缩进料分批灌注和连续灌注生产，但灌注培养基开发的起点通常是用于补料分批培养的基础培养基和补料培养基。通过优化现有基础培养基和补料培养基之间的比例、去除不必要的成分、增加培养基深度、优化渗透压以及重新平衡氨基酸和维生素，实现了灌流培养基开发的一个成功案例，其滴度为每天 1.2g/L。在灌注培养基的开发过程中，必须考虑操作简单性和与制造设备的兼容性等问题，而不仅仅是设计补料分批培养基。尤其是在灌注过程中，较低的灌注率是非常理想的，因为它们需要较小体积的灌注培养基。因此，在灌注培养基的研制中应优先考虑这一点。为精确输送营养而配制的浓缩培养基可促进生产过程并降低成本。尽管灌注实验和过程通常在台式生物反应器中进行，但已在深孔板、旋转管以及自动化生物反应器中开发了廉价和方便的灌注缩小模型，该模型使大型统计分析 DoE 筛选优化灌注培养基成为可能。

基因组和转录分析方法也被用来评估 CHO 细胞培养过程和确定培养基改进的领域。比较同一单克隆抗体生产细胞系的高滴度和低滴度补料分批过程，并发现由于培养基配方不同基因表达也存在显著差异，对影响细胞生长和活力的代谢途径有特殊影响。此外，鉴定与脂质代谢相关的基因在两种培养基之间的差异表达允许基于转录数据对现有的培养基配方进行有针对性的优化，从而使该培养基的滴度提高 20%。

代谢组学方法也可以用于优化培养基配方。利用高效液相色谱-质谱（HPLC-MS）来表征细胞内和细胞外的代谢物，这些代谢物来源于氨基酸、培养基各成分和各种代谢途径，这些代谢物在细胞培养过程中积累在培养基中抑制生长或触发细胞凋亡。此外，使用质谱和核磁共振来鉴定和定量代谢副产物，这些副产物在补料分批过程中积累并抑制生长，尽管在此过程中对乳酸、氨和渗透压有很好的控制。这些生长抑制分子被确定为某些氨基酸（包括苯丙氨酸、酪氨酸、色氨酸、甲硫氨酸、亮氨酸、丝氨酸、苏氨酸和甘氨酸）代谢的分流副产物。研究表明，在细胞培养过程中，通过以与特定消耗率相匹配的补料速率来控制氨基酸水平，可以控制抑制剂的积累，并提高生长和生产力。

虽然基因组学和代谢组学方法已被证明在改善 CHO 细胞培养过程中是有用的，但通过将这些技术与其他"组学"分析（包括蛋白质组学、糖组学、表观基因组学、流式组学、脂类组学和转录组学）相结合，可以实现更大的进步，以建立更完整的代谢模型。此外，还开发了 CHO-K1、CHO-S 和 CHO-DG44 谱系的细胞特异性模型，将每个细胞系的转录组、代谢组学和蛋白质组数据与基因组规模代谢模型相结合。随着对组学有利的分子和分析技术的不断进步，这些模型可以通过结合糖组学、蛋白质组学和表观基因组数据来模拟产品质量和细胞系稳定性，以及代谢来控制生长和生产力。将这些类型的高级分析应用于 CHO 单元过程的开发，可以潜在地实现高度专业化的培养基开发，根据其独特的"多组学"特征为特定的细胞系量身定做培养基。

某些以细胞通路和机制为靶点，与细胞健康或蛋白质表达有关的分子可以添加到细胞培养基中。细胞凋亡和自噬是细胞程序性死亡过程，可由营养耗竭或环境压力触发，从而可能降低整体细胞健康和细胞培养性能。添加凋亡抑制剂和自噬抑制剂，在某些情况下可以改善重组蛋白的表达。受生产规模成本的限制，大多数补充剂并没有被广泛使用。

然而，某些广泛使用的生长因子，如胰岛素、IGF-1 和 LongR3 已被证明通过抑制细胞凋亡来提高生长和生产力。某些小分子（包括已知的抑制组蛋白脱乙酰基酶的丁酸钠和丙戊酸）通过提高基因的可表达性来提高转录水平，并将细胞周期阻滞在 G1 期，增加培养基中生产细胞的数量，并且评估了它们对 CHO 和其他哺乳动物细胞系中重组蛋白表达的影响。虽然这些分子被证明可以提高特定的生产力，但会抑制生长和诱导凋亡，降低总体生产力。这可以通过增加培养时间和浓度来控制，以及控制凋亡的策略，如降低温度。

除了培养基配方外，补料策略还可以通过优化营养吸收率和减少抑制性代谢副产物的积累从而改善细胞生长和生产力。辉瑞公司的研究人员实施了一种由细胞培养物的 pH 值触发的葡萄糖补料策略，该策略可最大限度地减少培养基中乳酸的积累，并显著提高生长、滴度和比生产率。该方法是基于消耗葡萄糖时乳酸消耗引起 pH 值升高到一个非常低的水平。pH 值的升高触发了葡萄糖的供给，由于葡萄糖的消耗和乳酸的产生，使得 pH 值下降。基本上，通过葡萄糖补料使 pH 值控制在较高的范围内，因此被称为高端 pH 控制葡萄糖输送（Hi-End pH-Controlled Delivery of Glucose，HIPDOG）。这一巧妙的策略也被修改为与混合灌注和分批进料过程一起使用，其中灌注进料的速率同样由 pH 值控制（HIPCOP）。同时，Genentech 公司的工作人员已经证明了动态补料策略的好处，通过在线电容式细胞密度测量或自动葡萄糖监测添加高度优化的补料培养基，同时也使某些细胞系滴度的显著提高。这样的补料策略，加上充分优化的培养基配方，可以真正最大限度地提高 CHO 细胞的生长潜力和生产力。

总结与展望

CHO 细胞由于具有很多优势，是目前重组蛋白药物生产的主要表达系统，CHO

细胞包括如 CHO-K1、CHO-DXB11（或 DUKX）、CHO-DG44 和 CHO-S 等多种细胞系。CHO 细胞大规模培养方式以悬浮为主，包括分批培养、重复分批培养、微载体培养、流加培养（补料分批培养）、灌注培养等多种方式。

　　CHO 细胞培养基已经从含有血清的早期配方发展到含有复杂水解物的培养基，再到完全化学成分明确和无蛋白的配方。基础和补料培养基重新平衡以优化营养输送，同时控制最终渗透压以及化学计量补料，细胞培养工艺和培养基设计相结合共同致力于最大限度地提高性能和一致性。尽管将继续使用经验方法，但是计算机建模可有助于加速将来的培养基开发。现代的"组学"方法有助于对机制的了解，以进一步开发和优化培养基，确保生物制造过程中细胞表达的高效和稳定。通过对细胞营养与代谢和外源蛋白表达机制等机理的深入研究，将进一步促进无血清培养基的开发，使CHO 细胞培养在生物制备、基因工程、细胞移植等领域得到更广泛的应用。

参 考 文 献

林福玉，陈昭烈，刘红，吴本传，李世崇，黄培堂，2000. 5 L 生物反应器中长期灌流培养 CHO 工程细胞生产 rt-PA. 军事医学科学院院刊 24，44-48.

Bruhlmann D，Sokolov M，Butte A，Sauer M，Hemberger J，Souquet J，Broly H，Jor-dan M，2017. Parallel experimental design and multivariate analysis provides ef-ficient screening of cell culture media supplements to improve biosimilar product quality. Biotechnol Bioeng，114：1448-1458.

Duarte T M，Carinhas N，Barreiro L C，Carrondo M J，Alves P M，Teixeira A P，2014. Metabolic responses of CHO cells to limitation of key amino acids. Biotechnol Bioeng，111：2095-2106.

Feeney L，Carvalhal V，Yu X C，Chan B，Michels D A，Wang Y J，Shen A，Ressl J，Dusel B，Laird M W，2013. Eliminating tyrosine sequence variants in CHO cell lines producing recombinant monoclonal antibodi-es. Biotechnol Bioeng，110：1087-1097.

Fischer S，Handrick R，Otte K，2015. The art of CHO cell engineering：A comprehen-sive retrospect and future perspectives. Biotechnol Adv，33：1878-1896.

Halliwell B，2014. Cell culture，oxidative stress，and antioxidants：avoiding pitfalls. Biomed J，37：99-105.

Hecklau C，Pering S，Seibel R，Schnellbaecher A，Wehsling M，Eichhorn T，Hagen J，Zimmer A，2016. S-Sulfocysteine simplifies fed-batch processes and increases the CHO specific productivity via anti-oxidant activity. J Biotechnol，218：53-63.

Jordan M，Stettler M，2014. Tools for high-throughput process and medium optimiza-tion. Methods Mol Biol，1104：77-88.

Jordan M，Voisard D，Berthoud A，Tercier L，Kleuser B，Baer G，Broly H，2013. Cell culture medium im-provement by rigorous shuffling of components using media blending. Cytotechnology，65：31-40.

Lim U M，Yap M G，Lim Y P，Goh L T，Ng S K，2013. Identification of autocrine growth factors secreted by CHO cells for applications insingle-cell cloning me-dia. J Proteome Res，12：3496-3510.

Ling W L W，Bai Y，Cheng C，Padawer I，Wu C，2015. Development and manufac-turability assessment of chemically efined medium for the production of pro-tein therapeutics in CHO cells. Biotechnology Progress，31.

Luo J，Vijayasankaran N，Autsen J，Santuray R，Hudson T，Amanullah A，Li F，2012. Comparative metabo-lite analysis to understand lactate metabolism shift in Chi-nese hamster ovary cell culture process. Biotechnol Bio-eng，109：146-156.

Maralingannavar V，Parmar D，Pant T，Gadgil C，Panchagnula V，Gadgil M，2017. CHO Cells adapted to inorganic phosphate limitation show higher growth and higher pyruvate carboxylase flux in phosphate replete conditions. Biotechnol Prog，33：749-758.

Miki H，Takagi M，2015. Design of serum-free medium for suspension culture of CHO cells on the basis of general commercial media. Cytotechnology，67：689-697.

Mulukutla B C，Kale J，Kalomeris T，Jacobs M，Hiller G W，2017. Identification and control of novel growth inhibitors in fed-batch cultures of Chinese hamster ovary cells. Biotechnol Bioeng，114：1779-1790.

Ozturk S S，2014. Equipment for large-scale mammalian cell culture. Adv Biochem Eng Biotechnol，139：69-92.

Pegg A E，2016. Functions of Polyamines in Mammals. J Biol Chem，291：14904-14912.

Peng H，Hall K M，Clayton B，Wiltberger K，Hu W，Hughes E，Kane J，Ney R，Ryll T，2014. Development of small scale cell culture models for screening poloxamer 188 lot-to-lot variation. Biotechnol Prog，30：1411-1418.

Pohlscheidt M，Charaniya S，Kulenovic F，Corrales M，Shiratori M，Bourret J，Meier S，Fallon E，Kiss R，2014. Implementing high-temperature short-time media treatment in commercial-scale cell culture manufacturing processes. Appl Mi-crobiol Biotechnol，98：2965-2971.

Rameez S，Mostafa S S，Miller C，Shukla A A，2014. High-throughput miniaturized bioreactors for cell culture process development：reproducibility, scalability, and control. Biotechnology Progress，30：718-727.

Reinhart D，Damjanovic L，Kaisermayer C，Sommeregger W，Gili A，Gasselhuber B，Castan A，Mayrhofer P，Grunwald-Gruber C，Kunert R，2019. Bioprocessing of Recombinant CHO-K1，CHO-DG44，and CHO-S：CHO Expression Hosts Favor Either mAb Production or Biomass Synthesis. Biotechnol J，14：e1700686.

Robitaille J，Chen J，Jolicoeur M，2015. A single dynamic metabolic model can describe mAb producing CHO cell batch and fed-batch cultures on different culture media. PLoS One，10：e0136815.

Rouiller Y，Perilleux A，Collet N，Jordan M，Stettler M，Broly H，2013. A high-throughput media design approach for high performance mammalian fed-batch cultures. MAbs，5：501-511.

Stolfa G，Smonskey M T，Boniface R，Hachmann A B，Gulde P，Joshi A D，Pierce A P，Jacobia S J，Campbell A，2018. CHO-omics review：the impact of current and emerging technologies on chinese hamster ovary based bioproduction. Bio-technol J，13：e1700227.

Torkashvand F，Vaziri B，Maleknia S，Heydari A，Vossoughi M，Davami F，Mahboudi F，2015. Designed amino acid feed in improvement of production and quality targets of a therapeutic monoclonal antibody. PLoS One，10：e0140597.

Xu P，Dai X P，Graf E，Martel R，Russell R，2014. Effects of glutamine and asparagine on recombinant antibody production using CHO-GS cell lines. Biotechnol Prog，30：1457-1468.

Yuk I H，Russell S，Tang Y，Hsu W T，Mauger J B，Aulakh R P，Luo J，Gawlitzek M，Joly J C，2015. Effects of copper on CHO cells：cellular requirements and prod-uct quality considerations. Biotechnol Prog，31：226-238.

Yuk I H，Zhang J D，Ebeling M，Berrera M，Gomez N，Werz S，Meiringer C，Shao Z，Swanberg J C，Lee K H，Luo J，Szperalski B，2014. Effects of copper on CHO cells：insights from gene expression analyses. Biotechnol Prog，30：429-442.

Zhang H，Wang H，Liu M，Zhang T，Zhang J，Wang X，Xiang W，2013. Rational development of a serum-free medium and fed-batch process for a GS-CHO cell line expressing recombinant antibody. Cytotechnology，65：363-378.

（米春柳　林　艳）

第七章
HEK293细胞培养基

近年来，用于重组蛋白药物生产的主要细胞为哺乳动物细胞，因为它们具有类似人类细胞的糖基化修饰方式，常用的细胞系有 CHO、NS0、Sp2/O-Ag14 等。然而，在 CHO 细胞中产生的糖蛋白缺乏某些人聚糖酶，会产生非人聚糖结构，当用作治疗药物时可能引发免疫反应。HEK293 细胞为人源化细胞，其生产的重组蛋白则避免了上述问题。HEK293 细胞最初用于生产腺病毒载体，目前也成为瞬时或稳定蛋白质表达的首选细胞系之一。HEK293 衍生的细胞系通常用于瞬时蛋白质生产，已成为一种广泛应用于生产重组蛋白的哺乳动物异源表达系统。

第一节　HEK293 细胞的种类、培养和应用

一、HEK293 细胞的种类

HEK 细胞是最早公布的 Ad5-转化的人类细胞系。HEK293 细胞是人肾上皮细胞系，有多种衍生株，比如 HEK293、HEK293A、HEK293T/17 等都是来源于人胚胎肾细胞，其极少表达细胞外配体所需的内生受体，且比较容易转染。HEK293 细胞系是原代人胚肾细胞转染 5 型腺病毒（Ad 5）DNA 的永生化细胞，表达腺病毒 5 的基因。商业化的 HEK 细胞均来源于 1977 年 Graham 转化的 HEK 细胞。目前，HEK293 细胞系已经成为一个常用的表达目的蛋白质的细胞株。

HEK293 细胞系及其衍生物广泛用于病毒包装的信号转导和蛋白质相互作用研

究，以及快速小规模蛋白质表达和生物制药生产。最初的 293 细胞是 1973 年通过剪切 5 型腺病毒 DNA 转化从一个流产的亲子关系不明的人类胚胎的肾脏中获得的细胞。人类胚胎肾细胞起初似乎不容易转化，经过多次尝试，仅在分离出一个转化克隆几个月后，细胞才开始生长，该细胞系称为 HEK293 或 293 细胞（ATCC 编号 CRL-1573）。已知有一个 4kbp 的腺病毒基因组片段整合在 19 号染色体上编码 E1A／E1B 蛋白，干扰细胞周期调控途径，抑制细胞凋亡。细胞遗传学分析证实 HEK293 系为亚三倍体。对 HEK293 家系进行了多重荧光原位杂交分析发现每个克隆中也可见多种核型，几乎所有的细胞都存在相对于人类参考基因组的染色体改变。

（一）HEK293T 细胞

HEK293 细胞中转入 SV40 大 T 抗原基因形成的衍生株，即为 HEK293T 细胞系。这使得包含 SV40 复制起始点的质粒能够在该细胞系中显著扩增，从而促进表达载体的扩增和蛋白质表达。HEK293T 细胞能同时表达 SV40 大 T 抗原。有些含 SV40 病毒的复制起始点（如 pcDNA3.1）真核表达载体，能够在表达 SV40 病毒 T 抗原的细胞系中复制，作为基因治疗的病毒基因载体，常用于腺病毒生产。293T 细胞容易转染，用磷酸钙、PEI 或脂质体转染，效率均可达 90% 以上。HEK293T 细胞除了可用于各类基因表达及蛋白质生产，还可用于高滴度逆转录病毒及其他病毒包装，如腺病毒、慢病毒等。293T/17 细胞是 293T 细胞中共转染 pBND 和 pZAP 质粒而获得的具有 G418 耐受的细胞系。该细胞系仍保留高转染效率的特点。293T/17SF 细胞是在 293T 细胞中转入 EBV 基因形成的转化细胞系，该细胞系主要用于瞬时转染及蛋白质表达，类似于 293E 细胞的作用。

（二）HEK293H 细胞

HEK293H 细胞是 HEK293 细胞驯化后得到的能够在无血清培养体系下快速生长、具有高转染效率及高效蛋白质表达性能的细胞系。由于该细胞系附着力好，可应用于噬菌斑检测等。

（三）HEK293A 细胞

293A（A 是 adherent 的首字母缩写）细胞是 293 细胞的衍生株，倾向于形成单层细胞（monolayer）。在进行病毒滴度测定的空斑试验（plaque assay）时，293A 细胞是均匀的单层，没有细胞重叠和间隙。

（四）HEK293E 细胞

HEK293E 细胞指的是在 HEK293H 细胞中插入 EBNA-1 基因的细胞系。该基因能够稳定表达 EBV 病毒的 EBNA1 蛋白。含有 EBV 复制起点（oriP）的重组表达质粒能够在 HEK293E 细胞中复制，并实现重组蛋白的高效表达。

HEK293-6E 细胞是在 HEK293H 细胞中插入截短后的 EBNA-1 基因的细胞系，

其能够在无血清培养基中高表达重组蛋白及病毒载体。由于 HEK293-6E 细胞为悬浮状态，主要用于重组蛋白的表达。

（五）HEK293S

HEK293S（S 是 suspension 的首字母缩写）细胞是被驯化成能够悬浮培养且能够耐受低钙离子培养条件的 HEK293 细胞系。将 HEK293S 细胞用甲基磺酸乙酯诱变处理，经蓖麻毒素选择后再转染 pcDNA6/TR 质粒得到耐受蓖麻毒素的细胞系即为 HEK293SG。该细胞系缺乏 N-乙酰氨基葡萄糖转移酶 I（N-acetyl-glucosaminyl transferase I，GnT I）活性（由 MGAT1 基因编码），促进 Man5GlcNAc2 N-聚糖糖基化修饰。该细胞系常用于同源的 N-糖基化蛋白的表达。此外，该细胞系中具有四环素表达抑制基因，可用于四环素诱导的蛋白质表达研究。HEK293SGGD 细胞系则在 HEK293SG 细胞基础上转染 pcDNA3.1-zeo-STendoT 质粒，主要用于糖基化工程研究。

（六）HEK293F 细胞

HEK293F（F 是 Fast-growth 的首字母）细胞是一类能够在无血清中高表达蛋白的野生型 HEK293 细胞系。HEK293FT 细胞是在 HEK293F 细胞系中插入 pCMV-SPORT6-TAg.Neo 质粒的转化细胞系，能够快速增殖，易转染，其能够用于慢病毒的生产。293FT 细胞能制造高滴度慢病毒。HEK293FTM 细胞则是来源于 Flp-InT-MT-RETM293 细胞，该细胞系中转染了 ectropic receptor 质粒及哺乳动物细胞蛋白质与蛋白质相互作用陷阱（mammalian protein-protein interaction trap，MAPPIT）报告质粒，该细胞系主要用于蛋白质互相作用的筛选。HEK293F 最常用于悬浮培养以及目的蛋白质瞬时表达的细胞株类型。293Flp-In293T-REx 细胞系能快速生成稳定的细胞系，能均匀表达 Flp-In 表达载体上获得的蛋白质。细胞在转录活跃的基因组位点上包含一个稳定整合的 FRT 位点，有针对性地整合 Flp-In 表达载体，确保目的基因高表达。Flp-Int-293 细胞系包含稳定整合的 pFRT lacZeo 和 pcDNA 6 TR（来自 T-REx 系统）。将 Flp-in 表达载体和 Flp 重组酶载体 pOG44 共转染 Flp-in 细胞系，可将表达载体定向整合到同一位点，保证基因表达的同质性。

HEK293 细胞在细胞生物学中的使用频率仅次于 HeLa 细胞，在 PubMed 上搜索 HEK293 细胞系及其衍生物会超过 20000 条目。它们在生物制药生产中的应用仅次于 CHO 细胞，并在小规模蛋白质生产和病毒载体转染中占据主要位置。然而，在某种程度上，HEK293 细胞来自单个人类胚胎，细胞系的建立及其在体外的持续生长对细胞施加了选择性条件，而这些条件往往是通过突变来适应的。HEK293 细胞在不同的实验室培养了几十年，很可能导致了不同的进行性基因组结构变化，需要进一步实验来验证这些突变在细胞转化、悬浮生长适应和新陈代谢中的作用。这些研究将有助于新一代 HEK293 细胞的设计，这些细胞更好地适应实验和制药生产的要求，可能对如何直接设计其他人类细胞株具有指导意义。

二、HEK293 细胞的培养

（一）HEK293 细胞的贴壁培养

1. 培养

HEK293 细胞适应在 pH 值 6.9～7.1 的弱酸性环境中生长。由于贴壁生长不牢固，换液时动作要轻柔。一般用高糖的 DMEM 培养基。HEK293 细胞在无 Ca^{2+} 或含 Ca^{2+} 培养基中生长良好，也可生长在血清浓度降低的培养基中。单层培养细胞在含 5%～10%FBS 的 DMEM 中能生长良好。

2. 传代

弃废液，PBS 轻洗一次，用少量 0.25%胰酶消化生长良好的细胞，轻摇培养瓶，使之覆盖所有细胞表面大约 30s，立即弃去消化液。镜下观察细胞变圆，加完全培养基终止消化，反复吹打至细胞全部为单个悬浮细胞即可。24h 内甚至更短时间 90%以上细胞贴壁。HEK293 细胞达到 80%～90%融合后进行 1∶3 传代。一般来讲，1∶10 传代后，一周后可以长满。如果细胞过度生长导致密度加大和堆积，传代时不易散开。HEK293 细胞在低代次时容易贴壁，生长良好，在传到几十代以后，易聚集成团，且贴壁不牢，用 PBS 冲洗时即可能脱落，即使消化后也不容易吹打成单细胞悬液，因此尽可能大量冻存备用。

3. 复苏

HEK293 细胞的生长特性是贴壁所需时间长且贴壁不牢固。细胞冷冻后复苏时，都有不同程度的肿胀，若以 50mL 培养瓶待细胞长满瓶底的 70%～80%时消化冻存，复苏时将其全部接种至 2 个 50mL 瓶中时较为合适。刚复苏的 HEK293 贴壁很慢，复苏接种后 24h 内，应尽量减少观察细胞次数或不作观察，以免因晃动而影响细胞贴壁。复苏后 48h 左右观察贴壁情况并进行首次更换培养基比较合适。使用一次性塑料培养瓶较玻璃瓶能增加细胞贴壁牢固度。换液前宜将培养基放入 37℃水浴锅预热。

4. 转染

体外应用 HEK293 细胞进行细胞转染时，如果采用磷酸钙转染，一定要注意细胞不要长满整个培养瓶，否则加入磷酸钙就会使 HEK293 细胞大片的脱落，以 HEK293 生长到 1/2 或 2/3 时进行磷酸钙转染最佳，可以避免细胞的大量脱落。

（二）HEK293 细胞的悬浮培养

1. 摇瓶培养

HEK293 细胞悬浮培养分为两种方式：摇瓶培养和生物反应器培养。摇瓶培养需要的设备包括：生物安全柜、恒温水浴锅、离心机、细胞计数仪、CO_2、恒温摇床、−80℃冰箱、液氮罐、冻存盒、冻存管、三角瓶（或肖特瓶）（瓶底为平面较好，减少细胞摇晃产生的剪切力）。如果摇床的温度控制和 CO_2 参数控制不准确，转速过低或者过高以及培养瓶不洁净，会导致细胞生长缓慢或者细胞活率低。

HEK293 细胞悬浮培养时，悬浮密度一般在 $55 \times 10^6 \sim 75 \times 10^6$ 个细胞/mL。CO_2 恒温摇床的条件为：$36.5 \sim 37℃$，$5\% \sim 8\%$ CO_2，摇床转速根据不同的摇床轴距和使用的容器会有较大差异。可以根据实际使用情况进行调整，35mm 轴距摇床的建议转速一般为 $150 \sim 175r/min$，50mm 轴距摇床的建议转速一般为 $100 \sim 110r/min$。生物反应器的培养条件为：$36.5 \sim 37℃$、40% 溶氧、pH7.1、转速为 $80 \sim 100r/min$。具体培养条件可根据实验室条件和细胞生长情况进行调整。应严格按照培养基试用说明进行细胞的驯化、传代、冻存、复苏等操作，细胞复苏的代次数建议不超过 30 代，每次传代的操作应按照说明书进行，通常传代的时间间隔为 $2 \sim 3$ 天，避免因培养时间过长影响细胞活性。

2. 生物反应器培养

工业生产治疗性蛋白质的工艺都是生物反应器。生产反应器种类主要包括机械搅拌式生物反应器和可抛弃式一次性 WAVE 反应器。机械搅拌式生物反应器，要求搅拌时剪切力小，混合性能好，如笼式通气搅拌生物反应器、离心式搅拌器细胞培养反应器。一次性抛弃式 WAVE 反应器，由 GE 公司 1998 年进行商品化生产，温和的波浪式运动可以替代不锈钢发酵罐，起到很好的供氧和混合的目的，运动产生的剪切力也很小，支持高密度大规模细胞培养。合同研发生产组织（contract development manufacture organization，CDMO）开发工艺，一般生物反应器工艺放大到 200L。根据药物使用剂量，临床阶段生物反应器需 $200 \sim 500L$，新药上市后，一般生物反应器为 2000L 以上，单位成本处于较低水平。

生物反应器细胞培养的主要方式包括批式培养、流加培养及灌流工艺。批式培养将细胞和培养液一次性装入反应器内，进行培养，细胞不断生长，产物也不断形成，经过一段时间后，将整个反应系取出。流加培养先将一定量的培养液装入反应器，在适宜条件下接种细胞进行培养，随着细胞生长，营养物质不断消耗同时形成副产物，新的营养成分不断补充至反应器，使细胞进一步生长代谢，到反应终止时取出整个反应系。灌流工艺是将细胞种子和培养液一起加入反应器进行培养，一边加入新的培养液，另一边将反应液取出，使得反应条件处于一种稳定状态。

2020 年，有学者开发一种 HEK293 细胞连续灌流培养的级联控制系统，同时调节连续灌流 HEK293 细胞培养的葡萄糖水平和代谢物水平。内环包括部分反馈线性化，这需要评估生物质比生长速率和葡萄糖摄取速率。后者通过滑模观测器完成，其不需要工艺模型形式的先验工艺知识。然后，线性化的工艺由外环调节，包括两个经典的自动调谐 PI 控制器。四个操纵变量分别是低葡萄糖浓度的补液流速，另一个高葡萄糖含量的补液液流、废弃液流和灌流液流。该控制策略能够达到并调节给定的设定值，可以应用于即插即用的方式，并显示出令人满意的稳定性。

3. 细胞培养方法

（1）细胞的驯化

HEK293 细胞悬浮培养过程中，如果更换培养基类型或品牌，一般需要进行培养基的驯化适应。驯化的方法分为直接驯化和间接驯化两种。直接驯化是将处在对数生长期且生长良好的细胞直接稀释到新的培养基中进行正常的培养，即直接驯化使用的驯化培养基为用于进行替代的培养基。间接驯化与直接驯化的操作相仿，但是所使用的驯化培养基为原培养基和替代培养基按不同比例混合的配制培养基，原培养基和替代培养基的混合比例由高到低为 75∶25、50∶50、25∶75、10∶90、0∶100。在驯化过程中先用原培养基比例较高的混合培养基进行培养，然后逐步降低原培养基的使用比例，直至 100％使用替代培养基进行培养。通常建议先直接驯化，直接驯化无法成功的情况下再使用间接驯化。

驯化也可在贴壁的情况下进行。贴壁 HEK293 细胞适应于悬浮过程分为两个阶段，即细胞在保持贴壁的同时脱离血清和适应于无血清的悬液中。该过程的第一步是在 Eagle's 最低基本培养基中添加 10％胎牛血清复苏 HEK293 细胞，并在 T-75T 三角瓶中培养数天，使细胞从冷冻保存中恢复过来。将细胞在 DMEM 中传代，每隔 3～4 天传代一次，同时每隔几代逐渐减少 FBS 的浓度，从 10％到 5％，再到 2.5％。贴壁细胞在 5％ CO_2，37℃，湿度 80％的条件下，以 20000 个细胞/cm^2，大约 90％的融合度传代。将含 2.5％胎牛血清的细胞传代到无血清悬浮培养基中，在挡板摇瓶中培养，观察细胞的生长速度和存活率。一旦适应，悬浮细胞被大量扩增和冷冻，以创建一个主细胞库。培养箱在 37℃、80％湿度、5％ CO_2 和 125r/min 的条件下培养和维持细胞。细胞以 $0.5×10^6$ 个活细胞/mL 传代，细胞密度维持在 $2.5×10^6$～$3.5×10^6$ 个活细胞/mL 之间。用细胞计数仪计算细胞密度和存活率。

虽然贴壁 HEK293 细胞能够成功悬浮驯化至无血清培养基中，但仍有细胞结团存在。为解决这一问题，可在后续悬浮驯化时加入 1/500 的抗结团剂，并在传代过程中用 70μm 尼龙筛进行过滤。悬浮的 HEK293 细胞比较容易大规模培养，但不易长期保持稳定。HEK293 细胞在传代 120 次以后，如果生长状况不再完全是单层的，局部会成团聚集，应立即抛弃，重新接种细胞。

HEK293 细胞在转染后的蛋白质表达过程中会不断消耗培养基中的营养物质，此时适当添加含有营养物质的补料可以延长转染后的细胞培养时间并提高蛋白质产量。在转染后 24h 添加一次补料，之后每隔 48h 添加一次，单次添加量在 1％～5％，可以有效提高蛋白质产量（最高可以提升 2.5 倍）。另外，谷氨酰胺是细胞培养所必须的氨基酸，但由于谷氨酰胺易降解，所以一些无血清培养基中并不含有谷氨酰胺，需要在实验时单独添加（终浓度为 4mmol/L）。

（2）细胞的复苏

细胞复苏时的起始密度应当略高于正常传代时的起始密度，复苏使用的培养基最好为细胞冻存前扩增培养使用的培养基。复苏时先将冻存管置于 37℃水浴轻轻晃动直至细胞完全融化（时间控制在 1min 内），细胞融化后用移液管或者移液器转移至三角瓶或离心管中，加入 37℃预热的培养基（开始时逐滴加入，其后可以提高加液速度）摇匀后置于 CO_2 恒温摇床中培养。由于冻存液中的 DMSO 对细胞会有一定的毒性，有的商品化培养基在复苏过程中需要离心去除冻存液中的 DMSO，有些则不需要。

（3）细胞的冻存

冻存的细胞必须选择处于对数生长期（一般为传代后第 3 天）且细胞活率在 90％以上的 HEK293 细胞。根据使用的无血清培养基品牌的不同，冻存液的配制也有所差异，一般有两种常见的配制形式：10％ DMSO 和 90％新鲜无血清培养基；7.5％ DMSO，46.25％新鲜无血清培养基以及 46.25％条件无血清培养基。分装好细胞的冻存管应先放到事先预冷（4℃过夜）的程序降温冻存盒中，置于 −80℃冰箱（程序降温盒每分钟下降 1℃）内过夜后转入液氮罐中长期保存。

（4）瞬时转染

HEK293 悬浮细胞转染广泛使用的是 PEI 转染。虽然 PEI 对细胞具有一定的毒性，但是基本能够满足转染的效率需求且转染的成本较低。转染前细胞活率要达到 90％甚至以上，细胞密度不得高于 $2.5×10^6$ 个细胞/mL，但是也不能太低，否则会降低蛋白质产量。转染后 48～72h 即可收样，通过配合补料的使用，HEK293 无血清表达体系最长可以在转染后第 9 天收样，蛋白产量的最高峰通常在转染后的第 4～7 天不等（不同蛋白的表达情况不同）。

三、HEK293 细胞的应用

HEK293 细胞在培养体系中能够快速增长，经过适当的驯化可实现高密度悬浮培养，以用于大规模表达。HEK293 细胞广泛用于治疗生物制品的生产，包括用于新型疫苗、基因及细胞治疗、重组蛋白及病毒载体的生产等各领域。

（一）病毒的生产

腺病毒相关病毒（Adeno-associated virus，AAV）载体是开发治疗性疫苗、对抗感染性疾病疫苗以及细胞治疗药物中最常用的病毒载体之一。随着临床对大量有效的重组 AAV 生产需求的增加，出现了许多新的可扩增的生产方法。有学者研究了一种容易扩大培养的生产 AAV-2 的方法，即在悬浮和无血清的 HEK293 细胞中，通过三次瞬时转染，从贴壁的、血清依赖的 HEK293 细胞系，使用摇瓶和 5L wave bag 生物反应器将其适应于无血清悬浮培养基，并被转染用于大规模生产 AAV-2。HEK293 悬浮细胞产生的载体基因组滴度为 $2.37×10^2$ Vg/个细胞，远大于贴壁细胞产生滴度 $1.19×10^2$ Vg/个细胞。

（二）重组蛋白的生产

人 HEK293 细胞系是一种重要的生产人源化糖蛋白的宿主细胞。HEK293 细胞能完成所有的翻译后修饰，能为蛋白质的功能和复合物的组装提供所有的辅助因子，能够表达需要复合物折叠机制的所有哺乳动物蛋白。2014 年，FDA 或 EMA 批准了几个应用人类细胞系生产的治疗性蛋白质，如防血友病 A 型和 B 型流血发作的 rF-VIIIFc 和 rFIXFc。有学者通过优化瞬时共转染 2L（8×250mL）的 HEK293F 细胞表达系统的转染条件，纯化得到蛋白质 HDAC1、SDS3 和 Sin3A 三重蛋白质复合物，

1L 培养基的纯化蛋白质产量接近 1mg。

第二节　HEK293 细胞培养基及制备

一、HEK293 细胞经典培养基

HEK293 细胞培养基成分通常为 MEM（含 2mmol/L L-谷氨酰胺和 Earle's BSS，1.5g/L NaHCO₃，0.1mmol/L 非必需氨基酸，1.0mmol/L 丙酮酸钠）或者高糖 DMEM 添加 5%～10% FBS。高糖型 DMEM 有利于 HEK293 细胞生长和附着等。

二、HEK293 细胞无血清培养基

HEK293 细胞悬浮培养一般使用无血清培养基进行，由于在使用过程中不添加血清，成本相对较低，并且可以避免血清源性污染以及血清来源不同和批次不稳定造成的实验/生产批次差异。培养基有可能会因为批次间差异、运输存放不符合要求等使产品质量出现异常，此时可以通过设置合理的对照实验分析是否为培养基出现问题。

HEK293 细胞无血清培养基的关键成分

HEK293 细胞无血清无蛋白质培养基根据细胞体外生长的营养需求，选择不同营养物质以替代动物血清所发挥的作用，并对不同营养物质的比例进行了合理调整，通过添加抗剪切力物质和抗结团物质，实现了不需要补充血清也可以维持高密度悬浮培养 HEK293 细胞，并维持细胞的正常形态，使细胞分散不结团，同时保持正常的生长速度，利于目的基因的转染和表达。除了和其他哺乳动物细胞相同的碳源、氨基酸、无机盐之外，其关键成分还有以下几种：

1. 微量元素

HEK293 细胞无血清培养基中添加了血清含有的无机微量元素，如 Mn、Cu、Zn、Mo、Se、Fe、Ca、Mg、Si、Ni 和不常用的微量元素如 Al、Ag、Ba、Br、Cd、Co、Cr、F、Ge、J、Rb 和 Zr。微量元素在细胞生理过程中主要起调节和控制作用。铁是血红素的辅基。铜是超氧化物歧化酶的辅基。硒的主要功能是抗氧化和促进细胞生长，硒以硒蛋白家族形式在动物细胞中发挥生理作用，目前已被确认的形式有 11 种。据研究，这些蛋白质均参与抗氧化活动，如谷胱甘肽过氧化物酶和硫氧还蛋白酶。在某些情况下，特定微量元素的加入会降低对某种生长因子的需求。研究发现，钙参与细胞增殖活动，这对于很多过程如信号转导、细胞分裂和细胞黏附等很重要。钙调蛋白可通过不同的浓度水平调节细胞分裂过程中的很多丝氨酸/苏氨酸激酶活性。在很多生产系统中，细胞结团会降低产量和细胞存活率。如降低培养基中的钙浓度，很多搅拌培养系统中被证明对避免结团十分有效。

2. 维生素

维生素是细胞生长和代谢中许多酶的辅基和辅酶。维生素包含维生素 C、生物

素、叶酸、尼克酰胺、泛酸盐、吡哆醛、核黄素和硫胺。细胞培养基中的维生素主要是 B 族维生素，在 HEK293 细胞悬浮培养基中添加包括 B 族维生素在内的多种复合维生素，可以明显促进 HEK293 细胞的悬浮增殖。维生素 H 作为多种酶的辅酶，参与体内的脂肪酸和碳水化合物的代谢，还可促进蛋白质的合成。叶酸是一碳单位转移酶系的辅酶，还参与嘌呤和胸腺嘧啶的合成。维生素 B_2 是一些重要的氧化还原酶的辅基，如琥珀酸脱氢酶、黄嘌呤氧化酶及 NADH 脱氢酶等，主要参与呼吸链能量产生等生化反应。维生素 B_6 主要以磷酸吡哆醛的形式参与近百种酶的反应，多数与氨基酸代谢有关，包括转氨基、脱羧、侧链裂解、脱水及转硫化作用等。维生素 E 是细胞膜的重要组成成分和主要抗氧化剂。烟酰胺是辅酶 I 和辅酶 II 的组成部分，为许多脱氢酶的辅酶。氯化胆碱既是细胞膜的成分，又能促进脂肪分解。

培养基中的维生素的浓度相对较低，被作为辅助因子利用。不同细胞系对它们的营养需求存在很大不同。因此，这些辅助因子在不同的培养基中变化很大。维生素对细胞的限制表现在细胞生长和存活上，但不影响细胞最高密度。培养基中的维生素水平随细胞种类的不同而不同。每种维生素的含量都是根据具体的细胞系依据经验添加。因此，每种培养基都需要根据不同的情况而设计。

3. 脂类

脂质是生物膜的主要成分，也可以作为哺乳动物细胞的能量来源和信号分子。它们是内质网和高尔基体（负责蛋白质合成、折叠、翻译后修饰和分泌的细胞器）的关键组成部分。一般来说，HEK293 细胞能够自行合成脂类。重组 HEK293 细胞能在无脂培养基中适应和生长，且细胞增殖速率和产物活性无明显下降。然而，在无血清培养基中补充脂质已被证明有益于细胞活力和产物糖基化。脂类物质除了为细胞提供脂类营养，还可促进细胞的新陈代谢、分裂速率，促进转基因产物的表达。因此，在培养基中选择的脂质补充剂如孕酮、亚麻酸、油酸、亚油酸、胆固醇和花生四烯酸可以对细胞生长产生显著影响。

4. 其他添加成分

添加成分还包含依地酸二钠、丙谷二肽、果糖、羟丙基-β-环糊精、硫辛酸、硫酸亚铁、柠檬酸铁、尿酸、牛磺酸、还原型谷胱甘肽以及透明质酸等物质。甜菜碱和牛磺酸作为内质网蛋白表达化学伴侣能引起内质网扩张，从而提高目的蛋白质的表达量。海藻糖、果糖、D-葡萄糖等作为碳水化合物主要为细胞生长提供碳源，为氨基酸、DNA 合成提供前体物质。果糖除了可以提供碳源外，还有利于维持培养基 pH 的稳定性。由于 HEK293 细胞在重组蛋白表达中往往表达水平偏低，添加酵母水解物和棉籽水解物可以提高重组蛋白的表达水平。Kolliphor p188 可以降低细胞悬浮培养过程中产生的剪切力对细胞的损伤。

总结与展望

HEK 细胞系自 25 年前产生以来，已被广泛用作重组蛋白的表达工具。虽然起源于上皮细胞，但其生化机制能够完成大部分翻译后折叠和加工。虽然细菌和酵母细胞因其快速生长和高表达水平而具有一些巨大的优势，但哺乳动物细胞由于具备治疗蛋白质所必需的适当的翻译后处理的能力，而成为生产重组蛋白的首选表达系统。通过转染的瞬时基因表达通常被认为是一种小规模使用的获得微克重组蛋白的技术。然而，该技术最近已经开始大规模应用，在几天内可大量生产重组蛋白。尽管 HEK293 细胞已经成功地通过大规模转染进行基因表达，但哺乳动物细胞培养过程高成本/低产量仍然是一个重要的缺点。因此，作为提高细胞密度和/或比生产率的结果，存在优化各种生产参数的空间，无血清培养基的开发与优化也是其中重要的参数之一，这些生产参数将提高体积生产率。

参 考 文 献

林艳，王天云，李照熙，米春柳，赵春澎，樊振林，王蒙，段树燕. 一种支持 HEK293 细胞悬浮培养的无血清无蛋白培养基及其制备方法和应用. CN 202010108434. 9.

温郭秀，闫攀登. 一种支持 HEK293 细胞悬浮培养基. CN 201811342466. 4.

肖志华. 一种 HEK293 细胞无血清培养基 CN202010716177.7.

Abbate T，Sbarciog M，Dewasme L，Wouwer A，2020. Experimental Validation of a Cascade Control Strategy for Continuously Perfused Animal Cell Cultures. Processes，8（4）：413.

Appaiahgari M B，Vrati S，2015. Adenoviruses as gene/vaccine delivery vectors：promises and pitfalls. Expert Opin Biol Ther，15（3）：337-351.

do Amaral R L，de Sousa Bomfim A，de Abreu-Neto M S，Picanço-Castro V，de Sousa Russo E M，Covas D T，Swiech K，2016. Approaches for recombinant human factor Ⅸ production in serum-free suspension cultures. Biotechnol Lett，38（3）：385-394.

Dou Y，Lin Y，Wang T Y，Wang X Y，Jia Y L，Zhao CP，2021. The CAG promoter maintains high-level transgene expression in HEK293 cells. FEBS Open Bio，11（1）：95-104.

Funk W D，Labat I，Sampathkumar J，Gourraud P A，Oksenberg J R，Rosler E，Steiger D，Sheibani N，Caillier S，Stache-Crain B，Johnson J A，Meisner L，Lacher M D，Chapman K B，Park M J，Shin K J，Drmanac R，West M D，2012. Evaluating the genomic and sequence integrity of human ES cell lines：comparison to normal genomes. Stem Cell Res，8（2）：154-164.

Grieger J C，Soltys S M，Samulski R J，2016. Production of Recombinant Adeno-associated Virus Vectors Using Suspension HEK293 Cells and Continuous Harvest of Vector From the Culture Media for GMP FIX and FLT1 Clinical Vector. Mol Ther，24（2）：287-297.

Hsu P D，Lander E S，Zhang F，2014. Development and applications of CRISPR-Cas9 for genome engineering. Cell，157（6）：1262-127.

Jiang M S，Yang X，Esposito D，Nelson E，Yuan J，Hopkins R F，2015. Mammalian cell transient expression，non-affinity purification，and characterization of human recombinant igfbp7, an igf-1 targeting therapeutic protein. International Immunopharmacology，29（2），476-487.

Johari Y B，Jaffé S R P，Scarrott J M，Johnson A O，Mozzanino T，Pohle T H，Maisuria S，Bhayat-Cammack A，Lambiase G，Brown A J，Tee K L，Jackson P J，Wong T S，Dickman M J，Sargur R B，James D C，2020. Production of trimeric SARS-CoV-2 spike protein by CHO cells for serological COVID-19 testing. Biotechnol Bioeng.

Kallel H，Kamen A A，2015. Large-scale adenovirus and poxvirus-vectored vaccine manufacturing to enable clinical trials. Biotechnol J，10（5）：741-747.

Landry J J，Pyl P T，Rausch T，Zichner T，Tekkedil M M，Stütz A M，Jauch A，Aiyar R S，Pau G，Delhomme

N，Gagneur J，Korbel J O，Huber W，Steinmetz L M，2013. The genomic and transcriptomic landscape of a He-La cell line. G3 (Bethesda)，3 (8)：1213-1224.

Lilyestrom W，Klein M G，Zhang R，Joachimiak A，Chen X S，2006. Crystal structure of SV40 large T-antigen bound to p53：interplay between a viral oncoprotein and a cellular tumor suppressor. Genes Dev，20 (17)：2373-2382.

Lin Y C，Boone M，Meuris L，Lemmens I，Van Roy N，Soete A，Reumers J，Moisse M，Plaisance S，Drmanac R，Chen J，Speleman F，Lambrechts D，Van de Peer Y，Tavernier J，Callewaert N，2014. Genome dynamics of the human embryonic kidney 293 lineage in response to cell biology manipulations. Nat Commun. 5：4767.

Lin C Y，Huang Z，Wen W，Wu A，Wang C，Niu L，2015. Enhancing Protein Expression in HEK-293 Cells by Lowering Culture Temperature. PLoS One，20；10 (4)：e0123562.

Portolano N，Watson P J，Fairall L，Millard C J，Milano C P，Song Y，Cowley S M，Schwabe J W，2014. Recombinant protein expression for structural biology in HEK 293F suspension cells：a novel and accessible approach. J Vis Exp，16；(92)：e51897.

Sha J，Ghosh M K，Zhang K，Harter M L，2010. E1A interacts with two opposing transcriptional pathways to induce quiescent cells into S phase. J Virol. 84 (8)：4050-4059.

（林　艳　米春柳）

第八章
疫苗细胞培养基

目前，在我国应用的疫苗有几十种到上百种，疫苗的生产方式有禽胚培养、细胞培养、组织培养等，禽胚培养可生产的疫苗种类较少，并且生产周期比较长。因此，利用细胞培养的方式生产疫苗的关注度越来越高。用于生产疫苗的细胞除了 CHO 细胞、HEK293 细胞以外，还有 Madin-Darby 犬肾（Madin-Darby canine kidney，MDCK）细胞、Vero 细胞、幼年叙利亚仓鼠肾（baby hamster kidney，BHK）细胞、猪肾上皮（porcine kidney epithelid，PK-15）细胞。这些已建立的细胞系存在一定局限性，因此需要建立新宿主细胞。目前新建立的宿主细胞包括 PER.C6、CAP、ACE1.CR、EB66、PBS-1、QOR/2E11、SOgE、MFF-8C1 细胞等。

第一节　疫苗细胞的种类及应用

目前工业上用于生产重组蛋白或抗体的 CHO 细胞，用于蛋白质瞬时表达和病毒样粒子（virus-like particles，VLPs）生产的 HEK293 或昆虫细胞，同样可以用于疫苗的生产。此外，MDCK 细胞、Vero 细胞、BHK 细胞、PK-15 细胞也广泛用于疫苗蛋白质的生产。对于病毒疫苗的制造，偶尔需要非常特殊的细胞，细胞的种类主要取决于病毒产物的期望特性和调控要求。CHO 细胞和 HEK293 细胞已经在前面的章节做了详细的介绍，本节对疫苗生产的常用细胞系做简单介绍。

一、用于疫苗生产的常用细胞系

（一）MDCK 细胞

美国 ATCC 供应五种不同的细胞系（表 8.1）。另一个细胞供应商 ECACC，可供应六种不同的 MDCK 细胞系（表 8.1）。这 11 株 MDCK 株系中，至少有 9 株表现出独特性，包括亲本 MDCK、MDCK Ⅰ、MDCK Ⅱ 和两个不同的株系 MDCK.1 和 MDCK.2。

不同 MDCK 细胞株的特性及其来源，见表 8.1。

表 8.1　MDCK 细胞株的特性及来源

来源	细胞株	详情	货号
ATCC	MDCK（NBL-2）	亲本细胞系，异质细胞群	CCL-34
	Supertube	亲本系中分离，在适当条件下容易形成小管	CRL-2285
	Superdome	亲本系中分离，在适当条件下容易形成超穹顶	CRL-2286
	MDCK.1	亲本系中分离，用于病毒生产/研究。与 MDCK Ⅰ 不同	CRL-2935
	MDCK.2	亲本系中分离，用于病毒生产/研究。与 MDCK Ⅱ 不同	CRL-2936
ECACC	MDCK	（NBL-2）亲本细胞系，与 ATCC 目录号 CCL-34 相同	85011435
	MDCK	亲本细胞系，异质细胞群	84121903
	MDCK Ⅰ	从低传代亲本细胞系分离的细胞株	00062106
	MDCK Ⅱ	从高传代亲本细胞系分离的细胞株	00062107
	MDCK-Protein free	细胞株经过改良，可以在不含蛋白质的培养基中生长，以悬浮的细胞团形式生长	02050101
	MDCK-SIAT1	克隆亲代细胞系以增强 6-连接唾液酸的表达，用于病毒研究	05071502
JCRB	MDCK（NBL-2）	亲本细胞系，与 ATCC 目录号 CCL-34 相同，传代数未知	IFO50071
	MDCK（NBL-2）	亲本细胞系，与 ATCC 目录号 CCL-34 相同，传代次数 55～58	JCRB9029
	MDCK.P3	MDCK 衍生，无需血清	JCRB0717

（1）亲本 MDCK（NBL-2）细胞系

1958 年，Madin 和 Darby 从牛（MDBK）和绵羊（MDOK）肾中建立了两个细胞系。他们还从一只看似正常的成年雌性可卡犬身上获得了 MDCK 细胞系，但并没有公布这一细胞系的分离结果。MDCK 细胞被用于研究病毒感染，随后 Gaush 等人在 1966 年首次对其进行了表征。20 世纪 70 年代末至 80 年代初，该细胞系开始被广泛用于研究上皮的发育和功能。

亲本 MDCK 细胞系，也就是其他 MDCK 细胞株的来源，被称为"NBL-2"，最初发现的低传代 MDCK 细胞不是克隆细胞。事实上，它们在特征上表现出明显的异质性，包括细胞大小和顶端纤毛是否存在。因为实验操作可以选择特定的细胞群，这种异质性可能会使结果分析复杂化。例如，一个具有独特的"半分散"形态以及迁移和侵袭能力增强的细胞系是从亲代 MDCK 细胞培养中自发产生的。这个变异体被称为 MDCK-1，但与 MDCK Ⅰ或 MDCK.1 不同。

（2）MDCK Ⅰ和 MDCK Ⅱ

从亲本细胞株分离出的两个亚型 MDCK 细胞，并命名为 MDCK Ⅰ型和 MDCK Ⅱ型细胞。从低传代亲代 MDCK 细胞中分离出 MDCK Ⅰ细胞，显示出非常高的跨上皮电阻（trans-epithelium electrical resistant，TER）值（＞4000Ω·cm²），表明连接非常"紧密"。MDCK Ⅱ细胞是从高传代的 MDCK 细胞中获得的，并显示出更低的 TER 值（＜300Ω·cm²），显示出"漏"（leaky）连接。这种 TER 的差异是由它们紧密连接的成分不同造成的。两个细胞株都表达紧密连接蛋白 claudin-1、claudin-4、occludin 和 ZO-1。然而，MDCK Ⅱ型细胞也表达形成紧密连接蛋白 claudin-2，这可能降低 MDCK Ⅱ细胞的 TER 值。

这两个细胞株的上皮连接处也有其他不同。尽管 MDCK Ⅰ细胞比 MDCK Ⅱ细胞表现出更强的 E-钙黏蛋白染色，但两个细胞株都形成了黏附连接和桥粒。相反，MDCK Ⅱ细胞显示出更强的基底桥粒染色。最后，缝隙连接的形成存在变异性；MDCK Ⅰ型细胞有缝隙连接，而 MDCK Ⅱ型细胞不形成缝隙连接，除非通过表达缝隙连接蛋白（如连接蛋白 43）而被迫形成。

除了连接处的不同，这些细胞株的大小也不同，MDCK Ⅱ细胞比较小的扁平的 MDCK Ⅰ型细胞更大、更高。它们在顶端膜蛋白、Na/K-ATP 酶活性、碱性磷酸酶表达和糖磷脂组成方面也有明显的差异。还应注意的是，ECACC 指出 MDCK Ⅰ细胞可能表现出不稳定的上皮表型，并且汇合处消化不彻底可向平滑肌细胞表型转换。

亲本、MDCK Ⅰ和 MDCK Ⅱ细胞株都被用来研究上皮细胞的极性和连接。MDCK Ⅱ是最常用的细胞株，适合新使用 MDCK 细胞的研究人员。然而，MDCK Ⅱ型类似细胞已经不止一次被分离出了，假设这些细胞系是相同的做法是很危险的。例如，两个独立分离的 MDCK Ⅱ型细胞克隆（G 和 J）具有相似的超微结构和 TER，表现出不同的传递方式：Na/K-ATP 酶向顶端或基底外侧表面传递。这表明除了细胞株类型外，还需要准确报告细胞株来源。表 8.1 总结了亲本、MDCK Ⅰ和 MDCK Ⅱ细胞株的特点和供应商。

在特定的条件下，MDCK 细胞可以形成充满液体的泡状结构，称为"穹顶"，偶尔也可以形成称为"管"的长小管。MDCK 细胞株被选择形成广泛的穹顶（超穹顶）或小管（超管），这些细胞株可从 ATCC 获得，以研究这些上皮结构的形成。

（3）MDCK.1 和 MDCK.2

"MDCK.1"和"MDCK.2"是分离出的主要用于研究细胞的病毒感染以及用于疫苗的生产，不应与 MDCK Ⅰ或 MDCK Ⅱ混淆。MDCK-SIAT1 细胞株也被分离出来以用于细胞感染研究。

（4）其他

MDCK/伦敦（MDCK/London，MDCK/Ln）细胞系也是流感病毒生长和分离的合适细胞株，可在 Influenza Reagent Resource（货号 FR-58）上购买。1985 年，MDCK/Ln 起源于英国索尔兹伯里的普通冷实验室。MDCK/Ln 细胞对流感病毒感染的敏感性增强。与 MDCK/SIAT1 和常规 MDCK 细胞相比，MDCK/Ln 的生长速度更快，产生的病毒滴度更高。

MDCK 细胞培养可支持人流感病毒和禽流感病毒的高效复制，因为 MDCK 细胞上暴露了 2,6-连接、2,3-连接的唾液酸受体。然而，与人呼吸细胞相比，MDCK 细胞上 α-2,6-连接唾液酸受体的表达相对较低。因此，MDCK 细胞并不是一种理想的人体呼吸系统体外表达模型。MDCK-SIAT1 细胞是通过人 1-α-2,6-唾液酸转移酶（SIAT1）的 cDNA 稳定转染 MDCK 细胞而获得的。与原始 MDCK 细胞相比，MDCK-SIAT1 细胞表达的 6-连接唾液酸提高了 1 倍，3-连接唾液酸水平降低 50%。

（二）Vero 细胞

Vero 细胞来源于 20 世纪 60 年代非洲绿猴（*Cercopithecus aethiops*）的肾脏，是研究中最常见的哺乳动物连续细胞系之一。这种细胞系是由日本千叶大学的 Yasumura 和 Kawikata 于 1962 年从一只正常的成年非洲绿猴的肾脏中建立的。该细胞系在第 93 代被转移到美国国家卫生研究院（National Institutes of Health，NIH），并在第 113 代由 NIH 提交给 ATCC。然后在第 124 代被提供给 Merieux 研究所以产生 WHO Vero 细胞库。

这种依赖于锚定的细胞系在病毒学研究中得到了广泛的应用，但也被用于许多其他方面，包括细胞内细菌（例如 *Rickettsia* spp.，UNIT 3A.4）和寄生虫（如 *Neospora*）的繁殖与研究，并在分子水平上评估化学品、毒素和其他物质对哺乳动物细胞的影响。此外，该细胞已在美国获得生产活病毒疫苗（轮状病毒、天花）和灭活病毒疫苗（脊髓灰质炎病毒）的许可，在世界各地，Vero 细胞已被用于生产其他一些病毒，包括狂犬病病毒、呼肠孤病毒和日本脑炎病毒。目前可供商业使用的 Vero 细胞系有 Vero、Vero76、VeroE6，它们都是同一来源。

（三）BHK 细胞

BHK 细胞是指幼年叙利亚地鼠肾细胞，1961 年建株。原始的细胞株是成纤维细胞，贴壁依赖型。1963 年获得单细胞克隆细胞。后经无数次传代后细胞可悬浮生长，它广泛用于增殖各种病毒，生产兽用疫苗。最常用的是 BHK21 的一个亚克隆细胞，即克隆 13 或 C13。

（四）PK-15 细胞

PK-15 来源于猪肾，是 1955 年美国 Stice 提供的成年猪肾细胞 PK-2a 的克隆细胞株，后被 ATCC 收藏（CCL-33）。

表 8.2　疫苗细胞的种类及用途

细胞	年代	物种	来源	永生化	用途	备注
MRC5	1970	人	胚肺	二倍体细胞	甲肝	外来因素、寿命有限
WI38	1965	人	胚肺	二倍体细胞	小儿麻痹症	外来因素、寿命有限
HEK293	1977	人	胚肾或神经元	腺病毒转化	—	伦理问题、易悬浮
BHK-21	1961	仓鼠	肾	自发转化	狂犬病、口蹄疫	不适用于人类疫苗,易悬浮
Vero	1962	猴	肾	自发转化	小儿麻痹症、狂犬病	采用低代次,多层,株到株转移困难,WHO 细胞库的局限性
MDCK	1958	犬	肾	自发转化	流感	采用低代次,可用作悬浮细胞
CEF	—	鸡	胚胎成纤维	初级细胞	麻疹、腮腺炎、狂犬病、蜱传脑炎	寿命有限

现在使用的许多细胞都是在 20 世纪 60 年代和 70 年代开发出来的（表 8.2），这些细胞约有 60 年的历史，生长特性是否发生变异无从得知。现代培养技术通常使用塑料容器，细胞可以在一次性生物反应器中的微载体上培养，而且细胞培养基明显比原细胞培养基更稀薄。已经尝试克服血清的使用，如果可能，使用无血清或化学成分明确的培养基。目前的培养基蛋白质含量要低得多。以 CHO 细胞为例，它主要用于生产单克隆抗体，大量的研发使目前的产品效价高达 $5 \sim 10 g/L$。

二、当前开发的新型细胞系

即使是目前，也没有多少"开发的新型细胞系"可用。对于疫苗生产，特别是对新的疾病来说，没有足够的时间和金钱来开发或评估新的细胞系，因为上市时间成为这一领域中一个更关键的因素。然而，在旧的细胞亚型中一些加工后的病毒不能释放，因此需要开发新的病毒。此外，已建立的细胞亚型有许多问题，如传代数有限、黏附生长和主细胞库的限制可能会影响新细胞系的发育。一旦在许可过程中证明了一种细胞系的安全性，例如诺华疫苗的悬浮 MDCK 细胞系，将进一步鼓励制造商以类似的方式开发自己的细胞系。

（一）PER. C 细胞

PER. C 细胞系于 1998 年由 Fallaux 等人首次开发，是从人类胚胎视网膜母细胞获得的 911 细胞的同一谱系。在这些细胞系的基础上，Falloux 建立了 Crucell 公司，目的是提供一个细胞平台，最初用于腺病毒在基因治疗中的应用。后来，该平台也被应用于蛋白质表达和病毒疫苗的开发。有学者介绍了应用于腺病毒（载体）、流感病毒、轮状病毒、单纯疱疹病毒、麻疹病毒、脊髓灰质炎病毒、西尼罗河热病毒的PER. C 细胞系。

2006 年，开发了一个用于生产重组 E1 缺陷腺病毒 5 型 HIV-1 疫苗的 PER. C 主细胞库。在这个平台（称为 AdVac® 平台）的基础上，进一步用于生产埃博拉、马尔堡、丙型肝炎、结核病或疟疾疫苗。

在使用 PER. C 细胞悬浮数年后，Crucell 就其细胞的贴壁形式的生长申请专利，进一步应用这一细胞系生产凝血因子和病毒疫苗。

以灌注高细胞密度培养为目标，通过筛选和开发培养基进一步提高悬浮细胞系。采用中空纤维细胞保留，细胞浓度可超过 1.5×10^8 个/mL。然而，当在高细胞浓度下生产腺病毒时，高细胞密度效应只允许细胞浓度达到 1.6×10^7 个/mL，而细胞特异性生产力并未受影响。

（二）CAP 细胞

其他两个细胞株是人类羊水细胞和人肝癌 HuH-7 细胞起源的 CAP（CEVEC's Amniocyte Production）细胞。与 HEK293 和 PER. C6 形成对比。从羊膜穿刺中分离出原代细胞，然后通过 E1A/E1B 腺病毒功能永生化。这些细胞在无血清或化学成分明确的培养基中悬浮生长，浓度可达 5×10^6 个/mL。当在灌注模式下生长时，在 6.5 天内细胞浓度可到达 3.3×10^7 个/mL。这些细胞可以用于流感病毒的产生。与 PER. C6 对比，CAP 细胞对 RSV 敏感。

（三）AGE1. CR 细胞

利用人腺病毒血清型 5E1A 和 E1B 的永生化功能，ProBioGen 与 IDT 生物基因共同开发了几种鸭细胞系。起始材料来源于莫斯科鸭（Cairina Moschata ST4）神经球原发性视网膜（CR）、体节（CS）和羊膜细胞（CA）。后来，只继续使用视网膜细胞，由细胞系 NC5T11 产生 AGE1. CR 和 AGE1. CR. pIX 细胞（最初命名为 CR. HS 和 CR. MCX）。在被称为 AGE1. CR. pIX 的变体中人腺病毒血清型 5 结构基因 pIX 是附加的，通过 pIX 蛋白质的作用可能增加病毒滴度。这些细胞首先在无血清培养基中生长，然后在 CDM 中生长，在补料分批培养中可达到 9×10^6 个/mL。最近在 CDM 中灌注培养时，细胞数可达到 5×10^7 个/mL。虽然 ProBioGen 专门用于改良的安卡拉牛痘病毒（modified vaccinia Ankara，MVA）生产，但也可用于其他病毒的复制。

（四）EB66 细胞

细胞系 EB66 的产生非常烦琐，首先发育 EB14 细胞，然后利用禽内源性逆转录病毒获得。然而，从事 MVA 研究的病毒学家不使用 AGE1. CR 和 EB66 细胞，仍然使用 CEFs。目前，正在 EB66 细胞中生产流感疫苗。EB66 细胞的最大细胞密度约为 3×10^7 个/mL，生长在 37℃，并报告了几种流感亚型的病毒滴度良好，如 MVA 和 r-MVA、金丝雀痘、脊髓灰质炎、麻疹、疱疹 1 型和疱疹 2 型、甲型病毒和其他。

此外，EB66 细胞进行典型的禽样糖蛋白糖基化，其岩藻糖含量明显低于 CHO 细胞。这也可能成为疫苗生产的有趣之处，因为岩藻糖含量较低的蛋白质可增强抗体依赖的细胞毒性（ADCC）。

三、用于疫苗生产的其他新细胞系

（一）鸡胚细胞系

原鸡细胞系 CHCC-OU2 由 Ogura 和 Fujiwara 获得并通过 *N*-甲基-*V*-硝基-*N*-亚硝基鸟苷（MNNG）永生化。之后的 PBS-1 细胞系来源于 CHCC-OU2，是一种生长较快的亚群体。在适应无血清培养基后，该细胞系被命名为 PBS-12SF。Sial2-3Gal 和 Sial2-6Gal 结构对流感复制都很重要，不需要胰蛋白酶来获得良好的滴度。描述了 A/New/Caledonia/20/1999（H1N1）、A/Wisconsin/67/2005（H3N2）和 H5N1 重组物的病毒滴度。在适应细胞系后，可以达到与 MDCK 细胞相似的滴度。细胞系为非致瘤细胞。另一个鸡胚细胞系是由 Lee 等人从肝脏组织中分离出来的。同时对细胞周期调控因子和端粒酶活性的基因表达进行了监测。足够的遗传稳定性可以显示为多达 100 代，表明有可能成为疫苗生产的一种候选物。

（二）人肝细胞

丙型肝炎病毒（HCV）的产生仍然非常困难，即使发现细胞复制这种病毒，其效价也很低，每个细胞只产生 1~5 个病毒子。因此，须不断筛选细胞，以寻找大规模生产这种病毒的可能候选者。最近，发现外源表达的 microRNA-122 促进了 HCV 在 HepG2 和 Hep3B 细胞（Hep3B/miR122 细胞）中的复制。目前从人癌细胞筛选中鉴定出产生 HCV 的新细胞系。由于这些细胞来自癌细胞，并非疫苗生产的最佳候选者。然而，它们对 HCV 生命周期的研究以及对慢性丙型肝炎治疗剂的研究是有意义的。

（三）鹌鹑细胞 QOR/2E11 和 SOgE

由 Baxter 公司开发的 QOR/2E11 细胞来源于鹌鹑胚胎，由紫外线照射永生化，适于在化学成分明确的悬浮培养基中生长，能够生产 MVA、r-MVA（TroVax）、蜱骨脑炎（TBE）和新喀里多尼亚流感的病毒。

另一个是由 Friedrich-Loeffler 研究所开发的 SOgE 细胞，来源于永久性肌肉鹌鹑细胞系 OM7（ATCC CRL-1632）。SOgE 细胞与 QOR/2E11 细胞不同，是专门生产或"设计"生产 Marek 病病毒（Marek's disease virus，MDV）的。在人巨细胞病毒启动子的控制下，将 MDV-1 疫苗株 CVI988 的糖蛋白 E（gE）引入现有的永久性细胞系（QM7）。Marek 病病毒在细胞培养中难以产生。即使在 Vero 细胞中，病毒也需要大量的时间来适应细胞系。通过使用 SOgE 细胞，这一适应过程是不需要的，因此 SOgE 细胞代表了一种替代原代鸡胚成纤维细胞的方法。

（四）鱼类细胞系

已开发出几种用于疫苗生产和诊断的病毒复制细胞系，并正在对疫苗生产进行评估。例如，传染性脾肾坏死病毒（infectious spleen and kidney necrosis virus，ISK-INV）是水产养殖中的一个主要问题之一，没有鱼类细胞系可以复制这种病毒。MFF-1 细胞系是从鱼苗中自发转化而来的，该细胞传代超过 60 代。

MFF-8C1 细胞是从 MFF-1 细胞单细胞克隆中获得的，被发现有利于巨囊病毒的复制。其他可用的鱼类细胞系由 Sarath Babu 等人进行了测试，用于倍他诺达病毒的复制。所使用的细胞系可能是大规模疫苗生产的候选者。

（五）人体细胞杂交细胞系 HKB11 细胞

HKB11 细胞是由 HEK293S 细胞与人 2B8 细胞（Burkitt 的淋巴瘤衍生物）使用聚乙二醇（PEG）融合后产生的细胞系，在单个细胞中生长，HKB11 细胞用于生产重组蛋白。它们来自淋巴瘤，因此，需要对其致瘤性进行严格的测试，该细胞系目前不是疫苗生产的候选细胞。

四、疫苗细胞的培养

（一）MDCK 细胞的培养

1. MDCK 细胞的贴壁培养

MDCK 细胞贴壁培养是在 EMEM 基础培养基中添加 10% 的小牛血清或胎牛血清，接种于 T 形组织培养瓶或培养皿，置于培养箱中培养，培养条件为 37℃ 温度、5% CO_2 及 95% 的相对饱和湿度。

2. MDCK 细胞的悬浮培养

MDCK 单细胞悬浮培养：以 $2\sim3\times10^5$ 个/mL 的活细胞密度接种至方瓶或搅拌瓶。方瓶置于转速为 50r/min 的摇床上培养，搅拌瓶转速为 50r/min。微载体搅拌瓶培养：微载体用 PBS 洗涤三次，每次洗涤 30min，用移液管吸出 PBS 后灭菌待用。消化细胞后，用预热好的培养基稀释细胞，接种至装有微载体的无菌搅拌瓶，接种密度为 $2\times10^5\sim3\times10^5$ 个/mL，微载体用量为 2mg/mL，培养液体积为 200mL。置于37℃、5% CO_2 的培养箱中，搅拌瓶转速为 50r/min，每搅拌 10min 后静置 20min，如此间歇搅拌 1.5h，之后改为连续搅拌。

（二）Vero 细胞的培养

1. Vero 细胞的贴壁培养

Vero 细胞贴壁培养是在 DMEM 基础培养基中添加 10% 的小牛血清或胎牛血清，接种于 T 形组织培养瓶或培养皿，置于培养箱中培养，培养条件为 37℃ 温度、5% CO_2 及 95% 的相对饱和湿度。

2. Vero 细胞的悬浮培养

微载体悬浮培养时，生物反应器的参数设置：温度 37℃、转数 38r/min、溶氧值（DO）15、pH 值 7.4、通气量 0.1~8.0vvm。培养在搅拌槽生物反应器中进行时，工作体积为 4.5 L，配备用于灌注的旋转过滤器。在细胞增殖阶段，pH 值设为 7.2，pO_2 为 50％空气饱和，温度为 37℃，搅拌速度为 100r/min。当细胞密度达到 $1.0×10^6$ 个 /mL 后开始换液，并根据生长曲线调节灌注速率。在病毒产生阶段，温度降至 34℃。

（三）BHK 细胞的培养

1. BHK 细胞的贴壁培养

BHK 细胞贴壁培养是在 DMEM 基础培养基中添加 10％的小牛血清或胎牛血清，接种于 T 形组织培养瓶或培养皿，置于培养箱中培养，培养条件为 37℃温度、5％ CO_2 及 95％的相对饱和湿度。

2. BHK 细胞的悬浮培养

选择生长良好的贴壁细胞消化后，以细胞密度为 $0.75×10^6$ 个/mL 转入摇瓶进行扩大培养。待细胞形态良好，逐级放大至生物反应器进行批式培养（接种密度为 $0.3×10^6$ 个/mL）。悬浮培养的最佳参数为 pH 为 7.40、DO 为 50％，搅拌转速为 100r/min。

（四）PK-15 细胞的培养

1. PK-15 细胞的贴壁培养

PK-15 细胞贴壁培养是在 DMEM 基础培养基中添加 10％的小牛血清或胎牛血清，接种于 T 形组织培养瓶或培养皿，置于培养箱中培养，培养条件为 37℃温度、5％ CO_2 及 95％的相对饱和湿度。

2. PK-15 细胞的悬浮培养

猪肾 PK15-U 悬浮细胞用摇瓶悬浮培养扩增到一定体积后，以细胞密度 $5×10^5～10×10^5$ 个/mL 接种至生物反应器（工业化搅拌式生物反应器）中悬浮培养；当猪肾 PK15-U 悬浮细胞在生物反应器中细胞密度达到 $1×10^6～4×10^6$ 个/mL 时，按照细胞培养基终体积的 1.0％～10.0％接种猪圆环疫苗病毒；在生物反应器中继续培养猪肾 PK15-U 悬浮细胞 72～168h，收获病毒液。

五、疫苗细胞的应用

PK-15 细胞对猪圆环病毒（PCV）、猪细小病毒（PPV）和猪瘟病毒（CSFV）等多种病毒比较敏感，现已广泛应用于猪瘟病毒、猪伪狂犬病病毒和猪细小病毒等的分离、体外培养以及相关疫苗的生产中。目前针对 PK-15 细胞贴壁培养进行全悬浮培养驯化的研究很多，但未发现成功驯化出 PK-15 全悬浮培养细胞株并应用于猪圆环病毒疫苗生产的公开报道。

第二节　疫苗细胞培养基

传统的疫苗细胞培养大多采用含血清贴壁培养方式。然而，血清的应用也存在许多问题：易受病毒、支原体或其他病原体污染；批次间差异造成产品质量难以严格控制；大量血清蛋白的存在增加了下游分离纯化的难度，部分蛋白质难以通过分离纯化手段彻底去除，影响了产品的最终质量；此外，血清来源困难、价格昂贵，大规模动物细胞培养过程中使用血清将会大大增加生产成本。

一、疫苗细胞经典培养基

（一）MDCK 细胞经典培养基

通常情况下，贴壁的 MDCK 细胞在含 10% FBS 的 EMEM 培养基中生长。能支持 MDCK 细胞贴壁培养的无血清培养基已有许多种。一类是在经典基础培养基的基础上，通过添加特殊激素类蛋白来替代血清。有研究者设计了一种无血清、添加了激素的培养基，可以在无血清的情况下培养肾上皮细胞系 MDCK。MDCK 细胞在此种无血清培养基中可生长 1 个月以上，其生长速度和添加血清的培养基相当。该培养基中添加了胰岛素、转铁蛋白、前列腺素 E1、氢化可的松和三碘甲状腺素，这些添加物对无血清条件下 MDCK 细胞的生长至关重要。并证明了前列腺素 E1 和转铁蛋白比其他组分更加重要。当培养基中缺乏胰岛素、氢化可的松或三碘甲状腺素时，观察到 MDCK 细胞融合单层，而缺乏前列腺素 E1 或转铁蛋白的培养基 MDCK 不能存活。在 RPMI1640 培养基中添加大豆蛋白胨、L-谷氨酰胺和抗生素，蛋白质浓度小于 $5\mu g/mL$。在该培养基中传代培养 28 代后，MDCK 细胞生长稳定。犬瘟热病毒、犬细小病毒、犬腺病毒和犬副流感病毒是犬联合病毒疫苗的主要成分，MDCK 的生长效率在该培养基中与含胎牛血清的 Eagle's MEM 中的一样。使用该培养基可以使犬用疫苗产品更安全、质量更高、成本更低。另一类则是商业培养基。例如美国 Sigma-Aldrich 公司在 2001 年开发的 MDCK-LP 培养基，能使 MDCK 贴壁细胞培养 5 天后增长 20 倍。再比如，由 Sigma 公司收购的 JRH Bioscience 公司研发的 Ex-cell MDCK 培养基、Gibco 公司生产的 EpiSerf 培养基及 Cesco Bioengineering 公司的 Plus-MDCK 培养基等，实验数据显示这些无血清培养基都能很好地支持 MDCK 细胞贴壁生长。

与含血清生长环境相比，在 MDCK 无血清培养基中生长的 MDCK 细胞较小并紧密成团。在不更换培养基的条件下，MDCK 细胞可以持续旺盛生长至少 2 周时间。经过 MDCK 细胞的持续生长，从单层细胞形成球形结构，通常称这种球形结构为"漂浮物"。通过离心可以收获这些球状结构的"漂浮物"，也可以加入新鲜 MDCK 无血清培养基让 MDCK 细胞贴壁继续生长成新的单层细胞。

（二）Vero 细胞经典培养基

疫苗的接种对象主要是大范围的健康人群，其质量和安全性一直是备受关注的重要问题。疫苗的质量和安全性在很大程度上取决于疫苗的生产方式和过程。病毒性疫苗生产所使用的细胞培养基大多为 M199、MEM 或 DMEM 合成培养基，添加一定比例的灭活新生牛血清来进行。生产过程是按 GMP 的要求进行检查评定的，细胞培养基更换批号或更换厂家，血清批次间的差异经常出现影响细胞生长的情况。

有研究者研究了 DMEM/F12、M199、RPMI 1640 及 MEM：DMEM/F12 四种培养基对流感病毒增殖的影响。具体过程为：在上述培养基中分别加入浓度为 $1.0\mu g/mL$ 的 TPCK 胰酶，配制病毒培养液，调整 pH 为 8.0。将 T-225 细胞培养瓶中长成致密单层的 SFM-Vero 细胞，经 0.125％的胰蛋白酶消化后传代后，置于 37℃培养 36h；洗液洗涤 3 次，以感染复数（multiplicity of infection，MOI）为 0.1 接种 H5N1 流感病毒，33℃吸附 1h；加入病毒培养液，置 33℃培养 72h，收获病毒液，测定血凝效价。结果显示，最佳细胞培养时间为 36 h。以 DMEM/F12 为基础培养基时，病毒收获液的血凝效价均高于其他培养基，M199 仅次于 DMEM/F12。

又有研究者比较了含 10％新生牛血清的 M199 和 MEM 培养基对 Vero 细胞生长的影响，发现 M199 显著好于 MEM，M199 培养的细胞活力为 94.35％，MEM 为 80.50％，M199 的细胞浓度为 6×10^5 个/mL，而 MEM 为 4.75×10^5 个/mL。

M199 培养基则常用于疫苗生产、病毒学以及多种非转化细胞的培养。最初的开发目的是找到一种成分明确的、不含动物来源成分的培养基。有报道将 M199 改良后，Vero 细胞培养效果优于 M199，且病毒滴度更高。

SFRE M199 是一款 M199 的改良型培养基，最初用于原代狒狒肾（Bak）细胞的生长和维持，后用于 Vero 细胞的贴壁培养。它在 M199 培养基基础上添加了胰岛素、丙酮酸钠、硫酸锌，并提高了精氨酸-盐酸、半胱氨酸、胱氨酸、L-谷氨酰胺、L-谷氨酸、甘氨酸、组氨酸、酪氨酸和葡萄糖的浓度。它还添加了半乳糖，以避免乳酸过度积累，并使 pH 值在细胞延长的维持期内，保持在生理范围。HiMedia 公司生产有 SFRE M199 的 1 型和 2 型。二者均含有 L-谷氨酰胺、半乳糖和葡萄糖。SFRE M199-2（货号 AT090）含有 Earle's 盐，而 SFRE M199-1 含有 Hank 盐。两种盐的主要差别在于碳酸氢钠的水平，碳酸氢钠在 Eagle's（2.2g/L）比在 Hanks（0.35g/L）中高。选用哪种取决于培养环境中的 CO_2 浓度。

SFRE M199-1 与 DMEM/F-12 的成分作比较，可以发现，SFRE M199-1 不含 DMEM/F-12 所含有的硫酸铜、硫酸亚铁、亚油酸、腐胺、硫辛酸，但含有 DMEM/F-12 所不含的核苷类成分，如一磷酸腺苷、胸腺嘧啶、尿嘧啶、脱氧核糖、硫酸腺嘌呤等，这些成分都与 DNA 的合成有关。另外，在一些共有成分上，两种培养基的成分浓度互有高低，如 SFRE M199-1 的甘氨酸、丙氨酸、天冬氨酸、谷氨酸、脯氨酸、酪氨酸、生物素、丙酮酸钠的浓度都比 DMEM/F-12 要高，DMEM/F-12 的异亮氨酸、赖氨酸、苯丙氨酸、缬氨酸、苏氨酸、泛酸钙、叶酸、吡哆醛盐酸盐、肌醇、葡萄糖、次黄嘌呤浓度比 SFRE M199-1 的成分浓度高。SFRE 199-1 培养基组成见表 8.3。

（三）BHK-21 细胞经典培养基

BHK 细胞的完全培养基是 α-MEM，添加 2 mM L-谷氨酰胺和 5％胎牛血清，不需要加热灭活 FBS。需要注意的是，10% FBS 使细胞生长过快。在有些情况下会导致细胞过早裂解。

二、疫苗细胞无血清培养基

（一）MDCK 细胞无血清培养基

目前关于 MDCK 细胞的悬浮培养基较少，大部分设计用于培养 VERO 细胞产生病毒。这种培养基同样适用于培养 MDCK 细胞。例如，VP-SFM（1X）Gibco^{TM}（货号：11681020）是无血清超低蛋白（5μg/mL）培养基，不含蛋白质、肽或其他动物或人来源的成分；VP-SFM AGT^{TM} Medium Gibco^{TM}（货号：12559027）是蛋白质含量超低（5μg/mL）的无血清培养基，以便于以新型颗粒的形式提供；VP-SFM AGT^{TM} Medium（货号：12559003）是蛋白质含量超低的无血清培养基，也可以新型颗粒的形式提供。OptiPRO^{TM} SFM Gibco^{TM}（货号：12309019）是不含血清，也不含任何动物来源成分的培养基，设计用于数种肾脏来源细胞系的生长，包括MDCK。Ultra MDCK Serum-free Medium（Lonza 12-749Q）是一种在经过优化的基础培养基中只添加了重组人胰岛素蛋白和牛转铁蛋白的低蛋白质含量的成分配制而成的 SFM 培养基。在整个细胞培养过程中，不需添加血清或替代物。国内友康公司的MDCK 细胞无血清培养基（货号：NC0201），MDCK 细胞可直接转入该培养基培养，不需要经过血清浓度逐步降低的细胞驯化过程。Xeno^{TM}-S001 MDCK 细胞无血清培养基（货号：FG0100405）完全无血清体系，不含任何动物源成分，无需添加血清或血浆，支持 MDCK 细胞高密度培养和高效增殖，支持流感病毒的高效扩增。

对于应用于流感疫苗生产的无血清培养基而言，不仅要能支持细胞增殖，还要考虑其组成成分对病毒复制的影响。迄今为止，文献报道中提出的对于流感病毒复制影响最大的成分当属金属离子。Chris 等研究发现，铜离子（Cu^{2+}）与流感病毒 M2 蛋白上的组氨酸残基（His-37）亲和力异常，从而抑制由 M2 蛋白所构成的双向离子通道，阻碍病毒在宿主细胞内的释放。另外，Zn^{2+}、Ni^{2+}、Mn^{2+}、Pt^{2+} 等金属离子在不同浓度下对流感病毒复制都存在一定的抑制作用，当多种金属离子存在于同一培养基中的时候，各金属离子的抑制浓度比单一离子的浓度更低。然而，也有一些金属离子能对病毒复制产生促进作用，例如 Cd^{2+} 在不超过 50μmol/L 的浓度下，随着 Cd^{2+} 浓度上升，通过改变细胞氧化还原状态，促进病毒的复制。因此，应用于流感疫苗生产的无血清培养基开发过程中，既需要考虑培养基中各成分对 MDCK 细胞悬浮生长的影响，同时还需兼顾其对流感病毒感染、复制的影响。

（二）Vero 细胞无血清培养基

近年来，低血清和无血清 Vero 细胞培养基的开发受到了重视，其中，无血清细胞培养基开发的难度最大，因为无血清培养系统中的细胞对于极端的 pH 值、温度、渗透压、机械力和酶处理更为敏感。换用无血清培养基时，每次传代常需采用较高的密度接种细胞，有时细胞还需要驯化。性能卓越的细胞培养基能够满足细胞高密度、高活性的生长，以及培养的病毒增殖较快，同时价格低廉。

许多低血清和无血清 Vero 细胞培养基以传统的合成培养基为基础。DMEM/F-12 是 DMEM 和 F-12 以 1∶1 的比例混合而成，F-12 配方则是以 Ham's F-10 培养基为基础，提高了胆碱、肌醇、腐胺和几种氨基酸的浓度，最初是用于在无血清的条件下培养 CHO 细胞。

目前，由于配方保密，关于 Vero 细胞无血清或低血清培养基的具体成分并未完全公开。

表 8.3　SFRE 199 -1 培养基组成

成分种类	成分	含量/(mg/L)	成分	含量/(mg/L)
无机盐	二水氯化钙	185.000	磷酸二氢钾	60.000
	无水硝酸铁	0.720	醋酸钠	50.000
	无水硫酸镁	97.720	氯化钠	8000.000
	氯化钾	400.000	无水磷酸氢二钠	47.860
	七水硫酸锌	0.100		
氨基酸	甘氨酸	100.000	L-亮氨酸	60.000
	羟脯氨酸	10.000	L-赖氨酸盐酸盐	70.000
	L-丙氨酸	25.000	L-甲硫氨酸	15.000
	L-盐酸精氨酸	150.000	L-苯丙氨酸	25.000
	L-天门冬氨酸	30.000	L-脯氨酸	40.000
	L-半胱氨酸(游离碱)	4.000	L-丝氨酸	25.000
	L-胱氨酸二盐酸盐	43.800	L-苏氨酸	30.000
	L-谷氨酸	75.000	L-色氨酸	10.000
	L-谷氨酰胺	300.000	L-酪氨酸二钠盐	116.000
	L-组氨酸盐酸盐一水合物	40.000	L-缬氨酸	25.000
	L-异亮氨酸	20.000		
维生素	钙化醇	0.100	烟酰胺	0.025
	氯化胆碱	0.500	吡哆醛盐酸盐	0.025
	D-生物素	0.010	盐酸吡哆醇	0.025
	D-泛酸钙	0.010	视黄醇醋酸酯	0.140
	DL-生育酚磷酸二钠盐	0.010	核黄素	0.010
	叶酸	0.010	盐酸硫胺素	0.010
	L-抗坏血酸	0.050	肌醇	0.050
	维生素 K_3	0.016	对氨基苯甲酸(PABA)	0.050
	烟酸	0.025		

续表

成分种类	成分	含量/(mg/L)	成分	含量/(mg/L)
其他	硫酸腺嘌呤	10.000	次黄嘌呤	0.354
	一磷酸腺苷	0.200	酚红	10.000
	三磷酸腺苷二钠	1.000	聚山梨醇酯80	4.900
	胆固醇	0.200	核糖	0.500
	D-(＋)-无水半乳糖	1000.000	丙酮酸钠	150.000
	葡萄糖	2000.000	胸腺嘧啶	0.300
	脱氧核糖	0.500	尿嘧啶	0.300
	谷胱甘肽还原型	0.050	黄嘌呤	0.344
	盐酸鸟嘌呤	0.300		

注：不含碳酸氢钠的 pH 值：4.70～5.30；
用碳酸氢钠调节 pH：7.20～7.80；
不含碳酸氢钠的渗透压：260.00～300.00mOsm/kg；
含碳酸氢钠的渗透压：300.00～340.00mOsm/kg。

目前，在 DMEM、F-12、M199、RPMI 1640 等商业培养基上，将 Vero 细胞无血清培养基或将两者联合使用，加入微量元素、生长因子、激素、转运蛋白和黏附因子，增加或减少氨基酸和脂类及其前体的浓度。运用统计学方法和软件对各成分的配比进行优化，使之得到充分利用。

基于 DMEM/F12 设计 Vero 细胞无血清培养基，培养基由 DMEM/F12、牛血清白蛋白（BSA）或人血清白蛋白（HSA）、表皮生长因子（EGF）、明胶和生物素的1∶1混合物。BSA 和 EGF 均能促进细胞生长、黏附和扩散。进一步添加明胶和生物素可增强细胞黏附和扩散，但无法促进生长活性。无血清培养基适合于 Vero 细胞在几种不同的微载体上培养，细胞密度达到 3×10^6 个/mL 以上。有研究者以商品化的 DMEM/F12 合成培养基为基础培养基，应用 Plackett-Burman 实验设计和响应面分析法设计支持 Vero 细胞微载体培养的化学成分明确的无血清培养基，设计考察了胰岛素、腐胺、血清素、亚硒酸钠、丙酮酸钠、亚油酸、透明质酸、谷胱甘肽、乙醇胺、氢化可的松等 10 种培养基添加成分对 Vero 细胞生长的影响，设计了能够支持 Vero 细胞贴附生长的化学成分明确的无血清培养基 VERO-SFM-A。另有研究者以 DMEM/F12 为基础培养基，通过 Plackett-Burman 试验、最陡爬坡试验和 Box-Behnken 试验考察 7 种添加物胰岛素、人转铁蛋白、透明质酸、牛血清白蛋白、亚硒酸钠、表皮生长因子和高密度脂蛋白对 Vero 细胞生长的影响，设计了能够支持 Vero 细胞贴附生长的化学成分明确的无血清培养基。

Vero 细胞是贴附依赖型细胞系，无血清培养基中必须添加促细胞贴壁的物质，使 Vero 细胞在培养基质表面贴壁铺展生长。加入的黏附因子主要是细胞间质和血清的成分，如纤维连接蛋白、胶原和层黏连蛋白。当细胞生物学的研究进入分子领域时，人们注意到以前的细胞外基质蛋白中的 Arg-Gly-Asp（RGD）序列通过与细胞表面受体整合素家族的蛋白质相互作用而介导细胞黏附。RGD 促进 Vero 细胞与聚苯乙烯和醋酸纤维素的黏附。在碱性培养基中加入酵母抽提物和大豆水解物制备的无血清和无蛋白质培养基中，Vero 细胞生长良好，因为这些水解物含有低分子量的肽，可以提供物理保护和促进细胞黏附。然而，最近的研究发现，这些水解物批次之间存在很大差异，人们考虑使用廉价的添加剂或营养替代品，如螯合剂或柠檬酸盐来模拟蛋白质可能是无血清培养基中新的不确定成分。因此，寻找新的、更有效、更确切的无血清培养基添加剂是目前或今后一段时间内迫切需要解决的问题。为了降低成本和大规模生产，人们考虑使用廉价的添加剂或营养替代品，如螯合剂或柠檬酸盐来模拟蛋白质的转运功能，使用表面活性剂来保护蛋白质的流体剪切力。

有报道对不同血清替代物影响细胞生长进行了研究，包括多种水解物以及蛋白质类，结果表明，水解物对 Vero 细胞生长和最终密度都有至关重要的影响，为了获得无动物源培养基，转铁蛋白被铁盐和螯合剂替代，Vero 细胞在转瓶培养中可达到 1500 万个/mL，在反应器中可达到 6000 万个/mL。

目前，常规的 Vero 细胞无血清培养基是为 Vero 细胞设计的高质量产品。这些产品在质量和数量上得到了不断的改进。在众多产品中，最典型的培养基是赛默飞公司生产的病毒无血清培养基 VP-SFM，是一种超低蛋白的无血清培养基。VP-SFM 中的微量蛋白质来源于重组蛋白。转铁蛋白已被一种离子螯合物取代，白蛋白已被植物中的二肽或三肽取代。唯一需要添加的是 L-谷氨酰胺，根据相关细胞系，浓度为 $2\sim6$mmol/L。Vero 细胞不需要适应 VP-SFM。在 75cm^2 平皿中静置培养，细胞密度可达 1.8×10^5 个/cm^2。许多关于 VP-SFM 用于产生病毒的报告是可用的。Opti-Pro-SFM 是另一种由赛默飞公司生产的无血清培养基，其化学成分不确定，不含动植物肽或合成蛋白质，不仅适用于 Vero 细胞，也适用于 MDBK、BHK-21、PK-15 等肾源性细胞产毒。对于附着依赖型细胞，不需要添加一些附着蛋白质或对培养表面进行预处理。由默克公司生产的 EX-CELL VERO 是一种专为 Vero 细胞高密度生长设计的无血清培养基，支持贴壁和悬浮培养。不含动物成分和植物水解物，重组蛋白含量低，不含酚红或 PluronicF68。当从含血清的培养基中转移到 EX-CELL VERO 时，细胞需要很短的适应期，与其他同类产品相比，其独特优势是高密度的旋转瓶静态培养和生物反应器中的微载体培养。在 75cm^2 旋转烧瓶中静置培养，细胞密度可达到 2×10^5 个/cm^2，在微载体 Cytodex-1 生物反应器中静置培养，细胞密度可达 1.9×10^6 个/mL。在无血清培养中，细胞密度和病毒滴度与在含血清培养中的水平相同。

除上述培养基外，用于 Vero 细胞的商业无血清培养基包括 MD-Cell-DMEM（Biowest）、MP-Vero^{TM} SFM（MP），加上 VERO（CESCO）、ICN-VERO（ICN）、PEEK-1（Biochrom）等。但关于它们的报告却不多见。目前商用无血清培养基存在的主要问题是：由于商业安全性很高，成分未知，价格昂贵，在工业化大规模生产中成本较高。

（三）BHK-21 细胞无血清培养基

BHK-21 细胞已经适应在无血清或无动物成分的细胞培养基中生长，随着对无血清条件的适应，BHK-21 细胞从贴壁依赖型转变为悬浮生长，细胞结构发生根本变化。另一方面，在病毒株适应 BHK-21 细胞过程中的选择性压力，无论是作为贴壁细胞还是作为悬浮细胞，都会导致衣壳的改变，从而影响病毒颗粒的抗原性和稳定性。开发个性化无血清培养基才能使 BHK 细胞正常生长，不同细胞株的营养代谢特征不同，培养工艺也不同，抗剪切力和培养规模的放大、病毒表达量的提高，均需要个性化培养基的支持。关于无血清培养基中必需成分的所需浓度，有大量数据可用。BHK-21 细胞的培养基中需要下列因子：白蛋白、纤连蛋白、胰岛素（可部分被 IGF、转铁蛋白、bFGF 和 EGF 替换）。生长激素也可以促进细胞和蛋白质的生成。成年牛血清（adult bovine serum，ABS）中的胰岛素浓度约等于纤维蛋白原中的浓度，预计成人血清中的 IGF 浓度最高。生长激素的浓度从胎牛血清中的 $87\pm59\mu g/L$ 下降到小牛血清中的 $30\pm10\mu g/L$。推测血清中生长激素浓度与 Vero 细胞增殖之间存在关系。预计表皮生长因子存在于 ABS 中，但不存在于 FBS 中。对于人成纤维细胞，向含有人血清的培养基中加入表皮生长因子没有影响。然而，与其他添加剂相比，在含有 FBS 的每升培养基中，向 Vero 细胞添加 $10\mu g$ EGF 是非常有效的。

除了血清中潜在的培养抑制成分，如高浓度的一些脂质，生长激素和 FGF 可能会限制细胞和疫苗的最大产量。为了提高在含有 ABS 的培养基中细胞培养所需的必需和非必需蛋白质之间的比例，向 ABS 中添加一种从脑垂体提取的蛋白质。每升培养基中约 250mg 垂体提取物与胎牛血清结合刺激成纤维细胞。在无血清培养基中，每升培养基中加入 50mg 透析垂体提取物和 $10\mu g$ 表皮生长因子，刺激上皮细胞。垂体产生许多激素，如生长激素、促甲状腺素和促肾上腺皮质激素。例如，生长激素刺激结缔组织（成纤维细胞）产生胰岛素样生长因子及其载体，从而刺激细胞增殖。脑垂体也是成纤维细胞生长因子的丰富来源。FGF 也可以从整个大脑和下丘脑中分离出来，但是观察到来自脑垂体的 FGF 比来自大脑的 FGF 更易有丝分裂。FGF 刺激间充质细胞（如成纤维细胞）以及内分泌细胞和神经细胞的体外（和体内）增殖和活性，也与血清结合。然而，FGF 并不总是能够完全替代脑垂体提取物。FGF 家族中最著名的成员分别是 a-FGF 和 b-FGF，后者更易于有丝分裂。BHK-21 细胞具有大量的 a-FGF 和 b-FGF 细胞表面受体。糖胺聚糖肝素能够与这些 FGF 相互作用。当向培养基中加入 a-FGF 和肝素时，诱导间充质细胞增殖的协同刺激。此外，肝素还延长了细胞增殖期。

有学者研发了用于连续培养 BHK-21 作为容器贴附细胞的无血清培养基。该培养基是 DMEM 和 F-12 培养基的 1:1（体积比）的混合物，其中添加了成纤维细胞生长因子、纤连蛋白、胰岛素、油酸（用不含脂肪酸的牛血清白蛋白作为载体预培养）和转铁蛋白。纤维连接蛋白是细胞黏附所必需的，是细胞增殖最佳的其他因素。当初始细胞量大于约 1900 个/cm^2 时，这种无血清培养基支持细胞增殖的速率约等于含 10% 血清的培养基中的速率。在较低的初始细胞量下，在无血清培养基中的生长很差。GMEM 最初是为了支持幼仓鼠肾（BHK-21）细胞的生长而开发的。该配方是在 BME 基础培养基上，经修改后含有正常浓度 2 倍的氨基酸和维生素。2010 年在 GMEM 的基础上研究确定了 BHK-21 悬浮型细胞对葡萄糖、谷胺酰胺和丙酮酸钠的最佳添加量为 3mmol/L、3mmol/L 和 1.5mmol/L。同年，在 DMEM/F12 的基础上添加了氨基酸、维生素、微量元素和细胞生长因子及表面活性剂开发了 BHK-21 细胞的个性化无血清培养基，使 BHK-21 悬浮细胞在生物反应器中培养密度达 5×10^6 个/mL 以上。

采用 Mixture 与响应面实验设计相结合的方法开发 BHK21 细胞无血清悬浮培养基。通过 Mixture 实验初步确定基础培养基之间的配比，针对 Tyr、Gln、BSA 和钙离子进行响应面实验设计和分析确定 4 种物质的最佳添加比例和浓度，确定谷氨酰胺、酪氨酸、牛血清白蛋白和钙离子的最优浓度分别为 3mmol/L、2.5g/L、0g/L 和 0mmol/L，细胞最大活细胞密度可达 140.21×10^5 个/mL。

总结与展望

利用细胞培养生产疫苗是疫苗制品的重要生产方式，用于生产疫苗的细胞除了 CHO 细胞、HEK293 细胞以外，常用的还有 MDCK、Vero 细胞、BHK 细胞、PK-15 细胞等，还有些其他细胞系在不断开发中。

用于疫苗生产的细胞培养和其他细胞培养类似，主要有贴壁培养和悬浮培养。悬浮培养由于可以实现细胞高密度培养，已经成为疫苗生产的重要方式和发展方向。由于细胞培养添加血清存在的各种弊端，通过在常规培养基添加细胞因子等各种添加物，目前已经开发出适合疫苗细胞培养的无血清培养基。这些无血清培养基存在个性化强，但细胞密度和活性及疫苗的产量有待于进一步提高。随着人工智能、大数据等技术的发展和应用，未来将进一步优化疫苗细胞培养基和细胞培养模式，进一步提升疫苗生产的水平。

参 考 文 献

陈天，陈克平，陈昭烈，2009. Vero 细胞无血清培养技术的研究与应用.生物技术通讯，20（03）：417-421.

苏晓蕊，岳华，汤承，2012. Vero 细胞无血清培养基研究进展.动物医学进展，33（02）：87-90.

Alfano R，Pennybaker A，Halfmann P，Huang C Y H，2020. Formulation and production of a blood-free and chemically defined virus production media for VERO cells. Biotechnol Bioeng，117（11）：3277-3285.

Hwan K H，Jin K S，Jin R J，Chul L S，Joong Y I，Gu K Y，Sik Y S，2016. Process development for veterinary rabies virus vaccine-producing BHK-21 cells in serum-free suspension culture. Annual and International Meeting of the Japanese Association for Animal Cell Technology，100.

Kiesslich S，Kamen A A，2020. Vero cell upstream bioprocess development for the production of viral vectors and vaccines. Biotechnol Adv，44，107608.

Kiesslich S，Losa J P V C，Gélinas J F，Kamen A A，2020. Serum-free production of rVSV-ZEBOV in Vero cells：Microcarrier bioreactor versus scale-X^{TM} hydro fixed-bed. J Biotechnol，310：32-39.

Lee D K，Park J，Seo D W，2020. Suspension culture of Vero cells for the production of adenovirus type 5. Clin Exp Vac R，9（1）：48-55.

Majoul S，Kharmachi H，Saadi M，Chouaib A，Kallel H，1999. Adaptation of Vero Cells to a Serum Free Medium for the Production of Rabies Virus，Animal Cell Technology：Products from Cells，Cells as Products，467-469.

Ogando N S，Dalebout T J，Zevenhoven-Dobbe J C，Limpens R W A L，Meer Y V D，Druce L C，Vries J J C d，Kikkert M，Bárcena M，Sidorov I，Snijder E J，2020. SARS-coronavirus-2 replication in Vero E6 cells：replication kinetics，rapid adaptation and cytopathology. J gen virol，101（9）：925-940.

Rourou S，Ark A V D，Majoul S，Trabelsi K，Velden T V D，Kallel H，2009a. A novel animal-component-free medium for rabies virus production in Vero cells grown on Cytodex 1 microcarriers in a stirred bioreactor. Appl microbiol biot，85（1）：53-63.

Rourou S，Ark A V D，Velden T V D，Kallel H，2009b. Development of an animal-component free medium for vero cells culture. Biotechnol PRORG，25（6）：1752-1761.

Rourou S，Hssiki R，Kallel H，2011. Isolation of active peptides from plant hydrolysates that promote Vero cells growth in stirred cultures. BMC Proceedings. 5（8）：116.

Rourou S，Zakkour M B，Kallel H，2018. Adaptation of Vero cells to suspension culture and rabies virus production on different SERUM free media，2019. Adaptation of Vero cells to suspension growth for rabies virus production in different serum free media. Vaccine，37（47）：6987-6995.

Shen C F，Guilbault C，Li X，Elahi S M，Ansorge S，Kamen A，Gilbert R，2019. Development of suspension adapted Vero cell culture process technology for production of viral vaccines. Vaccine，37（47）：6996-7002.

Shin Y，and Park H，2015. Effects of Medium Components on Cell Aggregation in Suspension Culture of Vero cell in Protein Free Medium，593-593.

Tapia F，Vázquez-Ramírez D，Genzel Y，Reichl U，2016. Bioreactors for high cell density and continuous multi-stage cultivations：options for process intensification in cell culture-based viral vaccine production. Appl microbiol biot，100（5）：2121-2132.

Thomassen Y E，Eikenhorst G V，Polla V D，Bakker WAM，2009. Platform technology for viral vaccine production：comparison between attached and suspension Vero cells，proceedings of the 21st annual meeting of the european society for animal cell technology（ESACT），723-727.

Thomassen Y E，Rubingh O，Wijffels R H，Pol LA v d，Bakker W A M，2014. Improved poliovirus D-antigen yields by application of different Vero cell cultivation methods. Vaccine，32（24）：2782-2788.

Wu Y，Jia H，Lai H，Liu X，Tan W S，2020. Highly efficient production of an influenza H9N2 vaccine using MDCK suspension cells. Bioresources and Bioprocessing，7（1）：1-12.

（米春柳　樊振林）

第九章
干细胞培养基

干细胞是一种具有多向分化潜能的无特定功能细胞，在特定条件下，它可以通过有丝分裂自我更新和分化成不同功能的细胞，构成人体不同类型的组织和器官。对大脑、骨骼、肌肉、神经、血液、皮肤和其他器官的发育、生长、维护和修复至关重要。胎牛血清一直是体外动物细胞培养（包括干细胞）的首选添加物。然而，由于胎牛血清的组成不确定，不利于干细胞的稳定培养和扩增，因此目前化学成分明确的无血清和无异源（xeno-free）培养基成了研究热点。通过添加人血清替代物或者重组蛋白因子等方式实现干细胞体外培养快速扩增和干性维持，推动了干细胞生物治疗应用的发展。

第一节　干细胞种类、培养及应用

一、干细胞的种类

干细胞是具有克隆和自我更新能力并可分化为多种细胞系的细胞。从生命的早期到末期，机体都存在干细胞。干细胞是所有多细胞生物的基本细胞，具有分化成各种成体细胞的潜能（图9.1）。自我更新和全能性是干细胞的特征。虽然全能性表现在非常早期的胚胎

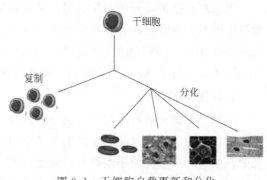

图 9.1　干细胞自我更新和分化

干细胞上，但成体干细胞具有多能性、差异性和可塑性，有望用于未来临床疾病治疗。所有的干细胞都具有潜在的医学研究和应用价值，但是不同类型的干细胞又存在局限性。干细胞可以按照分化发育潜能和来源进行分类。

（一）按分化发育潜能区分

干细胞可以根据分化成不同细胞类型的程度分为以下五类。

1. 全能干细胞

全能干细胞（totipotent stem cells）具有分化成所有可能细胞类型的能力，主要特征是能产生一个有完整功能的个体，受精卵即是一个典型的全能干细胞。

2. 多能干细胞

多能干细胞（pluripotent stem cells，PSCs）具有分化成几乎所有细胞类型的能力。包括胚胎干细胞、来源于中胚层、内胚层的细胞和胚胎干细胞分化初期形成的外胚层细胞。可以分化形成多种细胞，如造血干细胞（hematopoietic stem cells，HSCs）、生殖干细胞（germ stem cells，GSCs）、间充质干细胞（mesenchymalstem cells，MSCs）、神经干细胞（neural stem cells，NSCs）、肝脏干细胞（liver stem cells，LSCs）、胰腺干细胞（pancreatic stem cells，PSCs）等。

3. 多潜能干细胞

多潜能干细胞（multipotent stem cells）具有分化成密切相关的细胞家族的能力，包括（成人）造血干细胞，可以变成红细胞、白细胞或血小板。

4. 寡能干细胞

寡能干细胞（oligopotent stem cells）具有分化成几种细胞的能力，包括（成人）淋巴或骨髓干细胞。

5. 单能干细胞

单能干细胞（unipotent stem cells）只产生一种类型细胞的能力，但具有自我更新特性，包括（成人）肌肉干细胞和上皮组织基底层的干细胞。

（二）根据来源进行分类

干细胞根据来源分为两种类型：早期胚胎期干细胞和成熟成年期干细胞。早期胚胎期干细胞，通常被称为胚胎干细胞（embryonic stem cells，ESCs），在发育大约五天后在胚泡的内部细胞团中发现。成熟成年期干细胞，通常被称为成熟干细胞（adult stem cells，ASCs）在特定的成熟身体组织以及出生后的脐带和胎盘中发现。

1. 胚胎干细胞

胚胎干细胞是具有潜在永生能力的自我复制多能细胞，来源于胚胎的发育阶段，在此阶段之前，着床时间通常发生在子宫内。人类胚胎干细胞来源通常是四五天时的胚胎，是一个中空的微小细胞球，叫做胚泡。人类胚胎干细胞的特性包括四个标准：①来源于多能细胞群；②能够在未分化状态下无限自我更新；③能够在生长过程中维持正常的核型；④克隆衍生的细胞能够在体外分化为所有三个胚胎胚层或在体内分化为畸胎瘤。培养过程中，hESC 表现为有明显界限的密集克隆，单个干细胞具有高的核质比率和独特的核仁；体外鉴定和表征还包括高水平碱性磷酸酶活性和特异性胚胎干细胞标记表达。PSCs 表达转录因子八聚体结合转录因子（octamer transcription factor，Oct 4）、胚胎干细胞关键蛋白（Nanog homeobox，Nanog）和性别决定 Y 区域转录因子 2（sex determining region Y（SRY）-box 2，SOX2）以及肿瘤排斥抗原（tumor rejection antigen，TRA）Tra-1-81 和 Tra-1-60。对阶段特异性胚胎抗原（stage-specific embryonic surface antigen，SSEA）SSEA 3 和 SSEA 4 也呈强阳性，但对 SSEA 1 呈阴性。任何新衍生的 hESCs 系都要经过严格的测试，以明确地将其鉴定为多能性；还应包括分化能力的证明和体外形成的胚状体或体内畸胎瘤形成的所有三个胚层的阳性鉴定；培养期间的核型稳定性也需要确定。

2. 成体干细胞

成体干细胞是未分化的全能或多能细胞，在胚胎发育后遍布全身，通过细胞分裂繁殖，以补充死亡细胞并再生受损组织。在特定条件下，成体干细胞或者产生新的干细胞，或者按一定的程序分化，形成新的功能细胞，从而使组织和器官保持生长和衰退的动态平衡。

成体干细胞包括以下几种。①造血干细胞：研究历史最长最深入的一类成体干细胞，具备分化为血液系统各种细胞的潜能，在疾病治疗、抗衰老保健等领域具有极大的应用潜能；②生殖干细胞：具备分化为生殖细胞和性腺各种支持细胞的潜能，使成体得以发挥生育功能，并可以延缓性腺的衰老；③间充质干细胞：具备分化为机体骨、软骨和各种器官细胞的潜能，还具备特有的免疫调节功能；④神经干细胞：具备分化为神经系统各种细胞的潜能；⑤视网膜干细胞：具备分化为视网膜各种细胞的潜能；⑥肝脏干细胞：具备分化为肝脏各种细胞的潜能；⑦胰腺干细胞：具备分化为胰腺各种细胞的潜能，在特定条件下，可以分化为胰岛细胞；⑧肺脏干细胞：具备分化为肺脏各种细胞的潜能；⑨肾脏干细胞：具备分化为肾脏各种细胞的潜能。

3. 诱导多能干细胞

诱导多能干细胞（induced pluripotent stem cells，iPSCs）是通过异位表达多种转录因子将分化的体细胞（即成纤维细胞）基因重编程为去分化干细胞而产生的。例如，有研究者通过 OCT3/4、SOX2 和 KLF4 的过表达，将患者来源的成纤维细胞重新编程为多能干细胞。最常用的来自 Lonza 的 iPSC 株 EC11 是从原代人脐静脉内皮细胞中获得的。

二、干细胞的培养

干细胞体外培养并保持未分化状态是至关重要的，不同类型干细胞在对应特定培养条件下可体外扩增（表 9.1）。虽然进行了大量研究，干细胞培养仍然是一个挑战。不同类型的干细胞通常需要不同的培养条件。例如，iPSC 和 hESC 必须在具有饲养细胞支持层或基质的包被板上培养，如小鼠胚胎成纤维细胞（mouse embryo fibroblast，MEF）或人包皮成纤维细胞，需要在细胞外基质如基膜凝胶上培养。此外，干细胞生长培养基必须补充生长因子。例如，MSC 生长培养基中应添加成纤维细胞生长因子（fibroblast growth factor，FGF），小鼠胚胎干细胞培养时必需使用白血病抑制因子（leukemia inhibitory factor，LIF）。此外，一些干细胞（如 iPSCs 和 hESCs）必须每天更换培养基，并控制其过度生长。细胞过度生长会导致分化，甚至使干细胞分化潜能丧失。

表 9.1　干细胞和选定的培养条件

分化能力	干细胞	来源	贴壁支持	是否无血清
多能干细胞	ESCs	胚泡期胚胎	是（饲养层细胞或明胶）	是
多潜能干细胞	MSCs	产后组织	否	否
多能干细胞	iPSCs	产后组织，如皮肤、肝脏、心脏	是（饲养层细胞或细胞外基质）	是

（一）胚胎干细胞培养

卵裂球通常与亲代活检胚胎在含有纤连蛋白和层粘连蛋白的培养基中共同培养。培养基中添加层粘连蛋白对胚胎干细胞样聚集体的形成很重要。此外，添加无血清培养基和成纤维细胞生长因子可增强干细胞增殖并阻止胚胎干细胞分化。

1. 小鼠饲养细胞用于培养胚胎干细胞

小鼠胚胎成纤维细胞或小鼠饲养细胞被认为是胚胎干细胞最重要的组成部分，因为胚胎成纤维细胞为胚胎干细胞的生长和扩增提供了有利条件。MEF 对成功产生 hESC 非常重要。此外，所有早期的 hESC 系都是在含有 MEF 细胞分泌的生长因子和细胞因子的培养基中生长的，这些生长因子和细胞因子是维持干细胞多能性所必需的。由于 MEF 来源于小鼠，它给胚胎干细胞带来了严重的伦理或健康问题。此外，存在动物来源的病毒或病原体传播到人类胚胎干细胞的风险。此外，这些致病分子会污染整个 hESC 培养物。如果胚胎干细胞被这些病原体污染，即使胚胎干细胞后来被转移到非无动物源培养条件下，污染问题也可能持续存在。小鼠饲养细胞和动物来源的血清/蛋白质含有非人源细胞唾液酸，也可能对人类胚胎干细胞带来危害。

2. 无饲养层培养胚胎干细胞

由于饲养层细胞都有局限性，已经探索并成功设计了化学成分明确的培养基来培养胚胎干细胞。第一个尝试无饲养层生长培养基的方法是使用细胞外基质蛋白和生长因子来创造干细胞增殖和更新的体外培养条件。在这些蛋白质中，Matrigel 主要与生长因子或条件培养基结合使用来培养胚胎干细胞。尽管有各种各样的好处，发现 Matrigel 的成分有太多的变化，这给 hESC 培养带来了问题。Matrigel 的使用也引起了临床问题，因为有报道少量批次 Matrigel 被小鼠乳酸脱氢酶升高病毒污染。除了 Matrigel，纤连蛋白、层粘连蛋白和Ⅳ型胶原也是无异源人胚胎干细胞培养的良好候选物，细胞可以生长 20 代。人类胎盘来源的内细胞团（inner cell mass，ICM）用于培养人胚胎干细胞，并且发现 40 代具有很强的遗传稳定性。

使用化学成分确定的培养基和蛋白质已经显著改善了胚胎干细胞的培养。此外，不同的蛋白质和重组蛋白也被用于增强无异源条件下的人胚胎干细胞培养。其中包括 E-钙黏蛋白、E-钙黏蛋白/层粘连蛋白 521 和激酶抑制剂以及碱性成纤维细胞生长因子，已知它们在无异源条件下能引起干细胞的强劲增殖。

（二）间充质干细胞的培养

骨髓间充质干细胞是组织修复工程的主要细胞来源，也是细胞基因治疗的载体。与其他物种不同，小鼠骨髓间充质干细胞产量低，难以收获和生长。培养方法如下：①取 4 周或 8 周龄的小鼠通过颈椎脱臼处死，并置于 100mm 的细胞培养皿中，将整个身体浸泡在 700mL/L 的乙醇中 2min，然后将小鼠转移到新的培养皿中；②在踝关节和腕关节处切开四个爪子，并将后肢和躯干、前肢和躯干之间的连接处周围切开；③向爪子方向的切割部位拉动，将后肢和前肢的整个皮肤移除；④使用显微切割剪刀和外科手术刀小心地将肌肉、韧带和肌腱与胫骨、股骨和肱骨分离；⑤胫骨、股骨和肱骨通过在关节处切割进行解剖，骨头转移到无菌纱布上；⑥仔细擦洗骨头以去除残留的软组织，并转移到 100mm 无菌培养皿中，在冰上加入 10mL 完整的 α-MEM 培养基；⑦所有样品在动物死亡后 30min 内完成处理，以确保高细胞活力，软组织与骨骼完全分离，以避免污染；⑧在生物安全柜中，用 PBS 清洗骨头两次，以冲洗掉血细胞和残留的软组织，然后将骨头转移到新的含有 10mL 完整的 α-MEM 培养基的 100mm 无菌培养皿中；⑨用镊子夹住骨头，用显微切割剪刀在骨髓腔末端正下方切除两端；⑩一个 23 号针头连接到一个 5mL 注射器上，用于从培养皿中抽取 5mL 完整的 α-MEM 培养基；然后将针插入骨腔，骨髓慢慢流出，骨腔再次冲洗两次，直到骨头变得苍白。使用镊子从培养皿中取出所有骨块，将固体物质留在培养基中，培养皿在 5% CO_2 培养箱中于 37℃孵育 5 天。

在相差显微镜下，第 3 天出现最初的梭形细胞，然后培养物变得更加融合，仅在 2 天内达到 70%～90% 融合。用 PBS 洗涤细胞两次，在 37℃用 2.5mL 0.25% 胰蛋白酶消化 2min，然后用 7.5mL 完全的 MEM 培养基中和胰蛋白酶。使用移液管冲洗板的底部，并将细胞转移到 15mL 离心管中，以 800g 离心 5min，并将细胞以 1∶3 的比例重悬于 75cm² 细胞培养瓶中。注意：在消化前用 PBS 清洗细胞是很重要的，因为它会去除残留的培养基和细胞分泌物，并降低间充质干细胞对培养皿的黏附力。消化应限制在 2min 内，因为较长的消化时间对骨髓间充质干细胞有害，可能会将非骨髓间充质干细胞从培养皿中取出。

（三）诱导多能干细胞的培养

Oct3/4、Sox2、c-Myc 和 Klf4 这 4 种转录因子引入小鼠胚胎或皮肤纤维母细胞，发现可诱导其发生转化，产生的 iPSCs 在形态、基因和蛋白表达、表观遗传修饰状态、细胞倍增能力、类胚体和畸形瘤生成能力、分化能力等都与胚胎干细胞极为相似。通过改进筛选技术得到了更接近于胚胎干细胞的多能干细胞，把这些细胞注入小鼠囊胚中再植入体内后可孕育出活的遗传混杂型仔鼠，可以产出完全由 iPSC 发育而成的仔鼠。

iPSCs 建立的过程主要包括：①分离和培养宿主细胞；②通过病毒介导或者其他方式将若干个多能性相关的基因导入宿主细胞；③将病毒感染后的细胞种植于饲养层细胞上，并于 ESC 专用培养体系中培养，同时在培养中根据需要加入相应的小分子物质以促进重新编程；④出现 ES 样克隆后进行 iPSC 的鉴定（细胞形态、表观遗传学、体外分化潜能等方面）。只有达到最佳的细胞培养条件，才能获得高质量的诱导多能干细胞。为了维持指数期的细胞生长，根据下述细胞密度，每 4～5 天对 iPSCs 进行亚培养是很重要的；如果培养物的密度太高，iPSCs 倾向于生长为 3D 样聚集体，细胞活力降低。以饲养层细胞培养 iPSCs 过程如下：

1. 制备 MEF 细胞贴壁培养板

① 用附着因子溶液覆盖每个新培养容器的整个表面，37℃下在培养容器孵育 30min 或在室温下孵育 1h。

② 在生物安全柜中无菌操作，在使用前通过抽吸将附着因子溶液从培养板中完全移除。培养板可以立即使用，也可以在室温下储存 24h。

注意：在添加细胞或培养基之前，不必清洗培养表面。

③ 在开始或传代人胚胎干细胞培养前一至两天，将 3×10^4 个/cm^2 的有丝分裂灭活的 MEFs 接种在涂有附着因子的培养板中。

④ 将 MEF 培养板放入 37℃的 5％ CO$_2$ 培养箱中。

注意：铺板 3～4 天内可以使用 MEF 培养皿。

2. 复苏培养 iPSCs

① 在培养前 3～4h，从含有灭活 MEF 培养板中弃去培养基，并向培养板中加入预热的 iPSC 培养基。

② 用金属镊子从液氮储存器中取出一小瓶 iPSCs。

注意：如果小瓶在取出和解冻之间暴露在环境温度下超过 15s，将小瓶转移到含有少量液氮的容器中。

③ 用戴着手套的手转动小瓶，直到外面没有霜。这需要大约 10～15s。

④ 将小瓶浸入 37℃的水浴中，不要浸没瓶盖，轻轻旋转小瓶。

⑤ 当冰晶消失时，从水浴中取出小瓶。

⑥ 用 70％乙醇喷洒小瓶的外部，并将其放入罩中。

⑦ 用 5mL 无菌移液管将细胞轻轻移至 50mL 离心管中。

⑧ 向 50mL 离心管中的细胞中缓慢滴加 10mL iPSC 培养基。添加培养基时，轻轻前后移动试管以混合 iPSCs。

⑨ 用 1mL iPSC 培养基冲洗小瓶，并加入到装有细胞的 50mL 离心管中。

⑩ 将细胞悬液转移到 15mL 离心管中，以 200g 离心细胞 5min。

⑪ 吸取并丢弃上清液。

⑫ 将细胞沉淀重新悬浮在足够体积的 iPSC 培养基中，在试管中上下轻轻吸移细胞几次。

⑬ 从 MEF 培养皿中吸出用过的 iPSC 培养基，并将解冻的细胞慢慢添加到培养皿中。将培养皿轻轻放入 37℃ 的 5% CO_2 培养箱中，快速、短暂、十字交叉移动培养皿，将细胞分散在培养皿表面。

⑭ 将细胞培养过夜。

⑮ 第二天，用无菌移液管取出有碎片的用过的培养基。

⑯ 向培养板中添加新鲜的 iPSC 培养基。将培养板轻轻放入 37℃ 的 5% CO_2 培养箱中过夜。

⑰ 在显微镜下检查细胞，每天更换两个培养皿中的旧培养基。如果培养一个以上的板，每个孔使用不同的移液器，以降低污染风险。克隆可能一周内看不到。

三、干细胞的应用

干细胞在特定条件的刺激下，可以分化为各种类型细胞，并且它们可以在正确的条件下再生受损组织。这种潜力可以拯救生命或修复受伤或患病后的伤口和组织损伤。

（一）在再生医学中的应用

有许多干细胞疗法，但大多数都处于实验阶段和/或费用高昂。骨髓移植是众所周知的干细胞移植的临床应用。成体和胚胎干细胞能够治疗癌症、Ⅰ型糖尿病、帕金森氏病、亨廷顿氏病、乳糜泻、心力衰竭、肌肉损伤和神经障碍等许多疾病。在大剂量化疗和/或放疗后，骨髓移植可以使骨髓再生，恢复所有不同类型的血液细胞。皮肤干细胞存在于毛囊中，这些细胞可以被培养形成患者皮肤的表皮等，从病人的毛发中长出皮肤，为自体移植物提供组织，不存在排异问题。

（二）提高机体免疫力

干细胞具有改变细胞对损伤或异常免疫活性反应的特异性能力，可以用于自身免疫性疾病如Ⅰ型糖尿病、系统性红斑狼疮、类风湿关节炎、克罗恩病、多发性硬化症等的诊疗。干细胞疗法通过调节体内免疫系统、缓解自身免疫性疾病的进程，达到治疗目的。干细胞能纠正细胞免疫失衡，抑制人体过度活跃的免疫应答，减轻对损伤或自身免疫过程的炎症反应。在系统性红斑狼疮方面，干细胞能抑制适应性免疫应答，减少 T 细胞和 B 细胞活化，减少自身抗体产生。对接受同种异体干细胞的重症系统性红斑狼疮患者进行 4 年随访后，发现近 50% 的患者出现临床缓解，总生存率为 94%。

（三）有望用于临床疾病治疗

帕金森病患者缺乏多巴胺，干细胞可以用于治疗此类疾病。帕金森氏症和阿尔茨海默氏症，症状为脑细胞受损使肌肉运动失控，能够使用干细胞阻止不受控制的特殊脑细胞复活，替代受损的细胞和组织来治疗脑部疾病。

小鼠干细胞能够产生胰岛素表达细胞，细胞自组装形成与正常胰岛非常相似的结构，并产生胰岛素。未来将需要研究如何优化胰岛素生产条件，提供基于干细胞的治疗糖尿病的方法，以取代对胰岛素注射的持续需求。

正在进行的干细胞治疗研究给无法通过传统医学治疗的患者带来了希望。随着干细胞有效性不断提高，细胞疗法治疗疾病的前景非常广阔，有望未来在骨髓移植、皮肤替代、器官发育以及毛发、牙齿、视网膜和耳蜗细胞等组织替代中应用。

第二节　干细胞培养基

培养基是维持健康、增殖干细胞的关键因素。所有的干细胞培养基基本上都含有相同的基本成分：基本培养基、缓冲系统、谷氨酰胺、血清（或血清替代品）、特定的生长因子和额外的补充剂。

一、干细胞经典培养基

（一）胚胎干细胞经典培养基

ESC 最初在饲养细胞上生长，饲养细胞是在补充 FBS 的生长培养基中支持和促进 ESC 生长的有丝分裂非活性成纤维细胞层。血清中的主要附着因子是纤连蛋白和玻连蛋白。饲养细胞释放纤连蛋白、Ⅰ型和Ⅳ型胶原以及层粘连蛋白。对于小鼠 ESC，可以通过添加在血清中也发现的骨形态发生蛋白（bone morphogenetic protein，BMP）和抑制分化的 LIF 轻松替换饲养层。赛默飞公司（Thermo Fisher）提供了符合胚胎干细胞标准的 FBS。在 FBS 存在的情况下，人类 ESC 在小鼠胚胎成纤维细胞（MEF）饲养层上持续存在。这种对非人（异源）细胞和生物制品的暴露使人胚胎干细胞容易受到异源污染和免疫排斥，最终使许多现有的人胚胎干细胞系不适合临床移植。

（二）间充质干细胞经典培养基

1. 基于经典 FBS 的培养基

用于分离和扩增间充质干细胞的常规培养基由规定的基础培养基组成例如 DMEM 或 α-MEM 补充 100mL/L～200mL/L 的胎牛血清。FBS 提供高含量的生长刺激因子以及细胞维持和生长所需的营养和化合物。此外，胎牛血清在提供必需的附着因子以促进细胞黏附到培养基质上方面起作用，这是黏附的骨髓间充质干细胞生长的先决条件。虽然基于胎牛血清的培养基仍然是基础研究和临床研究中产生骨髓间充质干细胞的标准，但由于胎牛血清相关的潜在问题，包括安全性问题，已经引起了关注。尽管对安全性和促进生长的能力进行了严格的选择和测试，但 FBS 本质上是不安全和有风险的，因为它可能仍然包含有害的污染物，如朊病毒、病毒或人畜共患病试剂。此外，在含胎牛血清的培养基中生长的骨髓间充质干细胞与胎牛血清白蛋白相关，这可能会引起患者的免疫反应。此外，批次间的高度差异会导致细胞质量不一致。因此，胎牛血清的使用是广泛实施 hMSC 相关疗法的主要障碍。

2. 人源添加物培养基

为了缓解的安全和管理问题提出的使用动物血清生成 hMSCs 人类血液来源自体或同种异体材料，包括人类血清、血浆、血小板衍生品（如血小板溶解产物）和脐血血清。

据报道，人的自体血清可以支持人造血干细胞的扩增。然而，要获得足够的量来产生临床相关的间充质干细胞是有难度的。同时这一方法可能并不适用于老年病人，随着年龄的增长支持细胞生长的能力可能会降低。从成人捐赠者获得的人类异体血清的性能颇有争议。同种异体的人类血清脐带血和胎盘也被建议作为潜在替代品取代FBS，因为这些原始组织富含各种生长因子。

许多研究者也尝试检验人血小板裂解液（human platelet lysate，hPL）用于培养hMSCs 的效用，hPL 是通过对血小板膜的机械破坏或化学裂解制备的。大多数研究报道，富含生长因子的异基因 hPL 对 hMSCs 具有相当大的促生长作用，同时保持其分化潜能和免疫调节特性。然而，其他一些研究报道的数据显示，当 hMSCs 在基于hPL 的培养基中培养时，其成骨或成脂分化潜能降低。此外，最近的一份报告表明，尽管细胞增殖能力大大增强，使用 hPL（补充到 RMPI 1640 培养基中）改变了一些hMSC 表面分子的表达，导致其体外免疫抑制能力下降。研究还表明，与胎牛血清相比，hPL 可降低前列腺素 E2 的生成，而此前已证实前列腺素 E2 在抑制免疫细胞中发挥重要作用。

虽然被认为在人类治疗方面，应用 hPL 比胎牛血清相对安全，但使用异体来源的添加剂仍是一个有实质性争议的问题。其存在的潜在风险在于异体人类生长补充剂可能被人体病原体污染，而这种病原体可能无法通过常规的献血者筛查发现。此外，这些原始血液衍生物的成分不明确，并存在分批变异，因此它们维持 hMSC 生长和治疗潜力的能力可能存在很大差异。特别地，这种可变性对于实现 hMSC 的大规模生产是一个重要影响，这对减少治疗失败是至关重要的。

二、干细胞无血清培养基

（一）胚胎干细胞无血清培养基

当前干细胞研究的重点是设计无饲养层、无异源细胞的培养系统，该系统具有化学成分明确的培养基配方。表 9.2 和表 9.3 总结了最近关于 hESC 培养的工作，并对比了不同的培养系统。无异源细胞的培养系统可能会被证明在未来临床治疗中是最有吸引力的。

表 9.2　使用细胞外基质蛋白或生物底物的无饲养层培养系统

系统描述/基质	细胞类型	培养基/补充物	无血清培养基	化学成分明确培养基[①]	无异源培养基[②]	培养期
鼠基质凝胶	hESC	MEF-CM[③]（基础培养基 DMEM＋KSR[④]）碱性成纤维细胞生长因子	是	否	否	180 天
鼠基质凝胶	hESC/hiPSC	DMEM/F12	是	否	否	20 代
胚状体细胞外基质	hESC	TeSR2	是	是	是	20 代
人纤连蛋白	hESC	DMEM/KSR bFGF,TGF-β1（＋/－LIF）	是	否	否	＞47 代
层粘连蛋白	hESC	DMEM/KSR bFGF,激活素	是	否	否	＞20 代
层粘连蛋白、玻连蛋白、纤维蛋白和Ⅳ型胶原蛋白(定义为人细胞外基质)	hESC	TeSR2	是	否	是	11～25 代
人胎盘细胞外基质	hESC	无异源培养基-人血浆提取物,含DMEM/F12, bFGF,TGFβ	否	否	是	39 代
层粘连蛋白亚型111,332,511	hESC/hiPSC	MEF-CM(DMEM＋KSR5)-bFGF	否	否	否	10 代
玻连蛋白-截短	hESC	E8 培养基	是	是	是	＞25 代

①化学成分明确培养基（CD）指不包括任何含有牛血清白蛋白或 HSA 的培养基，因为它们的成分未知且可变。
②不含异种培养基，指培养基或培养系统中无动物成分。
③MEF-CM 小鼠胚胎成纤维细胞条件培养基。
④KSR 敲除血清替代蛋白。

表 9.3　用于 hESC 培养的合成底物

系统描述/基质	细胞类型	培养基/补充物	无血清	化学成分明确	无异源	培养期
含肽的合成丙烯酸酯表面：玻连蛋白、骨唾液酸蛋白	hESC	X-VIVO 10 bFGF,TGF-β1 激活素 A	是	否	是	＞10 代
Synthemax[①]	hiPSC	mTeSR1	是	否	否	10 代
Synthemax[①]	hESC	mTeSR1	是	是	是	10～20 代
	hiPSC	TESR2	是	否	否	
		PSGro	是	是	是	
		Nutristem XF	是	是	是	
PMEDSAH[②] 涂层板	hESC	MEF-CM[③]	否	否	否	25 代
		hCCM[④]	否	否	是	
		StemPro	是	否	否	
		mTeSR	是	否	否	

系统描述/基质	细胞类型	培养基/补充物	无血清	化学成分明确	无异源	培养期
带有肝素结合蛋白的烷硫醇	hESC	mTeSR1 Rock 抑制剂	是	否	否	>17 代
PMVE-alt-MA⑤	hiPSC	StemPro	是	否	否	5 代
APMAAm⑥ 水凝胶	hESC	mTeSR1	是	否	否	20 代
聚乙二醇水凝胶	hESC	DMEM/F12 + KSR,bFGF	否	否	否	9 天
Hillex⑦ 微载体/悬浮培养	hESC	KSR-XF 10	是	否	是	6～14 天
		BRASTEM,bFGF	是	否	是	

①Synthemax：丙烯表面包被玻连蛋白衍生肽包被的。
②PMEDSAH：聚[2-(甲基丙烯酰氧基)乙基二甲基-(3-磺丙基)氢氧化铵]。
③MEF-CM：小鼠胚胎成纤维细胞条件培养基。
④hCCM：人类细胞条件培养基。
⑤PMVE-alt-MA：聚(甲基乙烯基醚-alt-马来酸酐)。
⑥APMAAm：N-(3-氨基丙基)甲基丙烯酸盐。
⑦Hillex阳离子三甲基铵改性聚苯乙烯珠粒。

1. 细胞外基质和细胞黏附分子

无饲养层培养方法依赖于细胞外基质蛋白与生长因子结合使用，以创造一个促进干细胞更新的体外微环境。将从小鼠胚胎干细胞分离的细胞外基质凝胶用作人胚胎干细胞培养的饲养细胞替代物。基质凝胶是胶原蛋白Ⅳ、层粘连蛋白、蛋白聚糖、内含肽和其他生长因子的凝胶混合物。到目前为止，基质胶通常与生长因子或饲养层培养物的条件培养基结合，是 hESC 培养中最常用的系统。然而，基质凝胶组成成分的批次间差异会带来问题，抑制其在保持细胞多能状态方面的有效性，从而影响后续干细胞分化方案的可重复性。基质凝胶的使用也引起了临床关注，因为发现某些批次被单链小鼠核糖核酸病毒、乳酸脱氢酶升高病毒污染，最终质疑在治疗环境中使用在动物来源的细胞外基质上培养的干细胞的安全性。

从 H9 胚胎干细胞系衍生的胚状体（e-ECM）中提取细胞外基质，这种由纤连蛋白、层粘连蛋白和Ⅳ型胶原组成的人源性细胞外基质被证明是一种可行的人胚胎干细胞无异种繁殖方法，可生产用于 H9 人胚胎干细胞系长期培养的无异种自体无饲养层培养系统。胚胎干细胞在 TeSR2——一种化学成分明确的无血清和无动物蛋白质的培养基中成功地保持了 20 代。在 e-ECM 细胞外基质上培养的人胚胎干细胞的自发分化明显少于在基质凝胶上培养的人胚胎干细胞。这种无异种培养模型也成功地用于表皮干细胞向角质形成细胞的终末分化，具有潜在的治疗应用价值。人类胎盘衍生的细胞外基质也已成功用于 hESC 培养。培养物在 40 代后表现出遗传稳定性，并且干细胞的分化潜力得以保留。

这些对细胞外基质的研究有助于识别参与干细胞更新的生物分子。即使是人类来源的，细胞外基质制备中的不一致性问题仍然存在。当然，使用化学成分明确的基质和基于细胞外基质的重组蛋白可能是治疗级 hESC 细胞系无异种培养更可靠的方法。

有研究者分析了 Matrigel 的各个成分，并确定并非所有成分对维持胚胎干细胞系的未分化生长都同样有效。在无饲养层条件培养基中，层粘连蛋白似乎优于纤连蛋白和Ⅳ型胶原。其他人已经成功地使用人纤连蛋白与碱性成纤维细胞生长因子和转化生长因子 β 培养人胚胎干细胞超过 180 天。有研究表明，添加激活素的培养基可用于消除对 MEF 细胞条件培养基的需求。胚胎干细胞在无血清和异种培养基中的成功繁殖，TeSR1 使用人基质成分胶原蛋白 IV、层粘连蛋白、玻连蛋白和纤连蛋白的组合作为基质，是临床依从性胚胎干细胞培养模型发展的重要里程碑。这种培养系统允许在没有动物产品的特定条件下衍生出核型正常的人胚胎干细胞系（WA-15）以及 H1 和 H9 干细胞的未分化繁殖。在无血清培养基中包含 Rho 激酶抑制剂（ROCK）有助于防止传代时单个细胞的凋亡。

层粘连蛋白及其在细胞黏附中的作用已被广泛研究。Rodin 等人描述了一种用于 hESC 和 hiPSC 培养的无异源系统，该系统使用重组形式的人层粘连蛋白-511 和特定的培养基 TeSR1。这种无血清培养系统允许 hESC 细胞以遗传稳定性更新 4 个月（20代）。有研究者测试了不同的重组人层粘连蛋白亚型作为 hESC 培养支架的能力。层粘连蛋白亚型与 hESC 上的整合素受体 α6β1 结合，似乎是触发持续自我更新所必需的信号通路的组成部分。重组人层粘连蛋白亚型 LM111、511 和 332 支持 hESC 黏附和未分化细胞生长。进一步的研究表明，即使是不同重组层粘连蛋白亚型（LM E8）的片段，如果它们含有整合素结合能力，也可以用于 hESC 培养。LM 511-E8 事实上被发现在促进细胞黏附和干细胞增殖方面优于基质凝胶或全层粘连蛋白同种型。干细胞可以在无异种条件下在 LM511-E8 涂层基质上的化学成分明确培养基（TeSR2）中培养超过 30 代，并保持多能性和核型稳定性。与全层粘连蛋白相比，LM-8 的较小长度简化了重组产品的制造，使其更具成本效益。

E-钙黏蛋白，另一种与整合素 α6β1 结合的细胞黏附分子，也在细胞结合中起作用。上皮钙黏蛋白信号的破坏使分解成单个细胞后存活率低和人胚胎干细胞死亡。在涂有与 IgG FC 结构域融合的 E-钙黏蛋白的平板上培养 hESC 和 hiPSC 细胞，这种具有特定培养基的无饲养系统，TeSR1 作为基质凝胶的替代品是有效的。基质促进了黏附，两种类型的多能干细胞（hiPSC 和 hESC）在培养中保持其干细胞属性超过 90天。基于 E-钙黏蛋白/层粘连蛋白 521 的培养系统也允许 hiPSC 细胞在无异种条件下强劲增殖。特定激酶抑制剂和碱性成纤维细胞生长因子的混合物也有利于在无饲养层的化学条件下繁殖单个干细胞。

在细胞外基质成分中，玻连蛋白是另一种在特定培养基中，无血清条件下长期培养 hESC 细胞的有前途的基质。重组玻连蛋白能够在特定培养基中有效地替代基质凝胶作为 hESC 培养的底物。利用截短的重组玻连蛋白包被和化学成分明确的、不含异种和白蛋白的培养基，设计了一个简化的多能干细胞培养系统，称为 Essential 8（E-8）。这代表了干细胞应用的临床适应性培养模式的重大进展。长谷川等人发现了两种小的化学分子，它们可以替代培养基中的碱性成纤维细胞生长因子，并仍然维持人类干细胞的生长。这些分子是 Wnt/β-连环蛋白信号通路的调节剂。基于环境中存在的分子线索，这种途径可以驱动 hESC 细胞继续更新和分化。Wnt 调节剂与基于细胞外基质的基质（玻连蛋白、层粘连蛋白或纤连蛋白）的结合允许在化学成分明确的培养基中培养，而无需外源性补充碱性成纤维细胞生长因子或转化生长因子 β。

用于干细胞培养的合成基质也被研究作为复杂细胞外基质的替代物。通过结合来自细胞外基质蛋白生物活性区的肽，构建的合成肽丙烯酸酯表面（PAS）可以在不含异种的确定培养基 X-Vivo 10 中维持胚胎干细胞的自我更新和多能性超过 10 代。用来自层粘连蛋白、玻连蛋白、纤连蛋白或骨唾液蛋白的结合肽测试了丙烯酸酯表面。具有玻连蛋白或骨唾液蛋白衍生肽的 PAS 显示出最好的功能性。这些培养的干细胞也能够定向分化为心肌细胞。

Corning Synthemax Surface（一种合成丙烯酸酯表面，含有来自玻连蛋白的 RGD 肽序列）被证明支持人类诱导多能细胞在特定培养基中的扩增和定向分化。最近，研究人员证明合成酶不仅可用于克隆的有效扩增，还可用于在几种无血清和无异种培养基（如 TESR2、Nutristem XF 和 PSGro）中单个解离的 hPSCs 的有效扩增。

有研究者系统地筛选了 18 种与不同基质结合的生物活性肽，以确定在特定条件下能够维持 hESC 生长的肽表面。从玻连蛋白中分离的肝素结合肽 GKKQR-FRHRNRKG 的表面显示出促进 hESC 的黏附和增殖。这种肽通过与 hESC 细胞表面的糖基化氨基多糖相互作用而发挥作用。有趣的是，仅用含有核心整合素结合基序的肽（精氨酸-甘氨酸-天冬氨酸，RGD）制备的表面不适合持续的人胚胎干细胞培养。

有研究者描述了一种基于蜘蛛丝蛋白的新型合成材料作为 hESC 培养的合适底物。这种由重组微型蜘蛛丝蛋白 4RepCT 组成的人工基质可以在无菌条件下较容易地制造并形成薄膜、纤维或泡沫。基质的变体是通过将其与源自层粘连蛋白或透明质酸的生物肽融合而产生的。研究人员在无异种确定培养基 Nutristem 中，在 4RepCT-玻连蛋白膜上培养 hESC 和 hiPSC 细胞系超过 30 代，而不损失干细胞特性。培养的人胚胎干细胞有能力在体内形成畸胎瘤，并在体外定向分化为内胚层和心肌细胞。

肽合成的成本、附着生物分子的基质的稳定性以及生产过程中扩大规模的预期困难，引发了人们对建立纯合成表面用于无血清培养 hESC 的兴趣。事实证明，这尤其具有挑战性。许多基于聚合物的合成表面，如 PMEDSAH（聚[2-(甲基丙烯酰氧基)乙基二甲基-(3-磺丙基)氢氧化铵]）、PMVE-alt-MA（聚（甲基乙烯基醚-alt-马来酸酐））、HIT9 和 APMAAm（氨丙基甲基丙烯酰胺）已经过测试。在测试的合成聚合物中，PMEDSAH 和 APMAAm 似乎最有希望，支持几个 hESC 系生长至少 20 代，同时保持多能性和核型稳定性。

2. 无血清培养基、生长因子和其他分子调节剂

向无异源培养系统的过渡使得有必要配制新的基础培养基，适合在无血清条件下培养干细胞。在平衡盐溶液中含有氨基酸、葡萄糖、维生素、胰岛素、转铁蛋白、硒的基础培养基，如 DMEM/F12，已经成为许多用于 hESC 培养的内部和商业可用培养基的基础。胆固醇、脂质、γ-氨基丁酸、吡哌酸、抗坏血酸和 β-巯基乙醇也经常包括在内。几种市售培养基的组成如表 9-4 所示。在没有血清的情况下，都含有或需要

补充浓度为 20～100ng/mL 的碱性成纤维细胞生长因子。各种培养基配方中使用的其他精选生长因子/细胞因子添加剂有转化生长因子、激活素 A、白血病抑制因子、干细胞因子（SCF）和结构相似的细胞因子 FLT3（FMS 样酪氨酸激酶）。在无异源情况下，骨形态发生蛋白（BMP）对信号的抑制可以防止干细胞多能性的丧失。骨形态发生蛋白拮抗剂，如 Noggin，当包含在培养基中时，与碱性或纤维细胞生长因子协同工作，以维持干细胞稳态。骨形态发生蛋白信号的其他抑制剂，AMPK 抑制剂（6-[4-(2-哌啶基-1-乙氧基)苯基]-3-吡啶基-4-吡唑并[1,5-a]嘧啶），以及 Wnt 信号通路的抑制剂也能抑制无异源培养基中多能细胞的自发分化。

商业蛋白质补充剂，如基因敲除-血清替代经常用于培养系统中，以取代胎牛血清，但事实上仍然含有动物来源的血清蛋白。只有少数描述的培养基是完全无异种的，用人血清蛋白（HSA）代替牛血清蛋白。然而，HSA 是从不同的供体血清中提取的，因此存在批次间的差异。此外，HSA 的生产指南仅要求纯度≥96%，因此大多数细胞培养的商业制剂含有其他成分不明确的血浆蛋白和纯化过程中的污染物。表9.4 描述了用于胚胎干细胞无血清培养的市售培养基及其组成信息。目前市场上有几种不含异种的化学成分明确的培养基，如含有重组 HSA 的 TeSR2 和 PSGro，以及不含蛋白质的 Essential 8（E8）和 TESR-E8。XVivo 10 是一种特定的培养基，含有重组生长因子和高度纯化、可追踪的医药级 HSA。

尽管在化学成分明确的无异源培养基的设计方面已经取得了相当大的进展，但是细胞传代和扩增可能受到培养补充物的质量及其在培养中的稳定性的限制。当使用化学成分明确的培养基时，通常建议每天补充培养基，这费时又费力。

表 9.4　用于 hESC 和 hiPSC 培养的市售无血清培养基

培养基	来源(货号)	基础培养基/蛋白质/补充剂	无异源	化学成分明确
ESF	Cell Science & Technology	ESF 基础培养基//与油酸连接的 FAF-BSA FGF-2、LIF、胰岛素、转铁蛋白、硒、抗坏血酸、β-巯基乙醇	否	否
mTeSR1	Stemcell Technologies(♯05850)	DMEM/F12/BSA bFGF、TGFβ、胰岛素、转铁蛋白、胆固醇、脂质、吡哌酸、γ-氨基丁酸、β-巯基乙醇	否	否
E8	Stemcell Technologies(♯05940)	DMEM/F12、bFGF、TGFβ胰岛素、转铁蛋白、硒、抗坏血酸	是	是
StemPro	Life Technologies(♯A1000701)	DMEM/F12/BSA、bFGF、TGFβ、激活素、转铁蛋白、LR3-IGF1、HRG1β	否	否
PSGro	Stem RD(♯SC500M-1)	DMEM//F12 重组 HSA bFGF、TGFβ1、胰岛素、转铁蛋白、硒、脂质	是	是
PluriStem	Millipore(♯SCM130)	DMEM//F12、重组 HSA 激活素-A、转化生长因子 β1、bFGF、脂质、胰岛素、转铁蛋白、硒、dorsomorphin、IWP-2	是	否
X-Vivo 10	Lonza(♯04380Q)	基础培养基/制药级 HAS bFGF、hFLT3、转铁蛋白、β-巯基乙醇	是	是

（二）间充质干细胞无血清培养基

研究者已经尝试开发成分明确的无血清培养基用于动物或人类间充质干细胞的生长；然而，它们中的大多数只表现出有限的性能。此外，所有这些研究都使用了之前在分离/扩张初始阶段暴露于血清中的细胞。当细胞暴露于血清后被置于无血清条件下时，血清衍生的污染物可能会与细胞一起携带，因此，暴露于血清可能最终限制其治疗用途。理想的培养基应该包括化学成分明确的成分，支持原代培养和传代培养的hMSCs的附着和生长，同时保持其治疗特性。为了实现这一目标，以确定原代培养和传代培养所需的关键附着和生长因子，研究者开发了一种成分明确的无血清培养基（PPRF-msc6），用于hMSC的分离和扩增。众所周知，当使用无血清培养基时，可能需要外源性基质蛋白（例如纤连蛋白）来预包被培养表面，以促进某些贴壁依赖型细胞类型附着到基质上。PPRF-msc6在不使用涂层材料的情况下，支持骨髓间充质干细胞在组织培养表面的附着和生长。然而，当使用来自不同制造商的培养容器时，发现生长率/产量不同。通过用附着蛋白如明胶或纤连蛋白包被底物，这种可变性被大大降低，因此似乎需要预包被培养表面（或向培养基中添加这种蛋白），以在PPRF-msc6中获得最佳和可重复的hMSC生长。除了更明确的性质之外，PPRF-msc6与传统的补充血清的培养基（例如，10% FBS-DMEM）相比，在hMSC生产中的表现显著增强。具体来说，PPRF-msc6的使用导致早期在骨髓多能干细胞的原代培养中形成发育良好的克隆，并且频率更高。这种能力与多供体骨髓细胞非常一致，导致零代（P0）细胞数量显著增加。

最近已经开发了几种商业无血清培养基用于骨髓间充质干细胞的扩增。赛默飞引进了第一种商业无血清培养基STEMPRO MSC SFM，证明这种培养基比对照FBS培养基能更有效地支持hMSC的生长。后来，该公司生产无异源培养基，其他公司也引进了无异源无血清培养基用于hMSC培养。据报道，所有这些产品都支持hMSC扩增，因此一旦它们的疗效和安全性得到证实，就可以用于治疗。然而，这些商业培养基的配方没有公开，这可能限制它们在hMSC研究和临床研究中的广泛应用。特异性培养基成分的鉴定可以使hMSCs的无血清分离和扩增。此外，培养基的配方决定了细胞的特性（即生长模式、基因表达、表型和功能特性）。

一种公开成分的商业培养基（mTeSR），最初是为扩大hESCs而开发的，也已用于hMSC培养进行了测试。虽然这一成分明确的培养基和人类纤连蛋白处理的底物可以使之前使用FBS培养基分离的BM-hMSCs扩增，但它不能支持原代BM培养中的细胞生长。此外，当hMSCs以非常低的密度接种mTeSR进行CFU-F检测时，与使用FBS培养基的对照组相比，在较低的频率下获得的克隆明显更小。此外，mTESR来源的细胞具有显著降低成脂的潜力。因此，需要对该培养基进行进一步的研究，以确定影响hMSCs多能性和生长的因素，从而使公开的配方可用于研究和临床应用。

总之，尽管许多成分明确的hMSC培养基已经商业化或已经被引入到支持hM-

SCs 生长的文献中，必须认识到，培养基成分会显著影响培养后扩增的 hMSCs 的治疗相关特性。考虑到生产用于临床应用的 hMSC 疗法所需要的安全性和有效性，比较不同的培养基以及它们的配方（如果配方公开的话）并可能以系统的方式进一步优化配方是至关重要的。在这方面，公开的 hMSCs 培养基配方是许多对 hMSCs 的治疗应用感兴趣的研究者进一步开发的最佳选择。

（三）干细胞 CD 无血清培养基的发展

特定细胞类型的无血清培养基的开发或优化是一个非常复杂的过程，因为影响细胞维持、生长和细胞特性的多个变量是相互关联的。此外，与悬浮液培养的细胞相比，为诸如 hMSCs 等依赖于贴壁的细胞设计一种新的无血清配方往往更为苛刻，因为需要了解细胞在生长之前与它们附着和扩散的基质之间的相互作用。培养基开发的研究应包括合理的方法：选择适当的因子（例如，基础培养基配方和生长/附着蛋白）；逐步、系统地筛选因子，以了解它们对细胞特性和生长的影响。

在过去的几年里，生长因子在增加间充质干细胞增殖和存活中的作用已被广泛研究。大部分生长因子是多功能的，造成多重生物效应。它们造成细胞增殖、形态发生和存活的改变。仍需寻找用于骨髓间充质干细胞的理想生长因子：一方面是寻找一种不影响分化的生长因子，而另一方面则选择一种对特定谱系有分化偏好的生长因子。各种生长因子对骨髓间充质干细胞扩增和存活的影响以及这些影响背后的信号机制如下：

1. 转化生长因子 β

选择用于骨髓间充质干细胞的生长因子最初是基于先前已有的关于特定生长因子对细胞形态发生影响的知识而确定的。转化生长因子 β 以三种亚型存在：转化生长因子 β1、转化生长因子 β2 和转化生长因子 β3。虽然所有三种亚型都诱导骨髓间充质干细胞的增殖和软骨细胞的形成，但已发现转化生长因子 β3 对软骨形成有最显著的影响，并持续增加骨髓间充质干细胞的增殖，使其成为诱导植入骨髓间充质干细胞软骨形成的主要因素。当转化生长因子 β 或其家族因子结合 Ⅱ 型丝氨酸-苏氨酸激酶受体，募集另一种跨膜蛋白（受体 1）时，转化生长因子 β 信号发生。

2. 成纤维细胞生长因子

成纤维细胞生长因子是一个涉及伤口愈合和血管生成的生长因子家族。在该家族的不同成员中，FGF-2 或碱性成纤维细胞生长因子（b-FGF）已用于与骨髓间充质干细胞相关的研究，显示兔、犬和人骨髓间充质干细胞在体外增殖增加，当骨髓间充质干细胞以较低密度接种时，促有丝分裂效应更明显。b-FGF 不仅保持了骨髓间充质干细胞的增殖潜力，还通过早期有丝分裂周期保留了成骨、成脂和成软骨的分化潜能。FGF-4，成纤维细胞生长因子家族的另一个成员，在较低的密度下也能增加间充质干细胞的增殖。除了骨髓间充质干细胞增殖增加五倍之外，集落形成单位的数量（代表祖细胞群）也增加了 50%。

3. 血管内皮生长因子

在研究更好地使骨髓间充质干细胞移植部位血管化的方法时，人们注意到血管内皮生长因子本身会增加骨髓间充质干细胞的增殖。一些信号研究暗示间充质干细胞不表达血管内皮生长因子受体。这可能意味着血管内皮生长因子通过血小板衍生生长因子（PDGF）受体的激活和下游信号传导刺激骨髓间充质干细胞增殖。

4. 血小板衍生生长因子

血小板衍生生长因子（PDGF）是骨髓间充质干细胞的有效有丝分裂原，这些基质细胞表达所有形式的生长因子：PDGF-A 和 PDGF-C 水平较高，PDGF-B 和 PDGF-D 水平较低。受体 PDGFRα 和 PDGFRβ 也表达。两种受体同聚或异聚产生重叠但不同的细胞信号：PDGFRαα 结合 PDGF-AA、PDGF-BB、PDGF-CC 和 PDGF-AB；PDGFRββ 结合 PDGF-BB 和 PDGF-DD；PDGFRαβ 结合 PDGF-BB、PDGF-CC 和 PDGF-AB。几个小组已经发现 PDGF-BB 诱导骨髓间充质干细胞的增殖和迁移。

5. 肝细胞生长因子

肝细胞生长因子（HGF）及其受体 c-Met 在小鼠骨髓间充质干细胞中低水平表达。虽然在培养基中发现的低水平 HGF 不足以激活受体，但向间充质干细胞外源性添加 HGF 会触发受体的激活，从而影响增殖、迁移和分化。表 9.5 总结了各种生长因子对间充质干细胞的影响。

表 9.5 生长因子对间充质干细胞的影响

生长因子家族	生长因子	受体/信号调节剂	增殖/存活/形态发生效应
TGF-β	TGFβ₃	ALK-1、ALK-2、ALK-3、ALK-6、ALK-4、ALK-5、ALK-7	增加软骨形成
	BMP-2	Erk	增加扩增
	BMP-3	ALK-4/SMAD2，SMAD3	增加成骨，增加增殖
FGF	FGF-2	FGFR/Erk	偏向软骨形成，增加扩增
PDGF	PDGF-BB	PDGF receptor/Erk	增加扩增 增加存活
EGF	可溶性 EGF	EGF receptor/transient Erk	增加扩增
HGF	HGF	c-Met/p38 MAPK	增加存活

总结与展望

干细胞种类繁多，包括胚胎干细胞、不同来源间充质干细胞和诱导多能干细胞等。这些细胞在再生医学、疾病治疗和免疫调节等领域有广阔的应用前景，但是体外培养方法复杂、扩增效率低、难以保持细胞干性导致难以获得足够数量的干细胞，同时，培养体系中异源成分等因素限制了体外培养获得干细胞的临床应用可能。

目前，含有血清或血清替代物等成分不明确的干细胞培养基应用局限在基础研究领域，随着对血清成分和干细胞增殖、分化调控的深入研究，不依赖血清的成分明确干细胞无血清培养基已经有了明显进步，这些无血清培养基在解决干细胞贴壁、干细胞干性维持基本要求下，通过细胞因子成分和含量调整，尽可能的提高干细胞增殖速度，获得足够为下游治疗或临床应用的干细胞，按照药品进行研发和注册申报的干细胞需接受国家药品监督管理局的监管，生产全过程应当复合 GMP 的基本原则和相关要求，这对无血清培养基添加物的质量和纯度提出了更高的要求。细胞因子和促贴壁因子等蛋白生产成本和活性都是导致干细胞应用成本昂贵的因素，在利用蛋白因子开发无血清、无异源培养基的同时，尽可能的寻找相关蛋白因子化学替代物，降低生产成本，还需要人们不断的探索。

参 考 文 献

方彦艳，马健.2010.无血清培养基分离培养脐带间充质干细胞的研究.同济大学学报（医学版），31（005）：21-24.

王天云，贾岩龙，王小引，等.2020.哺乳动物细胞重组蛋白工程.北京：化学工业出版社.

Alansary M，Drummond B，Coates D，2020. Immunocytochemical characterization of primary teeth pulp stem cells from three stages of resorption in serum-free medium. DentTraumatol，12607.

Allen L M，Matyas J，Ungrin M，Hart D A，Sen A，2019. Serum-Free Culture of Human Mesenchymal Stem Cell Aggregates in Suspension Bioreactors for Tissue Engineering Applications. Stem cells int，4607461.

Bui H T H，Nguyen L T，Than U T T，2020. Influences of Xeno-Free Media on Mesenchymal Stem Cell Expansion for Clinical Application. Tissue eng and regen med，1-9.

Chase L G，Yang S，Zachar V，Yang Z，Lakshmipathy U，Bradford J，Boucher S E，Vemuri M C，2012. Development and characterization of a clinically compliant xeno-free culture medium in good manufacturing practice for human multipotent mesenchymal stem cells. Stem Cells Transl Med，1（10）：750-758.

Cimino M，Parreira Bidarra P S J，Gonçalves M，Barrias C C，Martins M C L，2020. Effect of surface chemistry on hMSC growth under xeno-free conditions. Colloid Surface B，189；110836.

Coates D E，Alansary M，Friedlander L，Zanicotti D G，Duncan W J，2020. Dental pulp stem cells in serum-free medium for regenerative medicine. J Roy Soc New Zeal，50（1）：80-90.

Desai N，Rambhia P，Gishto A，2015. Human embryonic stem cell cultivation：historical perspective and evolution of xeno-free culture systems. Reprod Biol Endocrin，13（1）：9.

Devireddy L R，Myers M，Screven R，Liu Z，Boxer L，2019. A serum-free medium formulation efficiently supports isolation and propagation of canine adipose-derived mesenchymal stem/stromal cells. PloS One，14（2）：e0210250.

Farkas S，Simara P，Rehakova D，Veverkova L，Koutna I，2020. Endothelial progenitor cells produced from human pluripotent stem cells by a synergistic combination of cytokines, small compounds, and serum-free medium. Front Cell Develop Biol，8：309.

Fiorentini D，Daniliuc S，Genser-Nir M，Miropolski Y，Sharovetsky M，Teo K，Lee J，Lam A，Reuveny S，Oh S，2020. Serum free medium for large scale microcarrier culture system of hmsc towards clinical cell-based therapy. Cytotherapy，22（5）：S79.

García-Fernández C，López-Fernández A，Borrós S，Lecina M，Vives J，2020. Strategies for large-scale expansion of clinical-grade human multipotent mesenchymal stromal cells. Biochem eng j，159.

Gottipamula S，Muttigi M S，Kolkundkar U，Seetharam R N，2013. Serum-free media for the production of human mesenchymal stromal cells：a review. Cell proliferation，46（6）：608-627.

Gu C，Li P，Liu W，Zhou Y，Tan W S，2019. The role of insulin in transdifferentiated hepatocyte proliferation and function in serum-free medium. J Cell Mol Med, 23 (6): 4165-4178.

Hosoe M, Furusawa T, Hayashi K G, Takahashi T, Hashiyada Y, Kizaki K, Hashizume K, Tokunaga T, Matsuyama S, Sakumoto R, 2019. Characterisation of bovine embryos following prolonged culture in embryonic stem cell medium containing leukaemia inhibitory factor. Reprod Fertil Devel, 31 (6): 1157-1165.

Jung S, Panchalingam K M, Rosenberg L, Behie L A, 2012. Ex vivo expansion of human mesenchymal stem cells in defined serum-free media. Stem Cells Int, 123030.

Kim S H, Yoon J T, 2019. Effect of serum-containing and serum-free culture medium-mediated activation of matrix metalloproteinases on embryonic developmental competence. Czech J Anim Sci, 64 (12): 473-482.

Lensch M, Muise A, White L, Badowski M, Harris D T, 2018. Comparison of synthetic media designed for expansion of adipose-derived mesenchymal stromal cells. Biomedicines, 6 (2).

Machida M, Abutani R, Miyajima H, Sasaki T, Abe Y, Akutsu H, Umezawa A, 2020. Characterization of human embryonic stem cells in animal component-free medium. bioRxiv, 420984.

Meng G, Liu S, Li X, Krawetz R, Rancourt D E, 2010. Extracellular Matrix Isolated From Foreskin Fibroblasts Supports Long-Term Xeno-Free Human Embryonic Stem Cell Culture. Stem cells dev, 19 (4): 547-556.

Mochizuki M, Sagara H, Nakahara T, 2020. Type I collagen facilitates safe and reliable expansion of human dental pulp stem cells in xenogeneic serum-free culture. Stem Cell Res Ther, 11 (1): 267.

Nelson R A, 2020. Chemically-defined, and xeno-free cell culture medium for clinical manufacturing Ronald A. Nelson Wake Forest Institute for Regenerative Medicine. Cell Dev Biol, 4 (4).

Pijuan-Galito S, Tamm C, Schuster J, Sobol M, Forsberg L A, Merry C L R, Annerén C, 2016. Human serum-derived protein removes the need for coating in defined human pluripotent stem cell culture. Nat Commun, 7 (1): 12170.

Rodin S, Antonsson L, Niaudet C, Simonson O E, Tryggvason K, 2014. Clonal culturing of human embryonic stem cells on laminin-521/E-cadherin matrix in defined and xeno-free environment. Nat Commun, 5: 3195.

Taei A A, Dargahi L, Nasoohi S, Hassanzadeh G, Farahmandfar M, 2020. The conditioned medium of human embryonic stem cell derived mesenchymal stem cells alleviates neurological deficits and improves synaptic recovery in experimental stroke. J Cell Physiol. 236 (3): 1967-1979.

Tsutsui H, Valamehr B, Hindoyan A, Qiao R, Ding X, Guo S, Witte O N, Liu X, Ho C M, Wu H, 2011. An optimized small molecule inhibitor cocktail supports long-term maintenance of human embryonic stem cells. Nat Commun, 2: 167.

Yasuda S, Ikeda T, Shahsavarani H, Yoshida N, Nayer B, Hino M, Vartak-Sharma N, Suemori H, Hasegawa K, 2018. Chemically defined and growth-factor-free culture system for the expansion and derivation of human pluripotent stem cells. Nat biomed eng, 2 (3): 173-182.

Zhang X, Xue B, Li Y, Wei R, Yu Z, Jin J, Zhang Y, Liu Z, 2019. Anovel chemically defined serum-and feeder-free medium for undifferentiated growth of porcine pluripotent stem cells. J Cell Physiol. 234 (9): 15380-15394.

（樊振林）

第十章
免疫细胞培养基

免疫细胞是指参与机体免疫应答以及与免疫应答相关的细胞，不仅是机体重要的预防异源体侵染的天然防御系统，同时在机体抗击肿瘤细胞的应急状态下也发挥着重大作用。如何实现免疫细胞的快速扩增又不影响其功能，是免疫细胞培养的关键。因此，研发出适合于相应免疫细胞快速增殖的细胞培养基具有重要意义。传统的细胞培养基通常含有异源血清成分，比如牛血清，然而，使用动物血清对人免疫细胞的培养带来诸多弊端，如血清来源批次不一，存在病毒污染风险等。此外，用于人体细胞治疗的免疫细胞培养禁止含异源动物成分。因此，开发免疫细胞无血清培养基，对于免疫细胞培养和临床应用更具有重要的理论意义和应用价值。

第一节　免疫细胞的种类、培养及应用

一、免疫细胞种类

免疫细胞分为多种，主要包括淋巴细胞、树突状细胞、单核-巨噬细胞、粒细胞、肥大细胞等，各种免疫细胞在人体中担任着十分重要的角色。其中，淋巴细胞在体内分布广泛，也是免疫系统的主要成分。根据淋巴细胞的发生部位、形态结构、表面标志物以及生理功能，淋巴细胞可分为四种类型：T淋巴细胞、B淋巴细胞、K淋巴细胞和NK淋巴细胞。除了淋巴细胞外，参与机体免疫应答的细胞还有抗原呈递细胞、单核-吞噬细胞、粒细胞、浆细胞和肥大细胞等。

（一）淋巴细胞

淋巴细胞（lymphocyte）是机体内分布广、种类多、功能各异的细胞群。不同类型的淋巴细胞有着不同的分化生长阶段和生存期，有的细胞仅为一周左右，有的细胞可长达数年。各种淋巴细胞的形态非常相似，在普通光学显微镜下难以分辨。几种常见的淋巴细胞的特征和区分方法见表 10.1。

1. 胸腺依赖淋巴细胞

胸腺依赖淋巴细胞（thymus dependent lymphocyte）简称 T 细胞，是由胸腺内淋巴干细胞分化而成，也是淋巴细胞中数量最多、功能最为复杂的一类细胞，占外周血淋巴细胞总数的 $65\%\sim75\%$。T 细胞体积小，胞质少，核呈圆形，染色质致密，着色较深，通常情况下，胞质呈阳性反应（棕色）。电镜下，T 细胞的表面光滑，胞质内含有大量的核糖体，少量的线粒体、溶酶体。T 细胞寿命长，可以存活数月或数年，甚至更长的时间。在抗原刺激下，T 细胞能够进行多次分裂、增殖，进而形成效应性 T 细胞。效应性 T 细胞的存活时间短，具有杀伤靶细胞的能力，需要与靶细胞结合进而产生免疫效应，通常将这种以细胞直接作用的免疫方式，称为细胞免疫（cell-mediated immunity）。根据 T 细胞的生理功能，通常将其分为三个亚群：辅助性 T 细胞（helper cell，Th 细胞）、抑制性 T 细胞（suppressor T cell，Ts 细胞）和细胞毒性 T 细胞（cytotoxic T cell，Tc 细胞）。其中 Th 细胞大约占 T 细胞总数的 65%，Th 细胞能识别抗原，分泌多种类型的淋巴因子，可以辅助 B 细胞活化产生抗体，从而增强体液免疫应答；也可以辅助 T 细胞产生细胞免疫应答，从而增强免疫力。Ts 细胞约占 T 细胞总数的 10%，早期细胞数量较少，在免疫应答后期逐渐增多。Ts 细胞能识别一些可溶性抗原，分泌一定的抑制因子，从而减弱或抑制免疫应答。Tc 细胞约占 T 细胞总数的 $20\%\sim30\%$，在抗原的刺激下，可产生效应性 Tc 细胞，Tc 效应细胞结合靶细胞，释放穿孔蛋白，损伤靶细胞膜，最终杀伤靶细胞。

2. 骨髓依赖淋巴细胞

骨髓依赖淋巴细胞（bone marrow dependent lymphocyte）简称 B 细胞，是由骨髓内淋巴干细胞分化而成，占外周血淋巴细胞总数的 $10\%\sim15\%$。与 T 淋巴细胞相比，B 细胞的体积略大，在光镜下其结构和 T 细胞较为相似，在电镜下 B 细胞表面可见大量的微绒毛结构，胞质内可见少量粗面内质网，很少能观察到溶酶体。B 细胞通常可以存活数周或数月，个别细胞的寿命长达数年。B 细胞接受抗原刺激后，可以增殖分化为浆细胞。浆细胞进一步合成、分泌抗体（如免疫球蛋白），通过抗体和抗原的结合作用，抗体在血液中循环能够中和毒素，抑制细菌或靶细胞代谢，溶解靶细胞，进而清除相应的抗原，有效促进巨噬细胞吞噬抗原。由 B 细胞产生的免疫应答称为体液免疫（humoral immunity）。

3. 杀伤性淋巴细胞

杀伤性淋巴细胞（killer lymphocyte）简称 K 细胞，是由骨髓内淋巴干细胞分化而成，占外周血淋巴细胞总数的 5%～7%。K 细胞体积略大，胞质内含有溶酶体以及分泌颗粒。K 细胞的细胞膜表面含有抗体的受体（Fc 受体），当抗体结合靶细胞抗原时，K 细胞的 Fc 受体与特异性抗体的 Fc 端相结合，靶细胞则迅速失活，进而杀伤靶细胞。由于 K 细胞必须在抗体协助下发挥免疫杀伤作用，因此，K 细胞又称为抗体依赖性细胞毒细胞（antibody dependent cell-mediated cytotoxic cell，ADCC）。K 细胞主要攻击较大的靶细胞，由于此类型细胞的体积较大，难以被吞噬掉，而 K 细胞具有胞外杀伤作用，能够将此类细胞进一步清除。此外，K 细胞对肿瘤细胞也发挥一定的杀伤作用，在异体移植患者外周血检测到 K 细胞的数目明显增多，这表明 K 细胞也参与了机体的排斥反应。

4. 自然杀伤性淋巴细胞

自然杀伤性淋巴细胞（natural killer lymphocyte）简称 NK 细胞，是由骨髓内淋巴细胞分化而成，占外周血淋巴细胞总数的 5%～10%。NK 细胞在体内分布较广泛，以外周血和脾淋巴结内的细胞活性最高。在中空器官的管壁固有层和实质性器官间质中，均含有大量的 NK 细胞。NK 细胞也属于大淋巴细胞，胞质内含有大小不一的嗜天青颗粒，故又称为大颗粒淋巴细胞。在电镜下，NK 细胞胞质内嗜天青颗粒为溶酶体，核内染色质丰富，异染色质分布在边缘，并且 NK 细胞表面分布着短小的微绒毛结构。NK 细胞可直接杀伤靶细胞，不需要激活抗原以及抗体的协助，在那些病毒感染的细胞以及肿瘤细胞中，NK 细胞具有广谱的抗感染、抗肿瘤杀伤作用。

表 10.1　常见的淋巴细胞的特征和区分方法

	T 细胞	B 细胞	K 细胞	NK 细胞
外形	体积较小，核呈圆形，直径约为 6～9μm	体积比 T 淋巴细胞略大，直径约为 8～12μm	体积略大，直径约为 9～12μm	体积略大，直径约为 12～15μm，为卵圆形
染色	酸性磷酸酶染色阳性	酸性磷酸酶染色阴性或弱阳性	—	—
电镜	表面较为光滑，胞质内有丰富的游离核糖体，有少量的线粒体和溶酶体	表面可见较多的微绒毛，胞质内可见少量的粗面内质网，很少见到溶酶体	胞质内含有溶酶体和分泌颗粒	胞质内含有嗜天青颗粒，细胞表面分布有短小的微绒毛结构
表型标记物	CD3（＋），CD19（－）	CD3（－），CD19（＋）	CD3（－），CD56（＋）	CD3（－），CD16（＋）CD56（＋）

（二）抗原呈递细胞

抗原呈递细胞（antigen presenting cell，APC）能够将抗原呈递给淋巴细胞，发挥传递抗原的作用，因此也称为免疫辅佐细胞。此类细胞广泛分布于人体和外界的接触部位或者淋巴组织内，根据其分布情况和免疫功能特点，抗原呈递细胞往往被认为是机体免疫系统的前哨细胞。在抗原呈递细胞内，以巨噬细胞分布最为广泛，巨噬细胞可以吞噬、消化处理抗原，进而传递给淋巴细胞，引发免疫反应。此外，巨噬细胞还能分泌一些生物活性物质，例如白细胞介素（interleukin，IL）和干扰素（inter feron），进而参与机体内免疫功能调节。交错突细胞主要分布于脾脏、淋巴结、淋巴组织的 T 细胞区，辅助性 T 细胞分布于细胞周围，可引起细胞免疫应答。滤泡树突细胞大多分布于淋巴小结区，细胞表面有许多突起，大量抗原保留于细胞突起的表面可达数周，在体液免疫应答反应中发挥作用。朗格汉斯细胞（Langerhans cell）是一种分布于皮肤表皮棘层细胞间的细胞，细胞从胞体向周围伸出一些粗大的突起，粗大的突起又分出更多树枝状细小突起，个别突起可伸展至基底层。突起的末端通常呈膨大状，可以增加朗格汉斯细胞的表面积。在不同身体部位，朗格汉斯细胞的表皮内密度差异很大，表皮越厚，朗格汉斯细胞数量越多，随着年龄增长，朗格汉斯细胞也随之老化并减少。在电镜下，朗格汉斯细胞的胞质中含有大量溶酶体，可作为其典型特征。此外，还可见网球拍样的特殊颗粒，称为朗格汉斯颗粒，颗粒内含有丰富的酸性磷酸酶和碱性磷酸酶，相关研究表明，该类颗粒具有消化与传递抗原的功能。朗格汉斯细胞能够捕获、处理侵入皮肤的抗原，进而将处理的抗原传递给 T 细胞，参与机体免疫应答。

（三）其他免疫细胞

除了上述几种免疫细胞外，其他免疫细胞主要包括粒细胞、浆细胞以及肥大细胞等。

1. 粒细胞

粒细胞是指含有特殊染色颗粒的白细胞，经瑞氏染料染色后，能够分辨出三种粒细胞，分别为嗜酸性粒细胞、嗜碱性粒细胞和中性粒细胞。

（1）嗜酸性粒细胞　嗜酸性粒细胞是粒细胞的重要组成部分，此种细胞的表面含有 IgE 受体，通过 IgE 抗体接触机体内的寄生虫，释放颗粒内含物，最终杀死寄生虫。因此，嗜酸性粒细胞在蠕虫、寄生虫感染以及过敏反应中发挥了十分重要的作用。

（2）嗜碱性粒细胞　嗜碱性粒细胞也是白细胞中的一类细胞，当病菌侵入机体时，集中到病菌的入侵部位，进而将病菌包围吞噬。嗜碱性粒细胞介导生物体内的超敏反应，并且参与天然免疫过程。

（3）中性粒细胞　中性粒细胞是由骨髓间充质干细胞增殖分化而成，其胞浆内含有丰富的溶酶体，其中包括溶菌酶等，因此，中性粒细胞具有吞噬病原体以及杀灭细菌的作用。

2. 浆细胞

浆细胞又称效应 B 细胞，为免疫系统的主要细胞之一。浆细胞大多见于淋巴组织和消化管、呼吸道固有膜的结缔组织内。浆细胞较小，呈圆形或卵圆形，核偏位，染色质粗，沿核膜呈辐射状并排成车轮状，细胞质呈强嗜碱性。电镜下可见细胞质内含有大量密集的粗面内质网，浅染区为高尔基复合体所在的部位。浆细胞能够产生免疫球蛋白，参与机体的体液免疫，对机体的防御功能具有重要意义。

3. 肥大细胞

肥大细胞广泛分布于机体内的小血管、小淋巴管和个别器官的被膜处，在机体内与抗原接触的位置很多，比如皮肤、呼吸道的结缔组织内。肥大细胞的膜表面含有大量的 IgG 受体，胞浆内含有强嗜碱性颗粒，其特点、功能与嗜碱性粒细胞十分相似。另外，肥大细胞还能够分泌许多细胞因子，从而参与机体的免疫调节作用。

二、免疫细胞的培养

（一）NK 细胞培养

NK 细胞在机体的固有免疫和适应性免疫方面均发挥着重要作用，然而，由于 NK 细胞为淋巴细胞中的稀有亚群，仅占外周血淋巴细胞的 5%～10%。因此，正常人体的外周血中的 NK 细胞含量还未能满足临床治疗的需要。采用体外扩增的方法，获得足够数量、高纯度、细胞毒性强的人 NK 细胞，是近年来研究 NK 细胞的功能，尤其是探讨过继免疫治疗的一个重要的基础平台。

目前，NK 细胞常用的培养方法主要包括以下几种：

（1）饲养层细胞培养法。分离培养步骤如下：①采集 50mL 外周血；②采用密度梯度离心法分离单个核细胞；③使用贴壁法分离淋巴细胞和单核细胞，贴壁 1h；④淋巴细胞添加因子培养 NK 细胞；⑤饥饿培养、共培养大约 10～14 天后，可收集 NK 细胞。该方法通常使用病毒转染的 B 淋巴细胞或者肿瘤细胞，进一步提高 NK 细胞的扩增倍数。

（2）细胞因子刺激法。分离培养步骤如下：①采集 50～100mL 外周血；②外周血单个核细胞分离与诱导；③经连续补液，添加含有细胞因子的培养基，使 NK 细胞扩增活化。④细胞培养约两周，对细胞悬液进行细菌检测，收集 NK 细胞。该方法单独使用或者组合使用不同的细胞因子，进而刺激外周血中单个核细胞，以获得高纯度、高扩增效率、细胞毒性强的 NK 细胞；

（3）免疫磁珠分选系统阴性分选法。分离步骤同前所述，该方法从外周血中的单个核细胞中获得少量的 NK 细胞，然后使用不同细胞因子的组合扩大培养，以获得高纯度、高扩增效率、细胞毒性强的 NK 细胞。在本方法的实际操作中需要注意，磁珠分选过程尽量在冰上操作，过柱子后也在冰上收集细胞；可以适当延长磁珠孵育时间；孵育过程中，稍微轻弹，使磁珠充分结合，切忌用力弹；收集到的细胞要反复过柱子，增加分选纯度，必要时最后一次用一个新的分离柱。

（4）NK 细胞分离试剂盒法。该方法使用商业化的试剂盒，按照操作规程进行 NK 细胞的分离培养。分离培养步骤如下：从人外周血中分离单个核细胞；将单个核细胞接种到适合 NK 细胞培养的培养基中，加入重组人白细胞介素 2、IFN-γ 等添加成分和自体血浆，培养 3～5 天；继续加入重组人白细胞介素 2 和自体血浆，持续培养大约 2 周，收获 NK 细胞。

（二）T 细胞培养

T 细胞属于淋巴细胞的范畴，其主要来自于人体骨髓来源的造血干细胞（hematopoietic stem cells，HSC），T 细胞迁移至胸腺内，进而分化成熟，最终还要迁移到淋巴组织中。

在利用 T 细胞之前，需要一种适配的培养基，能够在体外支持 T 细胞的存活和扩增。当前，T 细胞的培养大多采用 RPMI 1640 培养基加血清的模式，由于 T 细胞自身的增殖能力较低，有时甚至需要在培养体系中添加更多的胎牛血清；然而，使用含有胎牛血清的培养基进行 T 细胞的培养时，存在诸多问题，不同厂家和不同批次之间，还会存在较大的差异。另外，由于动物血清中的成分较为复杂，相关成分的不确定性，势必会影响后续实验结果的准确性和一致性。最为重要的一点，由于临床上使用的细胞制品严禁残留任何动物的血清蛋白，这就要求人们进行无血清培养基的开发。常用的 T 细胞原代分离与培养步骤与 NK 细胞类似，即从血液中分离出单核细胞，并将外周血单核细胞培养于促 T 细胞增殖培养基中，使单核细胞中的 T 细胞增殖，而在促 T 细胞增殖培养基中不断添加介白素-2 等细胞因子，大约 2 周收获 T 细胞。

（三）CIK 细胞培养

细胞因子诱导的杀伤细胞（cytokine induced killer cells，CIK）是人外周血中的单个核细胞在抗 CD3 单克隆抗体以及多种细胞因子的联合刺激下，培养获得的一群增殖能力强、细胞毒作用强的免疫效应细胞，在细胞治疗中发挥着不可替代的作用。其中，CD3$^+$，CD56$^+$淋巴细胞是 CIK 的主要效应细胞。然而，这种效应细胞在正常的外周血中极为少见，仅为 1%～5%。对于免疫细胞治疗来说，如何获得足够数量的、免疫活性强的效应细胞，是保证临床治疗效果的必备条件。

通常情况下，人们采取体外培养手段使 CIK 细胞在体外进行诱导，使其大量增殖，然而，常规的 CIK 细胞制备方法是将分离的外周血单个核细胞加入含有血清的培养液中，通过添加某些细胞因子进行刺激诱导，最终获得一定数量的 CIK 细胞，但是这种方法得到的 CIK 细胞中的 CD3$^+$、CD56$^+$数量和抗肿瘤杀伤作用尚不理想。研究人员有时也采用患者的自体血清添加到培养基中的策略，但是自体血清的数量有限，这给规模化的临床细胞治疗带来诸多不便。因此，为了保证患者在放疗和化疗后能够回输到足量的 CIK 细胞，有必要开发一种既能诱导 CIK 细胞成熟、提高其增殖效率，又不会干扰其抗肿瘤活性的无血清培养基。当前，人们对 CIK 细胞的培养方法也进行了某些改进，比如在 CIK 细胞培养基中添加 IL-2 缓释微球和 IFN-γ 缓释微球，利用其缓释特性使生长因子在培养基中能够持续平稳释放，可防止细胞培养基中由于生长因子浓度变化过快而损害细胞，能提供细胞生长增殖所需的充足营养与良好环境，进而使 CIK 细胞平稳扩增。CIK 细胞的原代分离与培养步骤与 NK 细胞较为类似，即采集正常人外周血，加入淋巴细胞分离液并进行密度梯度离心，提取白膜层，将得到的单个核细胞悬浮于含 10%胎牛血清的 RPMI 1640 培养基中，对 CIK 细胞进行培养及扩增；CIK 细胞体外扩增培养时间偏长，通常为 3 周左右。

（四）DC 细胞培养

树突状细胞（dendritic cells，DC）是一类与粒细胞、淋巴细胞、巨噬细胞的形态和功能不同的白细胞，因其细胞膜能够形成和神经细胞轴突相似的膜性树状突起，因此也被命名为树突状细胞。DC 细胞在机体内可以启动一系列免疫反应，在机体的免疫功能和肿瘤的免疫治疗中发挥着重要作用。DC 细胞广泛分布于全身各个脏器（大脑除外），但是其数量极少，还不到外周血单个核细胞的 1%。

当前，DC 细胞难于高效扩增，且数量不足，已成为限制其应用的一大障碍。DC 细胞的培养，大多采用含有 10% 胎牛血清的 RPMI 1640 或者 DMEM 培养基。然而，使用胎牛血清培养 DC 细胞时存在着诸多问题。常用的 DC 细胞分离与培养步骤与 NK 细胞较为类似，即采集正常人外周血，分离单个核细胞，用含 10% 胎牛血清的 RPMI 1640 培养基重悬，对 DC 细胞进行培养及扩增；在培养过程中，需要持续加入 TNF-α 刺激 DC 细胞成熟，大约 2 周收集成熟的 DC 细胞。

三、免疫细胞的应用

免疫细胞可以充当保卫机体健康的"卫士"，其免疫防御功能可抵挡细菌和病毒的入侵，其免疫监视功能可及时清除出现病变、癌变的细胞，其免疫自稳功能可以清除那些衰老、损伤的细胞。近些年来，随着生物医学的迅猛发展和精准医疗概念的提出，细胞生物治疗逐渐成为医学领域关注的热点之一。当前，免疫细胞的相关应用研究在国内外得到了快速发展，并且某些种类的免疫细胞治疗也已经获得了临床应用。

（一）增强抵抗力

免疫细胞可以重塑人体的免疫系统，提高人体的免疫力，增强体质，预防和抵抗各种疾病，使生命重新焕发活力，并增强对疾病的抵抗力。

（二）改善亚健康

免疫细胞可以提高人们的记忆力，迅速提升精力，调节代谢平衡，改善睡眠质量，调节内分泌系统，帮助人体改善亚健康状态。

（三）延缓衰老

作为人体十分重要的细胞，免疫细胞在人类保持健康态、延缓衰老方面也发挥着重要作用，比如 NK 细胞，它能够清除衰老、病变的细胞，以保持人体的活力。若人体缺失 NK 细胞，将会导致机体快速衰老，甚至也会直接或间接造成其他疾病的发生。

（四）免疫细胞治疗

免疫细胞治疗，又称细胞免疫治疗或细胞过继免疫治疗，被誉为继手术、化疗、放疗后第四种最具有前景的肿瘤治疗方法。目前，免疫细胞治疗方法主要包括以下几种：树突状细胞（DC）、细胞因子诱导的杀伤细胞（CIK）、DC 刺激的 CIK 细胞（DC-CIK）、自然杀伤细胞（NK）和细胞毒性 T 细胞（cytotoxic T-lymphocyte，CTL）等。此外，以 T 淋巴细胞为基础的肿瘤免疫疗法也具有重要的临床价值。近年来，以嵌合抗原受体（chimeric antigen receptor，CAR）修饰的 T 细胞为代表的肿瘤靶向免疫治疗在体外和临床试验中均表现出良好的靶向性、杀伤性和持久性，展现出巨大的应用潜力和发展前景。

（五）其他疾病治疗

免疫细胞还可以用于治疗一些慢性疾病、退行性疾病、自身免疫性疾病，比如慢性肝衰竭、帕金森病、系统性红斑狼疮、肝硬化等多种疾病。

第二节　免疫细胞培养基

一、免疫细胞经典培养基

免疫细胞培养基所培养的免疫细胞主要包括 T 细胞、NK 细胞、DC 细胞或 CIK 细胞等。免疫细胞经典培养基与普通的细胞培养基较为类似，主要包括氨基酸、微生素、碳水化合物、无机盐和激素等。免疫细胞经典培养基的原料成分参见常用的 DMEM 和 RPMI 1640 培养基配方。针对免疫细胞的营养需求，人们可以选择多种相关的培养基添加成分。

（一）免疫细胞经典培养基

免疫细胞的经典培养基包含了免疫细胞生长所必需的各种营养物质，包括氨基酸、碳水化合物、无机盐、维生素等。免疫细胞经典培养基常用的有 DMEM 培养基和 RPMI 1640 培养基，具体培养基成分参见本书第三章。

（二）免疫细胞经典培养基的添加成分

除了经典培养基的原料外，免疫细胞的正常培养，还需要其他添加成分，以刺激不同种类免疫细胞的生长和增殖。常见的添加成分包括动物血清或其替代物，牛血清白蛋白，胆固醇，细胞因子，胰岛素，转铁蛋白和 β-巯基乙醇等。然而，用于免疫治疗的免疫细胞，其分离培养过程大多数为原代培养，通常使用自体的血清，而不使用动物来源的血清，这样不会引起强烈的排斥反应，有利于取得较好的治疗效果。

1. 血清

用于免疫细胞培养的血清通常为牛源性血清，其中最常用的是胎牛血清，可以为免疫细胞提供必要的营养成分和生长因子等。常用的血清体积分数为 10%。

2. 血清替代物

人血小板裂解物（hPL）是较为常用的血清替代物，由于它来源于人类，无动物源成分，有望成为血清的一种替代品。常用的 hPL 体积分数为 2%。

3. 蛋白质及细胞因子

白蛋白是一种高度可溶的酸性蛋白质，它能够结合阴离子、阳离子和中性分子，并且可以稳定一些重要的小分子和离子。白蛋白可以减少对细胞的损伤，维持细胞渗透压，进而有效保护细胞。白蛋白的化学特性使其成为一种有用的无血清培养基添加剂。常用的白蛋白浓度为 0.01～0.10mmol/L，推荐使用重组白蛋白。

细胞因子是一类具有多种生物学活性的多肽或蛋白质，通常为白细胞介素类、干扰素等，包括 IL-2、IL-6、IL-12、IL-15、IL-21、IFN-γ 等。白介素最初是指由白细胞产生并且在白细胞间发挥作用的细胞因子，目前主要指由淋巴细胞、单核细胞或者其他非单个核细胞产生的细胞因子，在免疫调节、造血和炎症中发挥着十分重要的调节作用。免疫细胞培养基中常用的白介素类的推荐浓度参考表 10.2。各种干扰素的生物学活性类似，即具有抗病毒、抗肿瘤和免疫调节等作用。常用的干扰素为 IFN-γ，推荐浓度为 100～1000IU/mL。

4. 生长因子

生长因子通常为肽、小蛋白质和激素，可作为影响细胞生长、增殖和分化的信号分子。生长因子是所有类型的细胞培养基不可缺少的一部分，若无生长因子，细胞生长明显受到抑制，甚至停止生长。在最初的培养基研发中，生长因子通常以血清的形式提供。在无血清培养基中，人们并未提供在血清中存在的广谱生长因子，而是仅仅提供少量的特定生长因子，以满足细胞的正常生长需要。如粒细胞-巨噬细胞集落刺激因子（granulocyte-macrophage colony stimulating factor，GM-CSF）的常用浓度为 25～100ng/mL，人碱性成纤维细胞生长因子的常用浓度为 15～75pg/mL。

5. 胰岛素

胰岛素可以促进细胞对葡萄糖和氨基酸的利用，往往以重组蛋白形式添加到培养基中，主要用于刺激细胞增殖，促进糖原和脂肪酸的合成。胰岛素的常用浓度为 5～50mg/L。

6. 转铁蛋白

转铁蛋白是一种非常重要的转运蛋白，能够与铁进行结合，促进细胞对铁离子的吸收利用，具有解毒作用，还可以转运细胞代谢废物，并且能发挥促进生长作用，可能与其具有生长因子的功能有关。转铁蛋白的常用浓度为 10～100mg/L。

7. β-巯基乙醇

β-巯基乙醇为一种抗氧化剂，可以防止蛋白质分子中的二硫键被氧化，从而起到保护蛋白质不被破坏的作用。由于细胞培养的环境与机体尚有一定的差别，体外培养需要抑制自由基的氧化，因此，β-巯基乙醇是保护蛋白质分子不被自由基氧化的高效物质。β-巯基乙醇的常用浓度为 2～10mg/L。

二、免疫细胞无血清培养基

目前，已开发出用于培养免疫细胞的免疫细胞无血清培养基，例如淋巴细胞、树突状细胞、单核-巨噬细胞等。该类培养基不需要肿瘤细胞的刺激，也不需要补加胎牛血清，在确保其增殖能力和扩增倍数的前提下，有效规避了动物血清中的外源病毒以及致病因子带来的不利因素，从而提高了细胞治疗的临床安全性。常见的免疫细胞无血清培养基包括 NK 细胞无血清培养基、T 细胞无血清培养基、CIK 细胞无血清培养基、DC 细胞无血清培养基等。

（一）免疫细胞无血清培养基添加成分

常见免疫细胞无血清培养基的添加成分包括白蛋白、细胞因子、胰岛素、转铁蛋白、胆固醇、IFN-γ、人纤连蛋白、人碱性成纤维细胞生长因子、GM-CSF 和 β-巯基乙醇等。具体添加物成分的含量参考表 10.2。

表 10.2　免疫细胞无血清培养基常见的添加物成分

序号	化合物名称	含量
1	白蛋白	$0.01 \sim 0.10$mmol/L
2	转铁蛋白	$10 \sim 100$mg/L
3	胰岛素	$5 \sim 50$mg/L
4	IL-2	$500 \sim 1500$IU/mL
5	IL-4	$20 \sim 60\mu$g/mL
6	IL-6	$25 \sim 75\mu$g/mL
7	IL-12	$0.1 \sim 10\mu$g/L
8	IL-15	$10 \sim 30$ng/mL
9	IL-18	$0.01 \sim 100\mu$g/L
10	IL-21	$5 \sim 15$ng/mL
11	胆固醇	$1 \sim 10$mg/L
12	IFN-γ	$100 \sim 1000$IU/mL
13	人纤连蛋白	$5 \sim 15\mu$g/mL
14	人碱性成纤维细胞生长因子	$15 \sim 75$pg/mL
15	β-巯基乙醇	$2 \sim 10$mg/L
16	GM-CSF	$25 \sim 100$ng/mL
17	肿瘤坏死因子 α	$25 \sim 100$ng/mL

（二）NK 细胞无血清培养基

常用的 NK 细胞扩增和活化培养体系，通常是在大量扩增 NK 细胞的同时，也过度激活了 NK 细胞的杀伤作用，这种培养体系很容易造成 NK 细胞的过早衰老，使得

NK 细胞的存活时间缩短，扩增倍数偏低。另外，采用现有的培养基，在 NK 细胞的培养过程中经常需要额外添加多种刺激因子等，操作过程烦琐，容易污染细胞。因此，为了适应临床应用的需要，利用无血清培养基培养 NK 细胞的方法，或者在基础培养基中添加血清替代物进行培养 NK 细胞的方法被广泛使用。NK 细胞无血清培养基，通常包括基础培养基和添加物，即诱导培养基组分和扩增培养基组分添加物，包括白蛋白、转铁蛋白、细胞因子、生长因子、胰岛素、胆固醇、IFN-γ、人纤连蛋白等。具体添加物成分的含量参考表 10.2。

有学者发明了一种 NK 细胞无血清培养基，包括基础培养基、适用于所述 NK 细胞无血清培养基的血清替代物、聚肌胞，所述血清替代物包含白蛋白、人转铁蛋白、胰岛素和胆固醇，白蛋白是通过在无脂肪酸白蛋白上负载脂肪酸而形成的；特定的脂肪酸由棕榈酸和/或硬脂酸、油酸和亚油酸组成；将特定的脂肪酸添加到无脂肪酸白蛋白的溶液中混合而形成。白蛋白为人血白蛋白或重组人血白蛋白。白蛋白的添加量为 $0.015 \sim 0.15$ mmol/L，以基础培养基的体积为基准。重组白蛋白为水稻胚乳表达的重组人血白蛋白或者转基因酵母菌表达的重组人血白蛋白。基础培养基为 IMDM 培养基，以基础培养基的体积为基准，人转铁蛋白的添加量为 $1 \sim 100$ mg/L，胰岛素的添加量为 $1 \sim 100$ mg/L，胆固醇的添加量为 $1 \sim 10$ mg/L。聚肌胞的浓度为 $0.1 \sim 1000 \mu$g/mL。血清替代物还包含乙醇胺，其添加量为 $1 \sim 10$ mg/L。NK 细胞无血清培养基的 pH 值为 $6.8 \sim 7.5$。

此方法得到的 NK 细胞无血清培养基成分更稳定，功能一致性更好，不会因白蛋白的种属来源或加工批次的差异有所不同。因此，更适合高效培养 NK 细胞，提高增殖倍数。

（三）T 细胞无血清培养基

T 细胞无血清培养基体系，同样是采用现有的培养基，在 T 细胞的培养过程中经常需要额外添加多种刺激因子等，使得 T 细胞在体外存活良好，并且得到有效扩增。通常情况下，T 细胞无血清培养基由基础培养基和添加成分混合配制而成，在整个培养基体系中没有非人源性蛋白，可以对来源安全、可靠的血液样本中的 T 细胞进行选择性高效扩增。T 细胞无血清培养基中的添加物质包括细胞因子比如白介素-2、生长因子、胆固醇、转铁蛋白、IFN-γ 和人碱性成纤维细胞生长因子等。具体添加物成分含量参考表 10.2。

有学者发明了一种 T 细胞无血清培养基，包括用于细胞生长培养的基础培养基，以及其他的添加成分，包括乙醇胺、硫酸酮、硝酸铁、硫酸锌、亚硒酸钠、丙酮酸钠、胰岛素、转铁蛋白、谷氨酰胺、血清白蛋白、硫代甘油和 L-维生素 C。此培养基突破了现有技术的缺陷，在开发的整个培养基体系中没有引入非人源性蛋白，对来源安全可靠的血液样本中的 T 细胞进行选择性地高效扩增，具有更高的临床应用和科研价值。

（四）CIK 细胞无血清培养基

CIK 细胞无血清培养基体系，同样是采用现有的细胞培养基，在 CIK 细胞的培养过程中经常需要额外添加多种刺激因子等，使得 CIK 细胞在体外存活良好，并且得到有效扩增。通常情况下，添加物质包括细胞因子比如白介素-2、生长因子、胆固醇、转铁蛋白、IFN-γ 和 β-巯基乙醇等。具体添加物成分含量参考表 10.2。此外，也有将脂肪酸负载到无脂肪酸白蛋白上后，再将获得的成分稳定的白蛋白添加到基础培养基中，由此获得的 CIK 细胞无血清培养基的成分更加稳定，功能一致性更好，不会因白蛋白的种属来源或批次差异而有所不同。

有学者发明了一种 CIK 细胞无血清培养基，包括基础培养基和适用于所述 CIK 细胞无血清培养基的血清替代物，血清替代物包含白蛋白、人转铁蛋白、胰岛素和胆固醇，白蛋白是通过在无脂肪酸白蛋白上负载脂肪酸而形成的。特定的脂肪酸由棕榈酸和/或硬脂酸、油酸和亚油酸组成；将特定的脂肪酸添加到所述无脂肪酸白蛋白的溶液中混合而形成。CIK 细胞无血清培养基中，白蛋白的添加量为 $0.015\sim0.15\mathrm{mmol/L}$，以基础培养基的体积为基准。白蛋白为人血白蛋白或重组人血白蛋白。重组白蛋白为水稻胚乳表达的重组人血白蛋白或者转基因酵母菌表达的重组人血白蛋白。基础培养基为 IMDM 培养基，以基础培养基的体积为基准，人转铁蛋白的添加量为 $1\sim100\mathrm{mg/L}$，胰岛素的添加量为 $1\sim100\mathrm{mg/L}$，胆固醇的添加量为 $1\sim10\mathrm{mg/L}$。血清替代物还包含乙醇胺，其添加量为 $1\sim10\mathrm{mg/L}$。CIK 细胞无血清培养基的 pH 值为 $6.8\sim7.5$。

此方法得到的 CIK 细胞无血清培养基成分更稳定，功能一致性更好，不会因白蛋白的种属来源或加工批次的差异有所不同。

（五）DC 细胞无血清培养基

DC 细胞无血清培养基体系，同样是采用现有的培养基，在 DC 细胞的培养过程中经常需要额外添加多种刺激因子等，使得 DC 细胞在体外存活良好，并且得到有效扩增。通常情况下，添加物质包括细胞因子比如白蛋白、白介素-2、GM-CSF、胆固醇、肿瘤坏死因子 α 和转铁蛋白等。具体添加物成分含量参考表 10.2。DC 细胞无血清培养基完全不加入任何动物血清，使所得培养基中的各种成分浓度固定，提高了 DC 细胞培养效率，增加细胞活性，保证后续实验的可重复性。

有学者发明了一种 DC 细胞无血清培养基，包括基础培养基、适用于所述 DC 细胞无血清培养基的血清替代物、IL-4 和 GM-CSF，其中血清替代物包含白蛋白、人转铁蛋白、胰岛素和胆固醇。白蛋白是通过在无脂肪酸白蛋白上负载脂肪酸而形成的。特定的脂肪酸由棕榈酸和/或硬脂酸、油酸和亚油酸组成；将特定的脂肪酸添加到所述无脂肪酸白蛋白的溶液中混合而形成。白蛋白的添加量为 $0.015\sim0.15\mathrm{mmol/L}$，以基础培养基的体积为基准。白蛋白为牛血清白蛋白、人血白蛋白或重组人血白蛋白。重组白蛋白为水稻胚乳表达的重组人血白蛋白或者转基因酵母菌表达的重组人血白蛋白。基础培养基为 IMDM 培养基，以基础培养基的体积为基准，人转铁蛋白的添加量为 $1\sim100\mathrm{mg/L}$，胰岛素的添加量为 $1\sim100\mathrm{mg/L}$，胆固醇的添加量为 $1\sim10\mathrm{mg/L}$。IL-4 的浓度为 $100\mathrm{ng/mL}$，GM-CSF 的浓度为 $1000\mathrm{IU/mL}$。血清替代物还包含乙醇胺，其添加量为 $1\sim10mg/L$。DC 细胞无血清培养基的 pH 值为 $6.8\sim7.5$。

此方法获得的 DC 细胞无血清培养基成分更稳定，功能一致性更好，更适合高效培养 DC 细胞，提高增殖倍数。

总结与展望

免疫细胞的种类很多，包括 T 细胞、B 细胞、NK 细胞、DC 细胞和 CIK 细胞等。研究表明，免疫细胞在应急状态下快速大量扩增，是机体的免疫系统对环境变化所做出的应答过程，从而起到吞噬、杀死、去除异源物质的作用。因此，对不同种类的免疫细胞进行分离、培养，具有非常重要的实用价值和临床意义。各种免疫细胞的培养方法较为类似，并且免疫细胞能够用于多种疾病的治疗。

当前，人们已经开发出多种免疫细胞培养基。然而，由于普通的免疫细胞培养基均含有动物源成分，例如胎牛血清，这些动物源成分存在潜在危险。因此，已研发出免疫细胞无血清培养基，适合于 NK 细胞、T 细胞、DC 细胞和 CIK 细胞培养。免疫细胞无血清培养基除了含有经典培养基成分外，还包括许多其他添加成分，以刺激不同种类免疫细胞的生长和增殖。免疫细胞无血清培养基具有许多传统的含血清培养基无法比拟的优势，然而，由于免疫细胞无血清培养基的成本较高，并且添加的细胞生长因子储存期短等，目前仍缺乏科学、健全成熟的免疫细胞治疗体系。因此，如何在确保培养基质量的前提下最大程度上降低其成本、延长保质期，以适应未来的细胞治疗产业，需要人们不断探索。

参 考 文 献

陈涛涛，周桃，张颖，俞君英. 一种 T 细胞无血清培养基及其使用方法，申请号：201810400889.0.

武宁，谢志明. 一种 CIK 细胞无血清培养基，申请号：201610632395.6.

武宁，谢志明. 一种 DC 细胞无血清培养基，申请号：201610634236.X.

武宁，谢志明. 一种 NK 细胞无血清培养基，申请号：201610632409.4.

Arcangeli S, Mestermann K, Weber J, Bonini C, Casucci M, Hudecek M, 2020. Overcoming key challenges in cancer immunotherapy with engineered T cells. CurrOpinOncol，32：398-407.

Bhargava A, Mishra D K, Tiwari R, Lohiya N K, Goryacheva I Y, Mishra P K, 2020. Immune cell engineering: opportunities in lung cancer therapeutics. Drug DelivTransl Res, 10：1203-1227.

Bremm M, Pfeffermann L M, Cappel C, Katzki V, Erben S, Betz S, Quaiser A, Merker M, Bonig H, Schmidt M, Klingebiel T, Bader P, Huenecke S, Rettinger E, 2019. Improving clinical manufacturing of IL-15 activated cytokine-induced killer (CIK) cells. Front Immunol, 10：1218.

Choi Y, Shi Y, Haymaker C L, Naing A, Ciliberto G, Hajjar J, 2020. T-cell agonists in cancer immunotherapy. J Immunother Cancer, 8：e000966.

da Silva Simoneti G, Saad S T, Gilli SC, 2014. An efficient protocol for the generation of monocyte derived dendritic cells using serum-free media for clinical applications in post remission AML patients. Ann Clin Lab Sci, 44：180-188.

Duan Y G, Gong J, Yeung W S B, Haidl G, Allam J P, 2020. Natural killer and NKT cells in the male reproductive tract. J ReprodImmunol, 142：103178.

Kumagai-Takei N, Nishimura Y, Maeda M, Hayashi H, Matsuzaki H, Lee S, Yoshitome K, Ito T, Otsuki

T，2020. Effect of asbestos exposure on differentiation and function of cytotoxic T lymphocytes. Environ Health Prev Med，25：59.

Li LL，Yuan H L，Yang Y Q，Wang L，Zou RC，2020. A brief review concerning Chimeric Antigen Receptors T cell therapy. J Cancer，11：5424-5431.

Lopez B S，Hurley D J，Giancola S，Giguère S，Felippe M J B，Hart K A，2020. Phenotypic characterization of equine monocyte-derived dendritic cells generated ex vivo utilizing commercially available serum-free medium. Vet ImmunolImmunopathol，222：110036.

Miyazato K，Hayakawa Y，2020. Pharmacological targeting of natural killer cells for cancer immunotherapy. Cancer Sci，111：1869-1875.

Moseman J E，Foltz J A，Sorathia K，Heipertz E L，Lee D A，2020. Evaluation of serum-free media formulations in feeder cell-stimulated expansion of natural killer cells. Cytotherapy，22：322-328.

Nazimek K，Bryniarski K，2020. Approaches to inducing antigen-specific immune tolerance in allergy and autoimmunity：Focus on antigen-presenting cells and extracellular vesicles. Scand J Immunol，91：e12881.

Rey-Jurado E，Bohmwald K，Gálvez N M S，Becerra D，Porcelli S A，Carreño L J，KalergisAM，2020. Contribution of NKT cells to the immune response and pathogenesis triggered by respiratory viruses. Virulence，11：580-593.

Santana L M，Valadares E A，Ferreira-Júnior C U，Santos M F，Albergaria BH，Rosa-Júnior M，2020. CD8＋T-lymphocyte encephalitis：A systematic review. AIDS Rev，22：112-122.

Vallera D A，Ferrone S，Kodal B，Hinderlie P，Bendzick L，Ettestad B，Hallstrom C，Zorko N A，Rao A，Fujioka N，Ryan CJ，Geller MA，Miller JS，Felices M，2020. NK-cell-mediated targeting of various solid tumors using a B7-H3 tri-specific killer engagerinvitro and in vivo. Cancers (Basel)，12：E2659.

Wang H，Zhou H，Xu J，Lu Y，Ji X，Yao Y，Chao H，Zhang J，Zhang X，Yao S，Wu Y，Wan J，2020. Different T-cell subsets in glioblastoma multiforme and targeted immunotherapy. Cancer Lett，496：134-143.

（张俊河　赵春澎）

第十一章
动物细胞培养基标准及
质量控制

细胞培养基作为生物制药产业的重要原料之一，其组成及质量严重影响生物制品的产量和质量。培养基原材料选用、制备工艺及质量检验过程及其质量控制标准都会对培养基的质量产生直接影响。因此，建立细胞培养基规范的质量标准，对于减少批次间的差异，提高培养基的质量十分重要。国内制药企业向美国申报新药，对细胞培养基的质量有明确要求，须提供细胞培养基组分、原辅料质量标准、现场质量体系稽核报告。

第一节　动物细胞培养基标准

一、动物细胞培养基的国际相关标准与要求

大多数在美国进行商业销售的医疗器械都是通过上市前通告［510（k）］的形式得到批准的，510（k）亦称为上市前通知（Premarket Notification，PMN），对应《联邦食品、药品和化妆品法》（Federal Food Drugs and Cosmetic Act，FD & CAct）第510节第 k 条规定。510（k）是上市前申请的一种类型，是指首次上市的医疗器械或已上市但有显著改变的医疗器械应该在正式上市前由企业向美国食品与药品监督管理局（FDA）证明该器械与已合法上市的参照器械在安全性和有效性上是实质等同的。对Ⅱ类医疗器械产品（占 46％左右），实行的是特殊控制，即企业在进行注册登记后，还需实施 GMP 和递交 510(k) 申请。美国把细胞培养基产品列为医疗器械中

的Ⅱ类器械。在欧洲，细胞培养基产品作为一种由多种成分混合组成的物质，必须向欧洲化学品管理局（ECHA）注册，才能获准进入欧盟市场。

FDA对于无菌药物类生物制剂的质量控制囊括了生产过程涉及的各个方面，如厂房与设施、人员培训监督与生产过程管理、培养基组分和盛装培养基的容器/胶塞、内毒素含量控制、培养时间及质保时间控制、无菌条件等级与灭菌方法规程，甚至生产环境监督等。

二、动物细胞培养基的国内相关法律法规

国内早期由于利用动物细胞生产生物制品的市场较小，生产工艺较为落后，缺乏正规的细胞培养基生产厂家，细胞培养基的质量控制及市场管理较为混乱，使国内自产细胞培养基质量较低，与进口细胞培养基相比使用效果具有较大的差异，这也使国内科研单位及生物制品厂家大多长期依赖进口细胞培养基，一定程度上限制生产扩容及工艺升级。

随着动物细胞培养技术在生物制品中应用范围逐渐扩大，以及对生物制品质量要求不断提高，国内细胞培养基的市场也获得快速增长，但同时产品质量控制混乱的问题进一步加剧。

进口的细胞培养基市场质量控制也较为混乱。进口的细胞培养基品牌有Invitrogen、Hyclone等多家，主要采取代理进口和国内分装等形式进入中国市场，多数价格较高。有些代理商为降低成本，与国产细胞培养基竞争，亦出现了一些牺牲产品质量的行为。具体表现为有的代理商向疫苗生产企业销售没有产品有效期标识、供实验用的细胞培养基用于生物制品工业化生产；有的进口培养基在国内分装后未经检验就销售，提供的检验报告仍然是国外原厂检验报告；有的进口细胞培养基中添加有动物来源成分物质，虽然在产品说明书中已标明，但生物制品生产企业可能不具备去除该成分的能力或是去除工艺较为复杂，影响成本。

上述现象产生的主要原因是国内细胞培养基行业缺乏统一的生产质量管理规范和标准，各企业有各自的产品配方及生产工艺，信息不对称，细胞培养基生产企业存在诸多问题，尤其是安全性问题并不能被用户所了解。国内的细胞培养基用户在对供应商进行质量审计时也没有统一的标准和方法，各用户执行各自的审计标准，大部分用户只是以供应商审计检查表或信函的形式考察细胞培养基的生产质量状况，所了解到的只是一些表面现象，难以检查出细胞培养基中真正影响产品质量安全的因素。

目前国内细胞培养基的标准主要有《中华人民共和国化工行业标准 哺乳类动物细胞培养基》（HG/T 3935—2007）、中国医药生物技术协会制定的《细胞培养基生产企业质量达标检查管理指导原则》《细胞培养基检验项目及检验方法》，2020年版《中华人民共和国药典》（以下简称《中国药典》）。

2007年10月1日国家发展和改革委员会批准的《中华人民共和国化工行业标准 哺乳类动物细胞培养基》（HG/T 3935—2007）正式实施，该标准对哺乳类动物细胞培养基的检测项目和方法做出了明确的规定。哺乳类动物细胞培养基应符合表

11.1 所示的技术要求。

表 11.1　哺乳类动物细胞培养基主要技术指标

项目		指标（粉末细胞培养基）			
		DMEM	199	MEM	RPMI1640
澄清度		澄清			
pH 值[①]/（每升标示量/L）		3.20～6.40	3.90～6.30	3.90～6.90	6.40～8.30
干燥减量的质量分数/%		≤5.0			
渗透压[②]/（mOsmol/kg H_2O）		238～291	238～299	228～301	223～273
细菌内毒素/（EU/mL）		≤10			
微生物限度	细菌数/（CFU/g）	≤200			
	霉菌数/（CFU/g）	≤50			
细胞生长实验	细胞形态	正常			
	细胞生长实验	合格			

① 每种亚型允许的 pH 偏差范围为±0.30。
② 每种亚型允许的渗透压偏差范围为±5%。

第二节　细胞培养基生产企业质量达标检查管理指导原则

中国医药生物技术协会（以下简称协会）制定的《细胞培养基生产企业质量达标检查管理指导原则》，由细胞培养基生产企业自愿申请，协会受理材料进行审核、协会组织专家现场检查、现场抽样委托第三方检测机构检测、颁发合格证书，并公示。

一、申请单位需提供的材料

细胞培养基质量达标检查申请表（原件）；由企业法人或总经理签署的自愿接受达标检查的声明；企业营业执照和组织机构代码证书（复印件）；企业生产管理和质量管理自查报告（原件）；企业负责人、生产及质量管理人员文化程度登记表、技术人员比例情况表、组织机构图；企业通过权威认证机构进行质量认证的审计报告和认证证书（复印件）；企业生产的品种及其产量统计表；企业生产车间平面布局图（包括：更衣室、盥洗室、人流和物流通道等，并标明生产区域洁净度等级）；生产工艺流程图，并标明主要生产过程质量控制要点；主要设备、仪器、空调净化、工艺用水验证情况；企业生产管理和质量管理文件目录；至少提供一批产品的完整批记录（复印件）。

二、材料审核和现场检查

协会组织专家进行材料审核，审核通过安排现场检查。检查专家组由质量控制及检定部门、细胞培养基产品使用单位的专家等 3～5 人组成。现场检查按《全国细胞培养基生产企业质量达标检查手册》进行，现场检查同时抽检三批样品。

检查内容包括11个部分：质量管理、机构与人员、厂房与设施、设备、物料与产品、确认与验证、文件管理、生产管理、质量控制与质量保证、产品发运与召回、自检。包括149项，其中否决项目16项、重要项目70项、一般项目63项。

细胞培养基生产企业及分装厂应建立并实施符合质量管理体系要求的质量政策和质量目标，质量目标应分解到各职能部门；细胞培养基生产管理部门和质量管理部门负责人不得由同一人兼任；细胞培养基裸露操作间空气洁净度应达到十万级；洁净区空气的微生物数和尘粒数应定期监测，监测结果应记录存档。洁净区在静态条件下检测的尘埃粒子数、沉降菌数应符合规定；企业应具有细胞培养基最终混合设备，其混合能力应与生产的最大批量相适应；企业应确保用于生产无动物成分细胞培养基的所有物料成分明确，含有动物来源成分的物料（如水解乳蛋白、牛血清白蛋白、转铁蛋白及其他动物蛋白等）不得在无动物成分细胞培养基生产中使用；不合格物料和成品的每个包装容器上均应有清晰醒目的标识，并存放在有物理间隔的隔离区；企业应对空气净化系统、工艺用水系统、设备设施和检验仪器、清洗设备、生产工艺、特殊检验方法等进行验证，并保持持续的验证状态。关键设备和工艺应定期进行再验证，并发放合格证，注明有效期。企业应制定物料采购、验收、生产操作、检验、发放、成品发货、用户投诉及不合格品管理、物料退库和销毁等管理文件和记录。每批产品均应有相应的批生产记录和检验记录，记录应依据现行操作规程内容制定，每一份记录上均应标明产品的名称、规格和批号。企业应按照确定的细胞培养基配方进行投料生产，配方应证明细胞培养基具有促进细胞生长的特性，并不得擅自添加动物来源的物质。细胞培养基生产企业及分装厂在生产无动物成分细胞培养基时，应使用独立的生产线。应制定细胞培养基生产批次划分的规定，生产批次的划分应符合《中华人民共和国化工行业标准　哺乳类动物细胞培养基》（HG/T 3935—2007）中8.2条的规定。质量控制部门应制定或修订物料和成品的质量标准和检验操作规程，负责对物料、中间体和成品进行检验并出具检验报告。如需第三方检验，必须有相应的法律资质。每批细胞培养基成品均应有发货记录，根据发运记录能追查到每批成品的售出情况，必要时应能及时全部收回。发运记录内容应包括品名、批号、规格、数量、收货单位和地址、联系人、联系方式、发货日期等。

三、检查结果评定

现场检查结果评定，未发现"否决"项，且"重要项目"项≤10%、"一般缺陷"项≤20%，各类缺陷项目能够立即改正的，企业必须立即改正；不能立即改正的，企业必须提供缺陷整改报告及整改计划，方可通过现场检查。发现"否决"或"重要项目"项＞10%或"一般缺陷"＞20%的，不予通过现场检查。

现场检查时抽检的三批样品委托中国食品药品检定研究院或其他相关机构按照《细胞培养基质量标准及检验方法》的标准进行全面检定。

第三节　细胞培养基质量检验方法

依据《中国药典》（2020 年版）及国家化工行业标准《中华人民共和国化工行业标准　哺乳类动物细胞培养基》（HG/T 3935—2007）中的检验指标。

一、理化指标检测

（一）澄清度检查法

测定标准按《中国药典》（2020 年版）通则编号 0902 澄清度检查法进行。澄清度是指药品溶液的浑浊程度，即浊度，药品溶液中如存在细微颗粒，当直射光通过溶液时，可产生光散射和光吸收的现象，致使溶液微显浑浊，所以澄清度可在一定程度上反映药品的质量和生产工艺水平。水是培养基的溶剂，细胞培养基中的营养成分只有完全溶解于水中才能被细胞吸收摄取，细胞才能生长增殖，因此，培养基中各种营养成分是否溶解以及培养液是否透明澄清直接影响培养基的使用。通过检查溶解后的培养基的澄清度，判断细胞培养基的溶解性。此法是用规定级号的浊度标准溶液与供试品溶液比较，以判定细胞培养液的澄清度或其浑浊程度。

澄清度的检查方法：目视法和浊度仪法。

（二）pH 值测定法

该法依据《中国药典》（2020 年版）通则编号 0631pH 值测定法进行。各种细胞的正常功能及一切生物化学反应，都是在适当和稳定的酸碱环境下进行的，因此细胞培养基的 pH 值是细胞生长的重要参数，pH 值偏低或偏高都会影响细胞生长。由于各酸度计的精度与操作方法有所不同，应严格按各仪器说明书与注意事项进行操作，并在使用之前注意校正。

在工业化使用时，由于传统的细胞培养基中含有 pH 指示剂如酚红等，通常依据"眼睛"观察培养液颜色来判定 pH，或是简单地使用 pH 试纸测定，但是上述方法存在较大的主观因素，影响正确判定，并且在配制的过程中，不同区域还可能存在一定的水质区别等，采用 pH 仪器检测可以消除人的主观因素，准确性高。此外，在检测过程中，添加碳酸氢钠后的培养基在测定过程中，暴露在空气中的时间也会对所测 pH 的准确性有一定的影响。

溶液的 pH 值使用酸度计测定。水溶液的 pH 值通常以玻璃电极为指示电极、饱和甘汞电极或银-氯化银电极为参比电极进行测定。酸度计应定期进行计量检定，并符合国家有关规定。测定前，应采用标准缓冲液校正仪器，也可用国家标准物质管理部门发放的标示 pH 值准确至 0.01pH 单位的各种标准缓冲液校正仪器。

（三）干燥减量测定方法

测定标准依据《中国药典》（2020 年版）通则编号 0831pH 值测定法进行，具体是指产品在规定条件下干燥后所减失重量的百分率。细胞培养基具有吸湿性，在空气中放置时水分会很快升高，干燥减量表示产品中的含水量。细胞培养基是有菌制剂，其丰富的营养成分有利于微生物生长，保持培养基中的低水分含量可以防止微生物繁殖。检测细胞培养基中水分的含量采用的方法是干燥减量法。减失的质量主要是水分、结晶水及其他挥发性物质等。由减失的质量和取样量计算供试品的干燥失重。

干燥失重的测定方法：取供试品，混合均匀（如为较大的结晶，应先迅速捣碎使其成为 2mm 以下的小粒），取约 1g 或各品种项下规定的质量，置于供试品相同条件下干燥至恒重的扁形称量瓶中，精密称定，除另有规定外，在 105℃ 干燥至恒重。由减失的质量和取样量计算供试品的干燥失重。

供试品干燥时，应平铺在扁形称量瓶中，厚度不可超过 5mm，如为疏松物质，厚度不可超过 10mm。放入烘箱或干燥器进行干燥时，应将瓶盖取下，置称量瓶旁，或将瓶盖半开进行干燥；取出时，须将称量瓶盖好。置烘箱内干燥的供试品，应在干燥后取出置干燥器中冷却，然后称定重量。

供试品如未达规定的干燥温度即融化时，除另有规定外，生物制品应先将供试品在低于熔化温度 5~10℃ 的温度下干燥至大部分水分除去后，再按规定条件干燥。

当用减压干燥器（通常为室温）或恒温减压干燥器，以及温度应按各品种项下的规定设置。生物制品除另有规定外，温度为 6℃ 时，除另有规定外，压力应在 2.67kPa（20mmHg）以下。干燥器中常用的干燥剂为五氧化二磷、无水氯化钙或硅胶；恒温减压干燥器中常用的干燥剂为五氧化二磷。应及时更换干燥剂，使其保持在有效状态。

（四）渗透压测定方法

测定标准依据《中国药典》（2020 年版）通则编号 0632 渗透压摩尔浓度测定法进行。通常动物细胞必须生活在等渗环境中，借助 K^+、Na^+ 维持渗透平衡。虽然大多数细胞对渗透压具有一定的耐受性，但是培养液渗透压过高容易使细胞脱水萎缩，培养液渗透压过低容易使细胞膨胀破裂，控制培养基的渗透压范围对于细胞培养具有重要的作用。检测通常采用冰点渗透压仪进行，当供试品溶液的渗透压摩尔浓度太大或大于仪器的测定范围时，用适宜的溶剂稀释至可测定的渗透压摩尔浓度范围。

通常采用测量溶液的冰点下降来间接测定其渗透压摩尔浓度。在理想的稀溶液中，冰点下降符合 $\Delta T_f = K_f \cdot m$ 的关系，式中，ΔT_f 为冰点下降，K_f 为冰点下降常数（当水为溶剂时为 1.86），m 为重量摩尔浓度。而渗透压符合 $P_0 = K_0 \cdot m$ 的关系，式中，P_0 为渗透压，K_0 为渗透压常数，m 为溶液的重量摩尔浓度。由于两式中的浓度等同，故可以用冰点下降法测定溶液的渗透压摩尔浓度。

（五）细菌内毒素检查法

测定标准依据《中国药典》（2020 年版）通则编号 1143 细菌内毒素检查法进行。本法系利用鲎试剂来检测或量化由革兰阴性菌产生的细菌内毒素，以判断供试品中细菌内毒素的限量是否符合规定的一种方法。

细菌内毒素检查包括两种方法，即凝胶法和光度测定法，后者包括浊度法和显色基质法。供试品检测时可使用其中任何一种方法进行试验。当测定结果有争议时，除另有规定外，以凝胶限度试验结果为准。

二、微生物检查法

细胞培养基不是无菌产品，其中的微生物在一定条件下会吸收培养基中的营养物质进行繁殖，导致培养基变质失效。控制细胞培养基中的细菌和霉菌，是延长培养基有效期的方法之一，也是对生产企业的产品、原料、辅料、设备器具、工艺流程、生产环境和操作者的卫生状况进行卫生学评价的综合依据之一。

（一）非无菌产品微生物限度检查法

依据《中国药典》（2020 年版）通则编号 1105 非无菌产品微生物限度检查法进行。

计数方法：计数方法包括平皿法、薄膜过滤法和最可能数法（most-probable-number method，简称 MPN 法）。对于使用微生物计数法精确度较差的，但对某些微生物污染量很小的供试品，选择 MPN 法可能是更适合的。

检查供试品时，应根据供试品理化特性和微生物限度标准等因素选择计数方法，检测的样品量应能保证所获得的试验结果能够判断供试品是否符合规定。所选方法的适用性须经确认。

（二）非无菌产品微生物限度检查：控制菌检查法

依据《中国药典》（2020 年版）通则编号 1106 非无菌产品微生物限度检查：控制菌检查法进行。

控制菌检查法系用于在规定的试验条件下，检查供试品中是否存在特定的微生物。

供试品的控制菌检查应按经方法适用性试验确认的方法进行。

阳性对照试验方法同供试品的控制菌检查，对照菌的添加量应不大于 100CFU。阳性对照试验应检出相应的控制菌。

阴性对照试验以稀释剂代替供试液按照相应控制菌检查法检查，阴性对照试验应在无菌条件下进行。如果阴性对照实验中有菌生长，应进行偏差调查。

检查细菌包括耐胆盐革兰性菌（bile salt tolerant Gram-Negative bacteria）、大肠埃希菌（*Escherichia coli*）、铜绿假单胞菌（*Pseudomonas areuginosa*）、金黄色葡萄球菌（*Staphylococcus aureus*）、梭菌（*Clostridia*）、白色念珠菌（*Candida albicans*）等。

三、细胞生长试验

细胞在体外培养时，失去了机体的调节和控制作用，因此，细胞培养液除满足细胞的营养要求外，还必须使其生存环境接近活体的环境。其中培养液及外环境的培养条件如温度、渗透压、酸碱度等均能影响细胞的生长。细胞培养基的功能就是满足细胞体外生长增殖的需求，因此细胞培养效果的检验是产品质量优劣的一个直观表述，是必检项目，这也是对一个产品性能特性表述的要求。

细胞培养检测方法是：细胞在 37℃ 恒温条件下，在含体积分数为 5%～10% 小牛血清的细胞培养液中生长 72h，观察细胞形态并进行细胞计数；细胞生长 72h 后，更换不含小牛血清的细胞培养液，继续培养 48h，观察细胞形态并进行细胞计数。加血清培养主要检测培养基的培养质量，不加血清培养主要检测培养基有无毒害物质。

细胞生长实验不但在使用一个新的产品时是必须进行的检测项目，在更换不同批次时，为检测是否有批次间差异也必须进行；此外，即使是同一个批次，分次购买时，或是存放搁置较长时间再次使用时，也需进行该项目检测，以防培养基在贮存、运输过程中可能发生的质量变化。

该行业标准中的检测项目为生物制品厂家控制原材料质量提供了一定的依据，但是随着生物制品安全性要求的提高，其所检内容还有待完善，如添加一些诸如动物蛋白、抗生素等的检测，为生物制品厂家控制原材料的安全性提供更高的保障。

四、细胞培养基安全技术说明

细胞培养基安全技术说明（material safety data sheet，MSDS）是化学品的安全技术说明书，是化学品生产或销售企业按法律要求向客户提供的有关化学品特征的一份综合性法律文件。化学品安全说明书作为化学品传递产品安全信息的最基础的技术文件，其主要作用体现在：

① 提供有关化学品的危害信息，保护化学产品使用者的安全。

② 确保安全操作，为制订危险化学品安全操作规程提供技术信息。

③ 提供有助于紧急救助和事故应急处理的技术信息。

④ 指导化学品的安全生产、安全流通和安全使用是化学品登记管理的重要基础和信息来源。

随着世界各国对产品安全和环境保护的日益重视，无论在国际贸易还是国内贸易中，只要企业生产的产品涉及化学物质，都必须为客户提供准确的 MSDS 化学品安全说明书。如果供应商提供的 MSDS 存在错误或失实，或故意隐瞒有害信息，造成用户人员伤亡或环境污染，用户往往要求 MSDS 的提供单位承担相应的法律责任。因此，编制 MSDS 必须符合买方所在国家和地区有关的危险化学品的法律法规。2000 年中国颁布了国家标准《化学品安全技术说明书编写规定》（GB 16483—2000），用于规范国内化学品生产企业编写化学品安全技术说明书的内容和编写要求，该内容主要包含 16 项：化学品及企业标识、成分/组成信息、危险性概述、急救措施、消防措施、泄露应急处理、操作处置与储存、接触控制/个体防护、理化特性、稳定性和反应性、毒理学资料、生态学资料、废弃处置、运输信息、法规信息及其他信息（参考文献、填表时间、填表部门、数据审核单位）等；每项下面有详细的说明，不同的化学品制造者据此结合产品特性制定相应的条款。

　　哺乳类动物细胞培养基是一种由无机盐、氨基酸、维生素以及其他有机化合物按一定比例组成的混合物，在贸易中属于化学品范畴，并且每个品种中的成分及含量不同，针对每个品种都应制定相应的 MSDS 说明。国外的生物制药企业在对细胞培养基生产企业进行质量审计时，都要求生产企业提供所使用细胞培养基品种的 MSDS，经审计符合对方法律要求的才有资格作为供应商。而目前，国内生物制品厂家尚未对细胞培养基厂家提出该要求。

第四节　细胞培养基质量控制

一、细胞培养基生产的 GMP 管理

　　国外将细胞培养基列为生物制品原材料的一种，生产企业需要经过相关机构的 GMP 审计合格后方可作为生物制品公司的供应商，例如按照 FDA 药品的 GMP 要求（21CFR Part210 和 21CFR Part 211 及其解释）来评估细胞培养基生产企业在硬件和软件上的情况和差距，对产品的原材料、生产过程、生产环境、生产用设备、应用性检测、安全性检测等具有严格的质量控制，远远高于国内对细胞培养基的生产过程控制。

　　我国对药品生产实施 GMP（药品生产质量管理规范）管理，但用于生物制品生产的细胞培养基却未纳入其中。考虑到细胞培养基是生物制药的原料，因此细胞培养基的生产从原料、人员、设施设备、生产过程、质量控制等方面均应有质量要求，是保障细胞培养基合格产品生产的必要条件。将 GMP 规范引入细胞培养基的生产全过程，严格遵从该规范，并通过了中国质量认证中心以及国际认证联盟的 ISO9001 认证。以下从 GMP 各部分要求简述 GMP 管理体系。

（一）机构与人员

　　独立的生产部和质量管理部，以及总经办、人事行政部、销售部、研发部、物流保障部、财务部等，明确各部门及各岗位职责。有专职质量管理人员，占公司人员总数比例超过 10%。每年组织各层次培训，生产、质量相关管理人员均应有药学相关专业大学本科以上学历，编制培训和考核管理规程，从事细胞培养基生产的各级人员均要参加培训和考核。

（二）厂房与设施

　　严格按照工艺流程和空气洁净级别划分生产区域，布局合理。生产区域为一万级洁净度，高于一般细胞培养基厂家的洁净度级别，确保产品的细菌内毒素和微生物限度等重要指标得到控制。并有诸如《洁净厂房和空调系统管理规程》《清场管理规程》《车间消毒方法管理规程》等管理制度，确保了环境控制和清场制度有效实施。洁净

区的温湿度及压差的要素均符合规定要求，并在文件中详细规定该要求。

仓储区域按照产品特点分为原料库、包装材料库、成品库，其中原料根据原料特点设置了冷藏或冷冻冰箱和冰柜，成品依据产品特点设置为 $2\sim8℃$ 的冷库，并制定一系列管理和操作规程。

设置独立的质量检验室和研发实验室，并均设置在一万级洁净度级别的无菌实验区域。

（三）设备

有与生产和检验相适应的设备，主要生产设备有称重、干燥、球磨、混合等设备，主要检验设备有分光光度计、渗透压仪、酸度计、CO_2 孵箱、超净工作台等。

生产设备从选型、采购环节即考虑设备是否易清洁，不污染产品，每台生产设备均制定了使用、维护、保养操作规程，做到了保持设备处于最佳状态。

计量器具分为定期送外部检定和按照规定内部校准，按年度计量检定计划实施检定或校准。

工艺用水为除热源纯化水，纯化水系统管路能防止微生物滋生和污染，管路定期用臭氧消毒。

（四）物料管理

原辅料均来自经过批准的合格供应商，大部分原料为药用级，所有原料均需检验合格才能入库。待验、合格、不合格物料均分区域、色标管理。

对于需冷藏或冷冻的原料均按相应条件贮存。剧毒和易制毒原料严格按照国家规定采购、贮存和使用。

标签和说明书按品种、规格专柜存放，凭生产指令记数发放，标签发放、使用、销毁均要有记录。

（五）卫生管理

为防止污染，应编制卫生管理制度，并有效实施；车间、工序、岗位均按一万级洁净级别编制厂房、设备、容器的清洁规程。

一般生产区、一万级洁净区均规定和配备相应质地工作服，并按要求着装、清洗、灭菌。洁净区均定期消毒，消毒剂定期更换，有效防止耐药性菌株。细胞培养基生产人员均建立健康档案，并每年体检。

（六）验证

对于生产工艺及关键设施及设备按照规定的周期进行严格的验证、再验证，实现了生产工艺和设备均处于预先设定的稳定状态，从而确保了产品质量合格并保持稳定的质量。

（七）文件

为建立健全质量管理体系，以 GMP 检查条款和 ISO9001 标准为基础，将 GMP 规范和 ISO9001 的要求分解到各个体系文件中，形成以质量手册为基准的三级文件体系，将 GMP 规范及 ISO9001 各规定条款的要求覆盖，形成文件化的质量管理体系，并在生产和质量管理过程中有效实施。建立完整的产品工艺规程和各项产品质量标准和检验方法以及完善生产和质量控制的记录完善。文件的起草、修订、审查、批准、撤销、复印、发放、保存、使用、收回、销毁等均有详细规程，确保生产和文件使用现场是已批准的现行文件。

（八）生产管理

生产应在规定的工艺规程条件下，按照质量标准实施生产，制定一系列的岗位操作规程和生产管理文件，生产过程中有质量监控员全过程监控，确保生产过程符合文件和 GMP 规范的要求，强调做好生产批记录、批包装记录、清场记录等各项记录。生产在一万级洁净度级别的区域进行，进入洁净生产区需两次更衣，穿着无菌工作服并均戴无菌手套，洁净工作服均按规定周期清洗灭菌，消除细胞培养基被污染和混淆的可能。

（九）质量管理

设立独立的质量管理部门，下设质量保证（quality assurance，QA）和部门和质量控制（quality control，QC）两部分，有与培养基生产相适应的人员及检验设备，负责细胞培养基全过程的质量管理和质量检验。质量管理部负责组织编制全公司 GMP 体系文件，并对 GMP 实施进行监督管理。

按照 GMP 规范要求，建立质量管理部门的职责和各岗位职责，并有绩效考核制度。质量管理部制定内控质量标准、检验操作规程，制定留样和取样制度，制定实验室设备、仪器、管理和操作制度；负责决定物料、中间产品及成品的放行，负责生产过程质量监控和取样，并按规定时间周期检测一万级洁净区沉降菌等指标，确保生产现场环境合格。

对于定点供应商管理，每年要同物流保障部和生产部共同对主要合格供应商进行评价，从源头确保培养基产品质量合格。

（十）产品销售、反馈、投诉与回收

参照药品销售模式，制定《销售管理规程》《发货管理规程》《收回产品管理规程》《产品退货管理规程》《用户投诉处理管理规程》等一系列管理制度，确保每批销售的细胞培养基均有详细的销售记录，当可能发生用户退货或收回产品时能立即查找产品去向。当发生用户信息反馈、投诉时，销售部门可以立即启动质量信息反馈处理流程，在最短的时间内与相关部门共同处理后反馈给顾客。

（十一）研发与技术管理

建立《研发管理规程》《技术服务管理规程》《外包项目管理规程》等制度。

（十二）自检（内审）

通过 ISO9001 质量体系认证，按照 GMP 和 ISO9001 的要求，建立自检（内审）管理规程，按照预定的计划和程序组织对人员、厂房、设备、文件、生产、质量管理、销售、研发与技术管理等项目检查，将不符合项目通报各部门整改，形成自检（内审）报告，达到持续改进的目的。

二、细胞培养基的生产和过程控制

细胞培养基作为生物制品生产的重要原材料之一，其质量对生物制品有重要的影响。细胞培养基的生产工艺和细胞培养基的原材料选用、生产过程及检验过程中的质量控制对于细胞培养基的产品质量有直接影响。其中原材料的成分及其质量直接决定了细胞培养基产品的质量及安全性，选择合适的物料是实现细胞培养基功能过程中需要解决的基础问题。生产工艺的选择（如原料的研碎、混合技术等）及生产过程中的质量控制等直接影响产品的溶解性、批生产量及批次间差异，进而影响产品质量。

细胞培养基的生产工艺及设备应经过验证，原材料必须做鉴别试验，记录应真实反映生产过程的实际情况，生产过程偏差处理应包括对出现偏差之前涉及的批次均应进行调查等。随着对人用和动物保健用生物制品安全性要求的提高，严格执行 GMP 规范进行细胞培养基生产是国内细胞培养基行业发展的必然趋势。

（一）细胞培养基的原料选择及质量控制

1. 原材料的原料选择

由于动物细胞培养基产品属于药用原料，《中华人民共和国化工行业标准 哺乳类动物细胞培养基行业标准》对细胞培养基产品的微生物限度、内毒素含量进行了限定，所以细胞培养基所用原料宜采用注射级、药用级原料。对于部分没有注射级和药用级的原料，细胞培养基制造者应针对自身产品质量要求，制定一些重要指标（微生物限度、内毒素、重金属等）进行原材料的质量控制。

2. 原材料的质量控制

细胞培养基生产企业建立完善的原材料质量标准，对于原材料的来源、检验、使用及销毁等有明确的可追溯记录。在质量控制过程中，药用级原材料的质量标准应参考《中国药典》相关标准，对于非药用级原材料应根据生产工艺需要与供应商一起共同确定质量标准，质量标准应包括如下内容：指定的物料名称和企业内部使用的物料代码、药典专论的名称、经批准的供应商以及原始生产商、印刷包装材料的样张、物料质量标准依据及其编号、取样、检验方法或相关规程编号、定性和定量的限度要求、贮存条件和注意事项、复验前的最长贮存期。

原材料的质量检测主要从材料、人员、方法三个方面进行控制：

具有必要的检测试剂、设备和设施，如鲎试剂、分析天平、洁净操作室或取样柜。

拥有相应操作资质和能力的检验人员，如相应检测人员应具备化验员资质并经过全面的技能培训。

选择具有法律效力的检测方法以及对应的操作规范，在检测方法的选择方面药用原料应优先采用药典方法，非药用原料应采用经过验证有效的检测方法，在确定检测方法后应制定相应标准的操作文件，用于规范试验操作。

应严格控制细胞培养基的原材料质量管理，并建立相应完善的原材料质量管理文件体系。原材料的质量管理方面，应明确规定责任范围和流程方法，它们是保证原材料质量的基础。原材料质量管理文件体系内容通常包括两个方面，一方面是明确原材料质量责任归属的部门及人员，以实现明确分工；另一方面是明确原材料取样、检验、放行、判定不合格、异常情况、偏差、验证等事务具体流程，确保流程正确，方法无误，为质量控制提供依据。

（二）细胞培养基生产工艺

传统的细胞培养基生产工艺即生产过程通常分为物料配比、物料干燥、物料研碎、物料混合、物料包装、成品检验等6个阶段，下面结合过程中的质量控制对此工艺进行介绍：

1. 物料配比

物料配比是根据配方要求将各种原料按比例配制的过程。配制需严格执行配方，才能保证细胞培养基产品功能的实现及降低批次间差异，而实现低误差的物料配比过程需从以下几个方面进行控制：

① 提供与生产工艺规程匹配且经过审核的、有效力的物料配方，生产部门根据配方制定配比操作记录，经质量管理部门审核后，方可投入生产作业使用；

② 具有详细明确的经过验证的设备、设施、工序操作规程以及相关管理规程，如通过编制设备、设施的验证、使用、维护、维修操作规程来明确操作方法和流程，通过编制相应管理文件，来明确人员责任；

③ 具有足够的在校验有效期内的精确度合理的计量器具，及与产品质量要求相匹配的生产环境设施，如为降低细胞培养基微生物、内毒素限度使用洁净厂房进行生产等；

④ 足够的经过合理培训具有上岗资质的操作人员和设备管理人员（操作员上岗证、计量员证），各岗位操作人员配备足够，能够确保操作过程实现双人操作双人复核；

⑤ 配备足够的基层管理人员以及现场问答，起到指导和监督作用。

2. 物料干燥

基于细胞培养基产品营养丰富，且不是无菌制剂的特性，为避免微生物滋生破坏细胞培养基成分，需控制细胞培养基中的水分含量，依据行业标准要求，其干燥减重质量分数应低于5.0%，而对原料干燥是控制其含水量的最重要环节。

目前常用的干燥方法有常压干燥和冷冻干燥。常压干燥包括烘干干燥、鼓式干燥、带式干燥，国内细胞培养基生产厂家普遍采用球磨缸进行生产，由于各缸独立，无法使用鼓式干燥、带式干燥的方式进行连续烘干作业，所以普遍采用烘干干燥的方式按批进行物料干燥。冷冻干燥主要用于不能耐受高温的贵细物料的干燥处理。

3. 物料研磨

细胞培养基颗粒越细，同质条件下比表面积越大，其溶解性越好，而其成品细度是由物料的研磨过程直接决定。对于物料的研磨，传统普遍采用药用球磨机，其主要优点是结构简单、操作方便、易于清洁及能够使物料混合（能够实现缸体内各种成分的均匀分布）。球磨缸内的研磨球材质通常有陶瓷、玛瑙、不锈钢（304 或 316L）。但是球磨机也存在批量小、噪音大、难以控制温度、粉状物料不易取出且取料过程会产生大量粉尘等缺点。目前国内一些细胞培养基生产企业在球磨缸取料工序装备了全密闭自动取粉装置，较好地解决了粉尘污染问题，也进一步降低了由物料的裸露可能带来的引入异物及物料受潮的风险。

4. 物料混合

混合设备首先必须具备能够实现物料均匀性的功能。在上述物料研磨过程中，可能存在投料微量误差、过程参数细微差异以及其他不可控因素，上述因素的累积会导致不同研磨单元内物料可能出现一定的差异（外观、理化性质、培养性能），这些差异将直接影响产品的使用，造成使用者生产效率及产品的批次间差异。根据哺乳类细胞培养基行业标准中对于"批"的定义，即同一台混合设备一次混合量所生产的均质产品为一批，物料经研磨单元研磨以后必须进行总混合均匀后才能称为一批成品进行包装。目前常用的物料混合设备以掺和机、双锥混合机较为常见。

5. 物料包装

物料的包装分为内包装和外包装，主要为了实现如下功能：

① 阻隔性功能：即密闭保存（避光、防潮、防污染、防氧化等），是指直接与产品接触的内包装，在选择内包装材料时其阻隔性是关键，高阻隔性包装薄膜所采用的阻隔性树脂主要有 EVOH、PA、PET、PVDC、PC、MXD6 和聚丙烯腈共聚物，其中 PVDC 是开发较早的阻隔性能优异的材料，而包装用薄膜材料结构包括：纸/塑料、塑料/镀铝塑料、纸/铝箔/塑料和塑料/铝箔/塑料等几种。

② 产品信息的提供：产品外包装上应明确标识品名、批号、代码、生产日期、有效期、使用方法等基础信息，并随附企业质量监管部门下发的产品合格证以及质量检验报告等质量证明文件。

③ 易于运输的防护：确保外包装物能够抵御运输过程中装卸产生撞击的冲击，并要具备一定的堆叠强度，对于需要远途运输的不能耐受高温的成品应做好低温保护工作（填充保温材料，包装箱内混装冰袋、干冰等蓄冷物）。

6. 成品的检验

细胞培养基产品生产完毕后，由质量检测部门对该批次产品进行检测，在这一周期内，成品处于待验状态，储存条件应与合格成品一致，应专区存放专人管理，避免混淆和遗漏，在收到质量检测部门检测合格予以放行的通知后，转交成品库，移入合格品区备售。

总结与展望

由于培养基成分复杂，要求高，对细胞培养基的质量控制尤其重要。FDA 将细胞培养基产品列为医疗器械中的 II 类器械，欧洲需经过化学品管理局（ECHA）注册，才能获准进入欧盟市场。国内细胞培养基行业没有统一的生产质量管理规范，各企业执行各自的生产工艺及产品配方。目前国内细胞培养基的标准主要有《中华人民共和国化工行业标准 哺乳类动物细胞培养基》（HG/T 3935—2007）、中国医药生物技术协会制定的《细胞培养基生产企业质量达标检查管理指导原则》《细胞培养基检验项目及检验方法》，《中华人民共和国药典》（2020 年版）。此外，细胞培养基还应进行细胞生长试验、提供细胞培养基安全技术说明。国外生产企业需要经过相关机构的 GMP 审计合格方可作为培养基的供应商。国内尚未将培养基纳入 GMP 管理，但考虑到细胞培养基是生物制药的原料，细胞培养基的生产从原料、人员、设施设备、生产过程、质量控制等方面均应有质量要求，是保障生产的细胞培养基产品合格的必要条件。此外，还要严格控制细胞培养基的生产工艺和细胞培养基的原材料选用、生产过程及检验过程中的质量。

参 考 文 献

北京清大天一生物技术有限公司.2007.哺乳类动物细胞培养基行业标准和检测方法使用手册.北京：中华人民共和国国家发展和改革委员会.

陈文庆，罗海春，杨先庭.2007.细胞培养基化工行业标准的制定与实施,中国查牧兽医学会生物制品学分会和中国微生物学会兽医微生物学专业委员会年学术研讨会论文集,734-741.

陈文庆，罗海春，邹武科.2007.细胞培养基的生产和过程控制.中国医药生物技术,1：61-63.

国家药典委员会.2020.中华人民共和国国家药典（2020 年版）.北京：中国医药科技出版社.

何秀萍，廑洪武，杨保军，张宏，李煜，王孔江，王铮，魏学锋，卢水干.2009.无血清动物细胞培养基的研制及大规模动物细胞培养新技术应用,中国科技成果,18：2-5.

王天云，贾岩龙，王小引，等.2020.哺乳动物细胞重组蛋白工程,北京：化学工业出版社.

杨学义，刘飞，向双云，周珍辉.2015.哺乳动物细胞无血清培养基研究进展.

张元兴，易小萍，张立，孙祥明.2007.动物细胞培养工程,北京：化学工业出版社.

Ellyn Kerr. 2002. Cell Culture Media Firms Offer Contract Services，Genetic Engineering News，22：15-17.

Xie L，Wang DIC. 1993. Stoichiometric analysis of animal cell growth and its application in medium design. Biotechnol Bioeng，43：1164-1174.

Frank V，Yongqi W，Anurag K. 2018. Cell Culture media for recombinant protein expression in Chinese hamster ovary (CHO) cells：history，key components，and optimization strategies. Biotechnol Prog，34：1407-1426.

（王天云　郭　潇）

附录
中英文词汇表

中文词汇	英文词汇
A	
氨甲蝶呤	methotrexate
澳大利亚白星橙天蚕蛾	*Antherea eucalypti*
B	
白色念珠菌	*Candida albicans*
白细胞介素	interleukin
白血病抑制因子	leukaemia inhibitory factor
必需氨基酸	essential amino acid
丙型肝炎病毒	hepatitis c virus
C	
长柄	cane
长柄式储存法	cane storage method
草地贪叶蛾	*Spodoptera frugiperda*
成纤维细胞生长因子8	fibroblast growth factors 8
传代	passage、subculture
传染性脾肾坏死病毒	infectious spleen and kidney necrosis virus，ISKINV
D	
大肠埃希菌	*Escherichia coli*
代谢通量分析	metabolic flux analysis
蛋白酶体 α 2-亚单位	proteasome subunit alpha type 2
低血清培养基	low serum media
杜氏磷酸盐缓冲液	Dulbecco's Phosphate-Buffered Saline
短时高温	high temperature-short time
对马支气管成纤维细胞	equine bronchial fibroblasts

中文词汇	英文词汇
E	
恶性	malignancy
二甲基亚砜	dimethyl sulfoxide
二氢叶酸还原酶	dihydrofolate reductase
F	
发酵支原体	*Mycoplasma fermentens*
非必需氨基酸	non-essential amino acid
非洲绿猴	*Cercopithecus aethiops*
分析证书	certificate of analysis
粉纹夜蛾	*Trichop lusiani*
辅助性 T 细胞	helper cell
G	
Grace's 昆虫细胞培养基	Grace's Insect Cell Culture Medium
改良的安卡拉牛痘病毒	modified vaccinia Ankara
肝癌衍生生长因子	hepatoma derived growth factor
肝细胞生长因子	hepatocyte growth factor
干扰素	interferon
干细胞因子	stem cell factor
高效液相色谱-质谱	high performance liquid chromatography-mass spectrometry
骨髓依赖淋巴细胞	bone marrow dependent lymphocyte
骨形态发生蛋白	bone morphogenetic protein
过程分析技术	process analytic technology
国际细胞系鉴定委员会	international cell line authentication committee
H	
Hanks 平衡盐溶液	Hanks Balanced Salt Solution
化学成分明确的培养基	chemical defined medium
化学成分明确的无血清培养基	chemically defined serum-free medium
化学成分明确且不含蛋白质的培养基	chemically defined and protein free serum-free medium
化学品安全技术说明	material safety data sheet
呼肠孤病毒 2 型	reovirus type 2
还原型谷胱甘肽	reduced glutathione
J	
基础培养基	minimal essential medium
脊髓灰质炎灭活疫苗	inactivated poliovirus vaccine
记忆性 T 细胞	memory T cell
N-甲基-*V*-硝基-*N*-亚硝基鸟苷	*N*-methyl-*V*-nitro-*N*-nitroguanosine
间充质干细胞	mesenchymal stem cell
间充质基质细胞	mesenchymal stromal cells
减血清培养基	reduced serum medium
碱性成纤维细胞生长因子	basic fibroblast growth factor
酵母提取物	Yeastolate
金黄色葡萄球菌	*Staphylococcus aureus*
金精三羧酸	aurin tricarboxylic acid
精氨酸支原体	mycoplasma arginine
巨噬细胞集落刺激因子 1	macrophage colony stimulating factor 1

中文词汇	英文词汇
聚乙烯吡咯烷酮	polyvinylpyrrolidone
K	
卡奇谷病毒	Cache Valley virus
抗体依赖性细胞毒细胞	antibody dependent cell-mediated cytotoxic cell
抗原呈递细胞	antigen presenting cell
口腔支原体	*Mycoplasma orale*
口服脊髓灰质炎病毒疫苗	oral poliovirus vaccine
口蹄疫病毒	foot and mouth disease virus
跨上皮电阻	trans-epithelium electrical resistant
昆虫细胞	insect cell
L	
Leagene 无酶细胞化液	non-enzyme cell detach solution
朗格汉斯细胞	langerhans cell
莱氏无胆甾原体	acholeplasma laidlawii
蓝舌病毒	bluetongue virus
冷冻冰柜	chest-type freezers
冷冻保护剂	cryoprotective agent
粒细胞-巨噬细胞集落刺激因子	granulocyte-macrophage colony stimulating factor
联邦食品、药品和化妆品法	federal food drugs and cosmetic Act
两性霉素 B	amphotericin B
淋巴细胞	lymphocyte
林格氏液	Ringer's solution
磷酸盐缓冲盐水	phosphate buffered saline
磷酸盐缓冲溶液	phosphate buffered solution
磷酸盐缓冲钠	phosphate buffered sodium
流行性出血性疾病病毒	epizootic hemorrhagic disease virus
氯离子胞内通道蛋白 1	chloride intracellular channel protein 1
M	
Madin-Darby 犬肾	Madin-Darby canine kidney
Marek 病病毒	marek's disease virus
MDCK/伦敦细胞	MDCK/London
马血清	horse serum
美国菌种保藏中心	American Type Culture Collection
美国国家标准协会	American national standards institute
美国国家卫生研究院	National Institutes of Health
莫斯科鸭	Cairina Moschata ST4
N	
耐胆盐革兰性菌	bile-tolerant gram-negative bacteria
囊病毒 2117	vesivirus 2117
囊依赖性淋巴细胞	bursa dependent lymphocyte
脑脊液	cerebrospinal fluid
脑源性神经营养因子	brain derived neurotrophic factor
牛莱氏无胆甾原体	*Acholeplasma laidlawii*
O	
欧洲标准细胞收藏中心	European Collection of Cell Cultures
欧洲化学品管理局	European Chemicals Agency
P	
平台期	plateau

中文词汇	英文词汇
平衡盐溶液	balanced salt solution
胚胎干细胞	embryonic stem cell
Q	
庆大霉素	gentamicin
R	
人骨髓间充质干细胞	human bone marrow mesenchymal stem cells
人类多能细胞	human pluripotent cells
人类血小板裂解物	human platelet lysates
人类诱导多能细胞	human induced pluripotent cells
人膀胱癌细胞	human bladder cancer Cells
人型支原体	mycoplasma hominis
人血小板裂解液	human platelet lysates
人组织型纤溶酶原激活剂	human tissue plamnipen activator
热偏差	thermal excursion
热危险性	thermal hazards
热休克 70 kDa 蛋白 5	heat shock 70 kDa protein 5
乳酸脱氢酶升高病毒	lactate dehydrogenase elevates the virus
S	
三维	three-dimensional
丝裂原活化蛋白激酶	mitogen activated protein kinase
沙门菌	*Salmonella*
杀伤性淋巴细胞	killer lymphocyte
上市前通知	premarket notification
生长调节 α 蛋白	growth regulates alpha protein
生长因子 β	growth factor β
树突状细胞	dendritic cells
水泡疹病毒	vesivirus
水解乳蛋白	lactalbumin hydrolysate
梭菌	*Clostridia*
T	
胎牛血清	fetal bovine serum
体液免疫	humoral immunity
调节性 T 细胞	regulatory T cell
统计实验设计	statistical design of experiment
铜绿假单胞菌	pseudomonas areuginosa
W	
无限细胞系	infinite cell line
无血清培养基	serum-free medium
无动物源培养基	animal origin free
无动物来源的无血清细胞培养基	animal origin-free serum-free medium，AOF SFM
无蛋白无血清细胞培养基	protein-free serum-free medium
无异源培养基	xeno-free medium
温度梯度	temperature gradient
X	
细胞毒性 T 细胞	cytotoxic T-lymphocyte

中文词汇	英文词汇
细胞培养	cell culture
细胞培养基安全技术说明	safety technical description of cell culture medium
细胞外基质	extracellular matrix
细胞系	cell line
细胞分裂指数	mitotic index
细胞免疫	cell-mediated immunity
细胞色素氧化酶亚单位 1	cytochrome oxidase subunit I
细胞因子诱导的杀伤细胞	cytokine induced killer cells
小鼠胚胎成纤维细胞	mouse embryonic fibroblast
新城疫	newcastle disease
胸腺依赖淋巴细胞	thymus dependent lymphocyte
血管内皮生长因子 C	vascular endothelial growth factor C
血小板衍生生长因子	platelet-derived growth factor
叙利亚幼年仓鼠肾成纤维细胞	baby Hamster Syrian Kidney
叙利亚仓鼠肾细胞	baby Hamster Kidney cell
硒	selenium
悬滴培养法	suspension culture
Y	
氧化型谷胱甘肽	oxidized glutathione
药品生产质量管理规范	good manufacturing practice
液氮干燥运输	nitrogen dry shippers
液体培养基	liquid culture medium
一次性因子	one-time factor
单次单因素	one-factor-at-a-time
乙醇胺	ethanolamine
N-乙酰氨基葡萄糖基转移酶 I	N-acetylglucosamine transferase I
胰蛋白酶	trypsin
胰蛋白胨磷酸盐肉汤	tryptose phosphate broth
胰岛素	insulin
胰岛素生长因子 1	insulin growth factor 1
抑制性 T 细胞	suppressor T cell
永生性	immortality
有限细胞系	finite cell line
Z	
自然杀伤细胞	natural killer cells
自然杀伤性淋巴细胞	natural killer lymphocyte
质量保证	quality assurance
质量控制	quality control
造血干细胞	hematopoietic stem cells
中国仓鼠卵巢	Chinese hamster ovary
肿瘤浸润性淋巴细胞	tumor infiltrating lymphocyte cells
猪(鼻)支原体	mycoplasma hyorhinis
猪传染性胃肠炎病毒	transmissible gastroenteritis virus of swine
猪肾上皮细胞	porcine kidney epithelial cells
猪圆环病毒	porcine circovirus

中文词汇	英文词汇
猪圆环病毒 2 型	porcine circovirus type2
猪圆环病毒病	porcine circovirus disease
猪细小病毒	porcine parvovirus
猪瘟病毒	swine fever virus
注射用水	water for injection
主要组织相容性复合物	major histocompatibility complex
转铁蛋白	transferrin
最可能数法	most-probable-number method